PHPフレームワーク
Laravel
実践開発

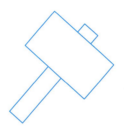

掌田　津耶乃・著

秀和システム

■本書で使われるサンプルコード・プロジェクトは、次のURLでダウンロードできます。
http://www.shuwasystem.co.jp/support/7980html/5907.html

■本書に掲載しているコードやコマンドが紙幅に収まらない場合は、見かけの上で改行しています（↵で表しています）が実際に改行するとエラーになるので、1行に続けて記述して下さい。

■サンプルコードの中の《Route》のような表記は、《 》内にそのクラスのインスタンスが入ることを示しています。

■本書について
1. macOS、Windows に対応しています。
2. 本書は Laravel 5.8 をベースに執筆をしています。

■注意
1. 本書は著者が独自に調査した結果を出版したものです。
2. 本書は内容に万全を期して作成しましたが、万一誤り、記載漏れなどお気づきの点がありましたら、出版元まで書面にてご連絡ください。
3. 本書の内容に関して運用した結果の影響については、上記にかかわらず責任を負いかねますのであらかじめご了承ください。
4. 本書およびソフトウェアの内容に関しては、将来予告なしに変更されることがあります。
5. 本書の一部または全部を出版元から文書による許諾を得ずに複製することは禁じられています。

■商標
1. Microsoft、Windows は、Microsoft Corp. の米国およびその他の国における登録商標または商標です。
2. macOS は、Apple Inc. の登録商標です。
3. Laravel は、Taylor Otwell 氏の商標です。
4. その他記載されている会社名、商品名は各社の商標または登録商標です。

はじめに

MVC だけでアプリはできない

Laravelは、MVCアプリケーションフレームワークです。これは、アプリケーション全体をModel-View-Controller（MVC）の3つの要素で構成するアーキテクチャーに基づいています。この3つの「**部品**」ができれば、アプリケーションの基本部分は完成します。

しかし、このMVCさえわかればアプリケーションは作れる！　というわけではありません。アプリケーションを構成する機能には、これらMVCには収まらないものが多数含まれています。Laravelにも、こうした各種機能を実装するための仕組みが、いろいろと用意されています。これら「**基本のMVC以外のもの**」をいかに覚え、使いこなせるようになるかが、アプリケーション開発においては非常に重要になります。

本書の位置づけと想定読者

本書は、2017年に出版された拙著『PHPフレームワークLaravel入門』の続編という位置づけで執筆をしています。

Laravel開発に必要となるさまざまな機能について取り上げ、説明していきますが、Laravelのもっとも基本的な部分についての説明は行いません。

本書は、「**Laravelのプロジェクトを作成し、MVCによる基本的なアプリケーションを作成できる**」程度の知識を持ったユーザーを、対象にしています。ただし、それぞれ高度な知識ということではなく、「**コントローラーとビューテンプレートを使った基本的なアプリの作成**」「**DBクラスやEloquentによる基礎的なデータベースアクセス**」といった、MVCの基本が一通り行えるレベルの人を対象にしています。

従って、基本部分であるMVCの詳しい説明は行いません。それらは既に理解されているものとして、説明を進めていきます。また、それに付随する事柄（ルート情報の記述、Bladeの記述の仕方、など）についても同様です。

これらは、前著『PHPフレームワークLaravel入門』にて一通り説明をしています。これらの知識がまだ身についていないという方は、前著でLaravelの基本について学んでから、本書に取り組むとよいでしょう。

データベースアクセスについて

第3章「**データベースの活用**」では、データベースアクセス関係について説明をしていきます。が、本書を読まれている読者の方々は、データベースアクセスの基本的な機能については、すでに理解されていることと思います。従って、データベースアクセスの基礎的な使い方は、ある程度省略して説明します。

ここで想定している「**データベースを利用するための基本機能**」とは、次のような項目です。

はじめに

　　データの作成・取得・更新・削除（CRUD）
　　モデルのリレーション
　　バリデーション
　　マイグレーション
　　シーディング

これらについても、前著で説明していますので、本書では省略します。

詳しくは、次ページの「**本書の使い方**」も参照して下さい。

2019 年 6 月

掌田　津耶乃

本書の使い方

　本書は、2017年に出版した『PHPフレームワークLaravel入門』の続編という位置づけで執筆しています。このため、Laravelの一般的な入門解説書とは、やや異なる部分があります。以下の点に留意してお読み下さい。

ベースプロジェクトについて

　本書では、**第1章**の冒頭でプロジェクトを作成しています。まず、この部分を読んで、同じようにプロジェクトを用意して下さい。本書の内容は、すべてこのプロジェクトを使って説明しています。

学習の手順について

　本書は、章ごとに機能をピックアップし、その使い方を説明しています。章単位でほぼ独立した内容となっていますので、どの章からでも読み始めることは可能です。ただし、一部の機能については、その前に作成されたプログラムなどがなければ正しく動作しない場合があります。

　データベースのサンプルとして用意するテーブルやモデルだけでなく、Laravelによって利用されるテーブル（ジョブを管理するキュー用テーブルなど）が用意されていなければ、正しく動作しないことがあります。実際にリストを記述して動かしながら読まれる場合には、この点にご注意下さい。基本的に、**第1章**から順に作業していけば、すべて問題なく動作するように執筆してあります。

省略されている説明について

　本書は、既刊書の続編という位置づけであるため、前書で説明している基本的な部分についての説明は省略しています。整理すると、以下の内容は省略されています。

- ・プロジェクトの基本構成、プロジェクトの基本的な操作
- ・Controllerとルーティングの基本説明
- ・Bladeテンプレートエンジンの基本的な使い方
- ・データベーステーブルとモデルの基本的な説明
- ・DBクラスとEloquentの基本

　これらの基本的な知識は既に身についているという前提で説明をしています。これらがまだよく理解できていないという場合は、前書でLaravelの基本について学習された上で、本書をご活用下さい。

目 次

Chapter 1 Laravel のコア機能を考える　　　　1

1-1 ルーティング 2
ベースプロジェクトの用意 2
ルートの基本 5
名前付きルートについて 6
where による正規表現ルート 7
HTTP ステータスコードによるエラー表示 9
ルートグループについて 12
ミドルウェアの適用 12
名前空間とグループルート 15
ルートとモデルの結合 17

1-2 設定情報と環境変数 20
設定情報と Config クラス 20
設定情報を更新する 23
環境変数の利用 27

1-3 ファイルシステム 29
Storage クラスについて 29
ファイルアクセスの実際 30
local と public 33
public ディスクにアクセスする 34
ファイル情報を取得するメソッド 36
ファイル情報取得メソッドでファイル情報を表示する 36
ファイルのコピー・移動・削除 38
ファイルのダウンロード 40
ファイルのアップロード処理メソッド（putFile） 41
ディレクトリの管理 44
filesystem.php について 46
「logs」ディスクを用意する 47
FTP ディスクを作成する 49

1-4 リクエストとレスポンス **51**

Request について **51**

フォームをまとめて処理する **53**

Response と出力コンテンツ **56**

フォームの必要な項目のみ利用する **58**

フォーム値の保管と old 関数 **59**

クエリパラメータの利用 **63**

クエリパラメータを指定したリダイレクト **65**

Chapter 2 サービスとミドルウェア **67**

2-1 サービスコンテナと結合 **68**

DI とサービスコンテナ **68**

サービスとしてのクラスを用意する **69**

明示的にインスタンスを生成する **72**

引数が必要なクラスのインスタンス取得 **74**

サービスコンテナへの結合 **76**

サービスとシングルトン **79**

MySerivce をシングルトンで結合する **80**

引数を必要とする結合 **84**

インターフェイスを利用した粗な結合 **85**

MyServiceInterface 実装クラスを作成する **88**

結合時のイベント処理について **90**

2-2 ファサードの利用 **93**

サービスとサービスプロバイダ **93**

サービスプロバイダを作成する **93**

ファサードとは？ **96**

MyService ファサードを作成する **97**

ファサードを登録する **98**

MyService ファサードを使う **99**

2-3 ミドルウェアの利用 **101**

リクエストを拡張するミドルウェア **101**

MyMiddleware ミドルウェアを作る **102**

MyMiddleware ミドルウェアの利用 **103**

before と after について **105**

after 処理を追加する 105
ミドルウェアの利用範囲と設定 107
グローバルミドルウェアの利用 108

Chapter 3 データベースの活用   111

3-1 DB クラスとクエリビルダ 112
DB::select の利点と欠点 112
クエリビルダを使う 113
table と select を使う 115
where メソッドによる検索条件 115
あいまい検索はどうする？ 117
whereRaw は書き方に注意！ 118
最初・最後のレコード取得 119
指定 ID のレコード取得（find） 120
特定のフィールドだけ取得（pluck） 122
chunkById による分割処理 123
orderBy と chunk を使う 125
一定の部分だけを抜き出して処理する 126
さまざまな where 128

3-2 ペジネーション 133
paginate によるペジネーション 133
ナビゲーションリンクの表示 134
Eloquent 利用の場合 137
カスタムナビゲーションリンクの作成 138
Paginator のメソッド 141
ナビゲーションリンクのタグについて 141

3-3 Eloquent と Collection 142
Eloquent とモデルクラス 142
モデルの基本ルール 143
Person モデルの基本形 144
モデルとコレクション 146
コレクションの機能：reject と filter 146
コレクションの機能：diff による差分取得 148
コレクションの機能：modelKeys と only および except 150

コレクションの機能：merge と unique................................... 152
map によるコレクション生成... 153

3-4 モデルの拡張.. 155
カスタムコレクションの利用... 155
アクセサについて... 157
既存のプロパティを変更する... 159
ミューテータについて... 160
配列でデータを保存する.. 163
JSON 形式でのレコード取得（toJson）................................ 164
JavaScript からアクセスする.. 166

3-5 Scout による全文検索... 168
Scout とは？.. 168
全文検索を利用する... 171
インデックスの操作... 174
TNTSearch を利用する.. 175
toSearchableArray の実装... 178

Chapter 4 キュー・ジョブ・イベント・スケジューラ　　　　181

4-1 キューとジョブ.. 182
キューとは何か？... 182
ジョブを作成する... 182
ジョブ用プロバイダを作成する....................................... 184
MyJob をディスパッチする... 185
データベースにアクセスする... 186
非同期に対応させる... 188
ワーカを実行する... 190
キューテーブルを確認する.. 192
ワーカ実行コマンドについて... 193
特定のキューを指定する.. 194
クロージャをキューに登録する....................................... 198

4-2 イベントの利用.. 201
イベントとは？... 201
EventServiceProvider について...................................... 202

目 次

PersonEvent について 203

PersonEventListener について 205

PersonEvent を発行する 206

購読について 208

イベントディスカバリについて 210

キューを利用してイベントを発行する 211

ジョブか？　イベントか？ 211

4-3 タスクとスケジューラ 212

タスクを実行する 212

/app/Console/Kernel.php について 213

Schedule クラスの「コマンドの実行」：exec と command メソッド 214

Artisan コマンドを実行する「command」メソッド 216

クロージャで処理を実行する 216

invoke 実装クラスを call する 218

ジョブを invoke 化する 219

job メソッドによるジョブ実行 222

Chapter 5 フロントエンドとの連携   223

5-1 Vue.js を利用する 224

Vue.js のセットアップ 224

コンポーネントを利用する 227

コンポーネントを作成する 231

axios で JSON データを取得する 233

5-2 React の利用 237

React 利用のセットアップ 237

package.json について 240

React を利用する 241

アプリケーションを実行する 242

Example コンポーネントについて 243

MyComponent を作る 245

クライアント＝サーバー通信について 247

5-3 Angular の利用 250

Laravel は Angular 未対応！ 250

X

目 次

Angular コンポーネントを利用する 254

Angular アプリと Laravel アプリのビルド 256

Angular の開発手順について 256

コンポーネントを作成する 257

axios でサーバー通信する 260

Chapter 6 ユニットテスト   263

6-1 コントローラーのテスト 264

Laravel 開発とテスト 264

設定ファイル phpunit.xml について 264

2 つのテスト用スクリプト 265

/tests/Unit/ExampleTest.php について 266

/tests/Feature/ExampleTest.php について 267

コントローラーをテストする 268

6-2 モデルのテスト 272

テスト用データベースの準備 272

マイグレーションの用意 272

シーディングの用意 274

モデルのテストを行う 275

モデルを利用する 278

テーブルの初期化について 279

シードを利用する 280

6-3 ファクトリの利用 281

ファクトリを作成する 281

ファクトリを使ってテストする 284

ステートを設定する 285

ステートを利用する 286

コールバックの設定 289

6-4 モックの活用 292

ジョブをテストする 292

クロージャでディスパッチ状況をチェックする 294

イベントをテストする 295

コントローラーでイベントを発行させる 297

XI

目 次

キューをテストする 300

特定のキューを調べるには？ 303

サービスをテストする 304

クラスをモックする 306

PowerMyService をモックする 306

Chapter **7** Artisan CLI の開発 　　309

7-1 Artisan コマンドの利用 310

Artisan コマンドについて 310

dump-server の利用 314

dump-server を起動する 316

Tinker の利用 319

Tinker の設定ファイルの作成 322

7-2 スクリプト内から Artisan を使う 324

Artisan クラスの利用 324

実行結果を受け取るには？ 325

オプションを設定する 327

7-3 Artisan コマンド開発 329

Artisan コマンドを作成する 329

MyCommand.php の内容を確認する 329

シグネチャと説明を用意 331

コマンドの出力を作成する handle メソッド 332

引数を利用する 332

可変長引数の利用 335

オプションの利用 337

インタラクティブな操作 338

複数項目の選択 341

出力の形式について 342

テーブル出力について 344

クロージャコマンドについて 346

あとがき 349

さくいん 350

Chapter **1**

Laravelのコア機能を
考える

Laravelの中心的な機能として、「ルーティング」「設定情報・環境変数」「ファイルアクセス」の基本について説明をします。またリクエストとレスポンスというアクセスの基本となるクラスについても触れておきます。

PHPフレームワーク Laravel実践開発

1-1 ルーティング

Laravelには非常に多くの機能が組み込まれています。まずは、そのコアとなる機能としての「**ルーティング**」について掘り下げていくことにします。

ベースプロジェクトの用意

具体的な説明に入る前に、本書で利用するサンプルプロジェクトを作成しておきます。既にComposer（PHPのパッケージ管理ツール）とLaravelパッケージはインストールされていることと思います。もし、まだ用意していない場合は、ここで用意して下さい。

■Composerのダウンロードページ

https://getcomposer.org/download/

■Laravelのインストール

コマンドプロンプトまたはターミナルから以下を実行。

```
composer global require laravel/installer
```

■プロジェクトの作成

ここではサンプルとして、「**laravel_app**」というプロジェクトを作成します。コマンドプロンプトまたはターミナルを起動し、プロジェクトを保存する場所にカレントディレクトリを移動してから次のように実行します。

```
laravel new laravel_app
```

■**図1-1**：laravel newコマンドでプロジェクトを作成する。

1-1 ルーティング

コントローラーとビューの作成

　プロジェクトには、サンプルとしてHelloというコントローラーを用意しておくことにします。「**laravel_app**」フォルダにカレントディレクトリを移動後、以下を実行します。

```
php artisan make:controller HelloController
```

図1-2：php artisan make:controllerでコントローラーを作成する。

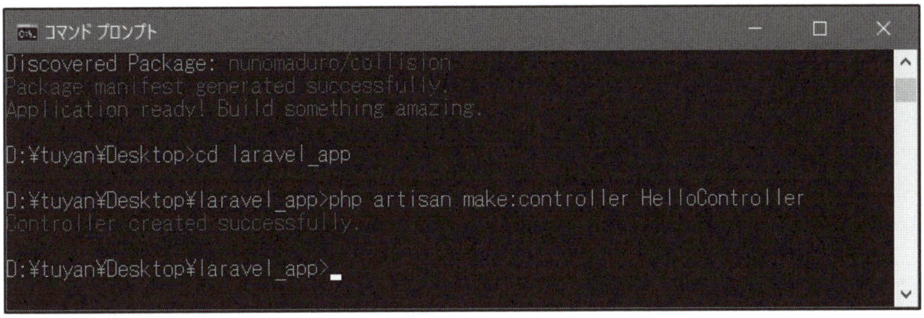

　これで/app/Http/Controllers/HelloController.phpが作成されます。このファイルを開き、サンプルとしてアクションメソッドを追加しておきましょう。

リスト1-1

```php
<?php
namespace App\Http\Controllers;

use Illuminate\Http\Request;

class HelloController extends Controller
{
    public function index()
    {
        $data = [
            'msg'=>'this is sample message.',
        ];
```

3

```
        return view('hello.index', $data);
    }
}
```

indexメソッドを追加しておきました。ここでは、**hello.index**ビューを読み込み、**$data**を値として渡すようにしてあります。これは、あくまで動作確認用のダミーです。今後の説明に応じていろいろと内容を書き換えていくことになります。

テンプレートの作成

では、テンプレートを用意しましょう。「**resources**」フォルダ内の「**views**」フォルダ内に、新たに「**hello**」フォルダを用意します。このフォルダ内に「**index.blade.php**」というファイルを作成し、次のように記述しておきます。

リスト1-2
```
<!doctype html>
<html lang="ja">
<head>
    <title>Index</title>
</head>
<body>
    <h1>Hello/Index</h1>
    <p>{{$msg}}</p>
</body>
</html>
```

HelloControllerクラスのindexで渡された$msgを画面に表示するだけの簡単なサンプルです。テンプレートエンジンにはBladeを利用しています。これも動作確認用のダミーです。今後、更に書き換えていくことになるでしょう。

ルート情報の用意

最後に、HelloControllerのindexアクションのルート情報を追記します。/routes/web.phpファイルを開き、次の文を追記します。これも、これから先のサンプルで随時書き換えながら説明をしていきます。

リスト1-3
```
Route::get('/hello', 'HelloController@index');
```

動作を確認

一通り記述したら、実際にプロジェクトを実行して動作を確認しておきましょう。コマンドプロンプトまたはターミナルから以下を実行します。

```
php artisan serve
```

これでWebサーバーが起動し、プロジェクトが実行されます。http://localhost:8000/helloにアクセスし、作成したHelloControllerのindexアクションが正常に動作することを確認しておきましょう。

このサンプルプロジェクトをベースに、Laravelの各種機能の使い方を説明していくことにします。

図1-3：http://localhost:8000/helloにアクセスし、表示を確認しておく。

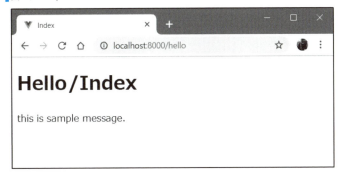

ルートの基本

まずは、ルートについて考えていくことにしましょう。

Laravelでは、コントローラーとそのアクションを公開する際には必ず「**ルート情報**」を用意することになっています。通常、ルート情報の記述は、「**ルート定義メソッド**」を利用するか、「**ビュールート**」を使うかするでしょう。

■ルート定義メソッド

```
Route::get(《uri》, コールバック );
Route::post(《uri》, コールバック );
Route::put(《uri》, コールバック );
Route::patch(《uri》, コールバック );
Route::delete(《uri》, コールバック );
Route::options(《uri》, コールバック );
```

■ビュールート

```
Route::view(《uri》, ビュー [, オプション] );
```

ルート定義メソッドは、HTTPメソッドごとに対応するメソッドが用意されています。使い方は基本的に同じで、第1引数にURIとなるテキストを、第2引数には指定のURIにアクセスがあった際に呼び出されるコールバックを指定します。

ビュールートは、第1引数にURIを指定する点は同じですが、第2引数にはコールバックではなく表示するビューの指定を記述します。場合によっては、ビューに渡す値を連想配列としてまとめて第3引数に指定することもあります。

これらが、ルート情報を用意する際に基本として使われるといえます。アクションのルートをプロジェクトに登録する際、大抵はこれらを利用することでしょう。

名前付きルートについて

　が、ルート情報として利用できる機能は、これだけではありません。このほかにも便利にルート情報を設定するための様々な仕組みがLaravelには用意されています。

　まずは「**名前付きルート**」について説明しましょう。これは、ルート情報に名前を設定して管理します。通常、ルート情報というのは、例えば次のような形で記述されます。

```
Route::get(……)->name( 名前 );
```

　getや**post**といったルート定義メソッドは、**Route**クラスのインスタンスを返します。このインスタンスから更に**name**を呼び出すことで、名前を設定したインスタンスが返されるようにします。

　こうして名前を設定したルート情報（**Routeインスタンス**）は、コントローラー側でルートを利用する際、名前を指定するだけで呼び出すことができるようになります。

index/other ルートを利用する

　では、実際に簡単な例を挙げておきましょう。**/routes/web.php**に記述されている**'/hello'**のルート情報を削除し、次のルート情報を新たに追記して下さい。

リスト1-4

```
Route::get('/hello', 'HelloController@index')->name('hello');
Route::get('/hello/other', 'HelloController@other');
```

　'/hello'のルート情報を設定する**Route::get**から**name**を呼び出し、'hello'という名前を設定しています。更に'/hello/other'で**HelloController@other**（**HelloControllerクラスのotherメソッド**。以下、特定のクラスにあるメソッドは「**クラス名@メソッド名**」と記述します）が呼び出されるよう、ルート情報を追加してあります。これで、HelloControllerクラスのindexとotherのルート情報が用意されました。

　では、コントローラーの修正を行いましょう。HelloControllerクラスに、次の**other**メソッドを追加して下さい。

リスト1-5

```
public function other()
{
    return redirect()->route('hello');
}
```

　/hello/otherにアクセスをすると、瞬時に/helloにリダイレクトされます。ここでは**redirect**メソッドを使ってリダイレクトを行っているのですが、その戻り値から更に**route**メソッドを呼び出すことで、引数に指定した名前のルート情報による**RedirectResponse**インスタンスを返すことができます。

　この**route('hello')**で指定されるのは、web.phpでname('hello')を使って名前を設定した

ルート情報です。名前だけでルート情報が取り出され、利用できるようになっていることがわかります。

ここではリダイレクトに使いましたが、**ルート情報に名前を付けておくことで、ルート情報が必要となるシーンではいつでも名前だけでルート情報を取り出せるようになります。**

whereによる正規表現ルート

このnameのようなRouteクラスのメソッドは、ほかにもあります。パラメータを使用したルート情報を設定する際、パラメータに強力な制約を設定できるのが「**where**」メソッドです。ルートにパラメータを設定する際、そのパラメータがどのような制約を受けるか、正規表現を使って設定することができます。

whereは、次のような形で呼び出します。

```
《Route》->where( パラメータ名 , パターン );
```

> **Note**
>
> 《Route》はRouteクラスのインスタンスを表します。

第1引数には、制約を設定するパラメータ名を指定します。これは、例えばgetメソッドの引数などで{ }を使ってパラメータ設定したものを、そのまま指定すればよいでしょう。そして第2引数に、そのパラメータに渡すことのできる値を、正規表現のパターンで指定します。

■ 数字のみ設定できるidパラメータを作る

では、whereの利用例を挙げておきましょう。helleアクションに「**id**」というパラメータを用意し、そこに数字だけが利用できるようにしてみます。まず、/routes/web.phpにルート情報の記述を用意します。

リスト1-6

```
Route::get('/hello/{id}','HelloController@index')->where('id',
    '[0-9]+');
```

ここでは、**'/hello/{id}'**として、「**id**」というパラメータを用意しています。そして、whereでidパラメータについて**'[0-9]+'**という制約を課しています。これで、idには数値以外が入力できなくなります。

では、**HelloController@index**アクションを修正しましょう。

リスト1-7

```
public function index($id)
{
    $data = [
```

```
            'msg'=>'id = ' . $id,
    ];
    return view('hello.index', $data);
}
```

図1-4：/hello/12345にアクセスすると「id = 12345」と表示される。

修正したら、http://localhost:8000/hello/12345にアクセスしてみましょう。すると、「**id = 12345**」とメッセージが表示されます。パラメータで渡された値を取り出し、メッセージとして表示していることがわかります。

では、数字以外の値をパラメータに指定してみましょう。例えば、http://localhost:8000/hello/abcとアクセスしてみると、「**404 ¦ Not Found**」と表示が現れます。これは、HTTPの404エラーの画面です。404は、アドレスが未検出である場合に発生するので、「**そのアドレスが見つからない**」ことを示します。パラメータに数字以外のものが渡されると、このように404エラーが発生するようになっているのです。

図1-5：/hello/abcとアクセスすると、404エラーになる。

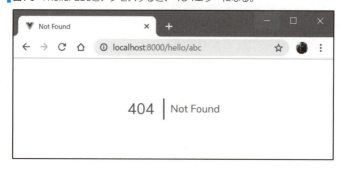

ここでは数字のみを入力するように指定しましたが、正規表現のパターン次第で、どのようにも制約を用意できます。また制約に反する場合は、404エラーとして処理されるため、コントローラーなどで独自にエラー処理を用意する必要がありません。単に、404エラーの処理を用意しておくだけで済みます。

HTTPステータスコードによるエラー表示

ここで、404エラーによるエラー表示の仕組みについても触れておくことにしましょう。404エラーのようにHTTPのステータスコードによるエラー表示は、Laravelではデフォルトで用意されています。これは、エラーコード関係のビューテンプレートを用意することで、カスタマイズすることもできます。

手作業で1つひとつのファイルを作成していくこともできますが、**artisan**コマンドを使ってテンプレートファイルを作成し、それをカスタマイズしていったほうが簡単です。
コマンドプロンプトまたはターミナルから、次のように実行して下さい。

```
php artisan vendor:publish --tag=laravel-errors
```

図1-6：artisanコマンドでエラーページを生成する。

これで、「**views**」フォルダ内に「**errors**」というフォルダが作成され、その中にHTTPステータスコードによるエラー表示のテンプレートファイル類が生成されます。ここには、2つのファイルが用意されています。

ステータスコード.blade.php	ステータスコードに「blade.php」を付けたファイルは、そのステータスコードのエラーが発生した際の表示を行うビューテンプレートファイルです。
レイアウト名.blade.php	レイアウト用のテンプレートファイルです。layout.blade.php、minimal.blade.php、illustrated-layout.blade.phpの3つが用意されています。

エラー画面生成の仕組み

エラーページの表示内容は、レイアウト用のテンプレートファイルによって、基本的な形が定義されています。そして、発生したステータスコードの番号によって、その番号のテンプレートファイルの内容がレイアウトテンプレートファイルに組み込まれ、表示が作成されます。

例として、**minimal.blade.php**レイアウトテンプレートファイルの内容を見てみましょう（一部、スタイル関係のコードの掲載を省略してあります）。

リスト1-8

```
<!DOCTYPE html>
```

```html
<html lang="en">
    <head>
        <meta charset="utf-8">
        <meta name="viewport" content="width=device-width,
            initial-scale=1">

        <title>@yield('title')</title>

        <!-- Fonts -->
        <link rel="dns-prefetch" href="//fonts.gstatic.com">
        <link href="https://fonts.googleapis.com/
            css?family=Nunito"
                rel="stylesheet" type="text/css">

        <!-- Styles -->
        <style>
            ……略……
        </style>
    </head>
    <body>
        <div class="flex-center position-ref full-height">
            <div class="code">
                @yield('code')
            </div>

            <div class="message" style="padding: 10px;">
                @yield('message')
            </div>
        </div>
    </body>
</html>
```

　ここでは3つの**@yield**が用意されており、それぞれ、用意された値を表示するように
なっています。

@yield('title')	タイトルを出力します。
@yield('code')	ステータスコードを出力します。
@yield('message')	メッセージを表示します。

　後は、これらの値を用意して埋め込むだけです。すべてのステータスコードで共通し
たレイアウトのエラーページを表示するのに、レイアウトテンプレートファイルが用意
されていることがわかります。

404.blade.php をチェックする

では、ステータスコードごとに利用されるテンプレートファイルの内容を見てみましょう。例として、**404.blade.php**を見てみると、こうなっているのがわかります。

リスト1-9

```
@extends('errors::minimal')

@section('title', __('Not Found'))
@section('code', '404')
@section('message', __('Not Found'))
```

@extendsで'**errors::minimal**'が指定されています。これにより、ビューテンプレートがまとめられている「**views**」フォルダ内の「**errors**」内にあるminimal.blade.phpを継承して、レイアウトが作成されるようになります。

そして、**@section**を使い、'title'、'code'、'message'のそれぞれに値を渡しています。これらの値が、レイアウトテンプレートの@yield部分にはめ込まれ表示が完成する、というわけです。

レイアウトを変更するには？

デフォルトでは、minimal.blade.phpを使ってエラーページが作成されます。これは、各ステータスコードのテンプレートファイルの@extendsで'**errors::minimal**'が指定されているからです。これを変更することで、別のレイアウトが利用できます。

試しに、404.blade.phpの冒頭の@extends文を、次のように書き換えてみましょう。

```
@extends('errors::illustrated-layout')
```

図1-7：404エラーが発生するとこのような表示になる。

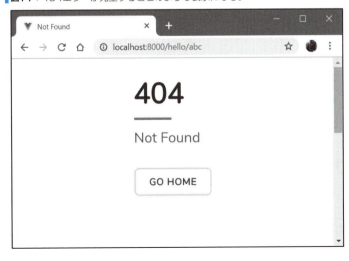

これで、404エラーが発生すると、**illustrated-layout.blade.php**を使ったページが表示されるようになります。

Chapter 1 Laravel のコア機能を考える

全く同様に、「**errors**」フォルダ内に独自に作成したレイアウトテンプレートファイルを用意し、@extendsで指定すれば、完全にカスタマイズしたページを作ることもできます。

ルートグループについて

ルートには、特定の機能を複数のルートにまとめて割り当てるための「**ルートグループ**」という機能があります。Laravelにはさまざまな機能があり、それらの多くは、ルートごとに組み込む処理を用意する必要があります。

ところが、複数のルートで決まった機能が必要となったとき、それらのルート1つひとつに機能を割り当てていくのは、かなり面倒です。その際、ルートグループを使えば、複数のルートにまとめて機能を割り当てることができます。

ルートグループで設定できる主な機能としては、次のようなものがあります。

- ・ミドルウェアの割り当て
- ・名前空間の指定
- ・サブドメインの指定
- ・URIプレフィクスの指定

これらの機能を1つのルートだけで使うということは、そう多くはないでしょう。実際には、これらの機能を利用する複数のルートを用意することが多いものです。そうしたとき、ルートグループを利用することで、まとめて全ルートに機能を設定できるのです。

ミドルウェアの適用

では、ルートグループの例として、**ミドルウェア**を適用することを考えてみましょう。ミドルウェアは、**アクションの前後に特定の処理を割り込ませるプログラム**です。実際に簡単なミドルウェアを作成して、どのようにルートグループで設定されるのかを見てみましょう。

> **Note**
>
> ミドルウェアそのものについては、第2章「**サービスとミドルウェア**」で詳しく説明します。

では、コマンドプロンプトまたはターミナルから、次のコマンドを実行して下さい。

```
php artisan make:middleware HelloMiddleware
```

ここでは、HelloMiddlewareというミドルウェアを作成します。/app/Http/Middleware/HelloMiddleware.phpを開き、次のように記述して下さい。

リスト1-10

```php
<?php
namespace App\Http\Middleware;

use Closure;

class HelloMiddleware
{
    public function handle($request, Closure $next)
    {
        $hello = 'Hello! This is Middleware!!';
        $bye = 'Good-bye, Middleware...';
        $data = [
            'hello'=>$hello,
            'bye'=>$bye
        ];
        $request->merge($data);
        return $next($request);
    }
}
```

　ごく単純なミドルウェアで、Requestにhello、byeといった値を追加するだけです。これらの値を使うように/app/Http/Controllers/HelloController.phpを修正してみましょう。

リスト1-11

```php
<?php
namespace App\Http\Controllers;

use Illuminate\Http\Request;

class HelloController extends Controller
{
    public function index(Request $request)
    {
        $data = [
            'msg'=>$request->hello,
        ];
        return view('hello.index', $data);
    }

    public function other(Request $request)
    {
        $data = [
            'msg'=>$request->bye,
```

```
        ];
        return view('hello.index', $data);
    }
}
```

indexとotherメソッドにRequest引数を追加し、$request->helloと$request->byeの値を取り出してindexビューに渡し、表示するようにしてあります。

ルートグループでミドルウェアを割り当てる

作成したミドルウェア（HelloMiddleware）をルートグループで特定のルートに割り当てましょう。**/routes/web.php**のHelloController関係のルート情報を次のように修正して下さい。

リスト1-12

```
Route::middleware([HelloMiddleware::class])->group(function () {
    Route::get('/hello', 'HelloController@index');
    Route::get('/hello/other', 'HelloController@other');
});
```

図1-8：/helloと/hello/otherで、HelloMiddlewareによって追加された値が利用できるようになっている。

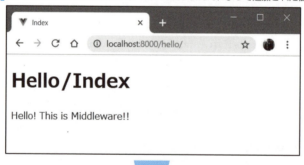

/helloまたは/hello/otherにアクセスすると、HelloMiddlewareから取得したメッセージが画面に表示されます。HelloMiddlewareがHelloControllerで問題なく機能していることがわかります。

ここでのルート情報の記述を見ると、次のようになっていることがわかります。

```
Route::middleware([HelloMiddleware::class])->group(function () {……}
```

Route::middlewareで**HelloMiddleware::class**をミドルウェアに指定し、**group**でグループ設定をしています。

このgroupは関数を引数に指定するようになっており、その関数内で**Route::get**文を必要なだけ記述してルートを用意しています。ここに用意されたルート全てについて、HelloMiddlewareが組み込まれ、使えるようになるわけです。

このように、複数のルートについてミドルウェアを組み込む必要があるとき、グループルートなら非常に簡単に行えることがわかります。

名前空間とグループルート

Webアプリのページ数が増えてくると、用途ごとにコントローラーやアクションをまとめて扱えるようにする必要が生じます。

例えば、Laravelでは標準でユーザー認証関係の機能が生成されていますが、これらのコントローラーはすべて「**Controllers**」フォルダ内の「**Auth**」というフォルダにまとめられています。これらはすべて認証に関する機能ですから、例えばそれらをまとめて/**auth/○○**というような形でルート設定したい、と思うのは自然な流れでしょう。

こうした、特定の名前空間に配置されているコントローラーのアクションをまとめてルート設定するような場合には、**Route::namespace**を使って名前空間を指定し、そこから**group**でグループルート設定を行う、というやり方をします。

```
Route::namespace( 名前空間 )->group(function(){……});
```

groupメソッドの使い方は、先ほどと全く同じです。Route::namespaceで名前空間を指定することで、その名前空間にあるコントローラーを利用したルート設定をまとめて管理します。

特定の名前空間のルート設定を行う

実例を挙げておきましょう。「**Controllers**」フォルダ内に、「**Sample**」というフォルダを作成し、その中にSampleController.phpを用意して下さい。ソースコードは次のように記述しておきましょう。

リスト1-13

```php
<?php
namespace App\Http\Controllers\Sample;

use App\Http\Controllers\Controller;
use Illuminate\Http\Request;
```

```
class SampleController extends Controller
{
    public function index(Request $request)
    {
        $data = [
            'msg'=>'SAMPLE-CONTROLLER-INDEX!',
        ];
        return view('hello.index', $data);
    }

    public function other(Request $request)
    {
        $data = [
            'msg'=>'SAMPLE-CONTROLLER-OTHER!!',
        ];
        return view('hello.index', $data);
    }
}
```

ここでは、コントローラーを配置する名前空間App\Http\Controllers内に、更に「**Sample**」という名前空間を用意し、そこにSampleControllerを配置しています。これをweb.phpでルート設定する際に、Route::namespaceで行います。

リスト1-14

```
Route::namespace('Sample')->group(function() {
    Route::get('/sample', 'SampleController@index');
    Route::get('/sample/other', 'SampleController@other');
})
```

これで、/sampleと/sample/otherに、SampleControllerのindexとotherが割り当てられます。アクセスして表示を確認しておきましょう。

図1-9：http://localhost:8000/sampleにSampleController@indexが割り当てられる。

ここでは、**Route::namespace('Sample')**としてSample名前空間を設定し、そこから groupを呼び出しています。この中に記述されている**Route::get**で、SampleControllerの アクションメソッドを特定のURIに割り当てています。groupの引数に用意した関数内で Route::getを使ってルート情報を作成しているのがわかるでしょう。

▋Route::namespace を使わないと？

動作は実際に試してみるとすぐにわかりますが、「**どこが便利なのか？**」と疑問に思っ た人もいることでしょう。

ミドルウェアの利用などは、指定したルートにアクセスする際にミドルウェアが組み 込まれるわけで、利点が具体的です。が、**Route::namespace**は、単に「**指定した名前空 間にあるコントローラーを使ってルート情報の設定をする**」ので、何か特別な機能が組 み込まれるわけでもありません。どこが便利なのか？　と疑問に思うのは当然です。

では、Route::namescapeを使わない場合、どのように記述することになるのか見てみ ましょう。

リスト1-15

```
Route::get('/sample', 'Sample\SampleController@index');
Route::get('/sample/other', 'Sample\SampleController@other');
```

Sample名前空間にコントローラーがあるため、割り当てるアクションメソッドは、 SampleController@ 〜ではエラーになります。**Sample\SampleController@ 〜**という形 で指定する必要があります（もちろん、冒頭でuse文を追加してあれば別です）。

これが、Sample名前空間のように単純であれば、あまり違いは感じません。しかし、 もっと深い階層の名前空間を利用している場合、Route::namespaceで名前空間を指定す れば、後はコントローラー名とメソッド名だけで指定できるのはかなり楽でしょう。毎 回、'any\name\space\in\SampleController@ 〜 'などと書かねばならないことを想像し て下さい。

また、こうした名前空間は、**特定の用途のコントローラー**をまとめて配置するのに用 いられます。Sample名前空間には、Sampleのための機能を実装したコントローラーが まとめられるわけです。Route::namespace('Sample')のgroupを見れば、このSampleで使 われるアクションがすべてわかるわけで、用途ごとに機能をまとめて管理するのにも適 していることが理解できるでしょう。

ルートとモデルの結合

特定のルートでモデルを利用する場合、ルートのパラメータとモデルのインスタンス を結合させることができます。例えば、「**/1**」とアドレスに付けると、「**ID = 1**」のモデル のインスタンスが自動的に取り出される、といった具合です。

これは、実際に例を挙げて説明したほうがわかりやすいでしょう。ここでは、「**Person**」というモデルが用意されているものとして説明します。以下にテーブルとモデルの内容をまとめておきます。なお、サンプルとしていくつかのレコードを追記しておいて下さい。

リスト1-16──用意するテーブル

```
CREATE TABLE `people` (
    `id` INTEGER PRIMARY KEY AUTOINCREMENT,
    `name` TEXT NOT NULL,
    `mail` TEXT, `age` INTEGER
)
```

リスト1-17──/app/Person.php

```php
<?php
namespace App;

use Illuminate\Database\Eloquent\Model;

class Person extends Model
{
}
```

Personモデルにより、**peopleテーブル**のレコードを取得する仕組みが既に用意されているものとします。そしてHelloControllerからIDパラメータを付けてpeopleテーブルのレコードを取得する処理を作成してみます。

まず、web.phpのルート情報を次のように用意します。

リスト1-18

```php
Route::get('/hello/{person}', 'HelloController@index');
```

これで、**{person}**というパラメータが用意されます。このパラメータに、明示的にPersonインスタンスを割り当てるように、HelloControllerクラスのindexアクションメソッドを修正します。

リスト1-19

```php
public function index(Person $person)
{
    $data = [
        'msg'=>$person,
    ];
    return view('hello.index', $data);
}
```

図1-10：/hello/1とアクセスすると、peopleテーブルのid=1のレコードが表示される。

修正したら、/hello/1というようにパラメータにID番号を付けてアクセスして下さい。peopleテーブルから、id=1のレコードを取得して画面に表示します。

ここでは、「**Person $person**」という形で引数が用意されています。これにより、自動的に{person}の引数がPersonのID（プライマリキー）を示す値として扱われ、取り出されたPersonインスタンスが引数に渡されるようになります。データベースにアクセスするための処理は、一切必要ありません。

明示的結合について

indexの引数には、「**Person $person**」というように、明示的にクラスを指定して記述していました。引数に渡されるのは何のモデルクラスのインスタンスかを指定することで、そのモデルのインスタンスが渡されるようにしていたわけです。

が、アプリケーションで使用するモデルの数は限られています。あらかじめ、**パラメータとモデルとの関連付け**を登録していたなら、いちいちモデルクラスの指定などせず、ただパラメータの引数を用意するだけで、自動的に指定のモデルのインスタンスが渡されるようにできるのです。

これには、「**RouteServiceProvider**」というプロバイダークラスを利用します。これは、/app/Providers/RouteServiceProvider.phpとしてファイルが用意されています。

RouteServiceProviderクラスにはいくつかのメソッドが用意されていますが、アクセスした際に必要な処理を実装するには「**boot**」というメソッドを利用するのが一般的です。クラス内にあるこのメソッドを、次のように修正して下さい。

リスト1-20
```php
public function boot()
{
    parent::boot();
    Route::model('person',Person::class);
}
```

Route::modelが、モデルを指定のパラメータに割り当てるメソッドです。ここでは、**person**というパラメータに**Person**モデルクラスを割り当てています。修正したら、HelloControllerクラスのindexアクションメソッドを、次のような形に修正して下さい。

```
public function index($person) ……
```

これで、先程と同様に、/hello/1でid=1のpeopleレコードが表示されるようになります。今回は、引数にはただ$personとあるのみで、クラスの指定はされていません。$personにPersonインスタンスが自動的に割り当てられていることがわかります。

動作を確認したら、RouteServiceProviderクラスのbootメソッドに記述した、

```
Route::model('person',Person::class);
```

という文を削除してみて下さい。そうして/hello/1にアクセスすると、今度はただ「**1**」とだけ表示されます。引数の$personには、Personインスタンスではなく、パラメータの「**1**」がそのまま渡されているのがわかります。Route::modelにより、personパラメータにPersonモデルのインスタンスが結合されていることが確認できるでしょう。

1-2 設定情報と環境変数

設定情報とConfigクラス

続いて、設定情報の利用について考えてみましょう。Laravelでは、アプリケーションの設定情報は「**config**」というフォルダにまとめられています。

この「**config**」フォルダ内のスクリプトファイルは、どのファイルも基本的には次のような形で記述されています。

```
<?php
return [
    キー => 値 ,
    キー => 値 ,
    ……
];
```

連想配列をreturnする文があるだけの、シンプルな構造です。この1つひとつのキーが、設定項目として扱われます。ここに記述された値は、「**config**」ヘルパ関数によって得ることができます。

```
$変数 = config( 値の指定 );
```

例えば、「**config**」フォルダ内のapp.phpファイル内には、次のような形で値が保管されています。

リスト1-21
```php
<?php

return [
    'name' => env('APP_NAME', 'Laravel'),
    'env' => env('APP_ENV', 'production'),
    'debug' => env('APP_DEBUG', false),
    'url' => env('APP_URL', 'http://localhost'),
    'asset_url' => env('ASSET_URL', null),

    ……以下略……
];
```

この中の、例えば「**env**」の値を取り出したければ、**config('app.env')**と呼び出せば値が得られます。'app.env'は、「**app.phpのenvキーの値**」を示しています。こんな具合に、ファイル名と、そのファイルに用意されている連想配列のキーを指定することで、必要な設定を得ることが可能です。

独自設定ファイルの利用

これは、Laravelに標準で用意されているファイルのみしか使えないわけではありません。「**config**」フォルダ内にスクリプトファイルを用意すれば、すべて同じようにconfig関数で値を取り出せます。アプリケーションで利用する独自の情報を**設定情報ファイル**としてまとめておくことで、いつでも値を利用できるようになります。

実際に試してみましょう。「**config**」フォルダ内に、「**sample.php**」というファイルを作成して下さい。そして次のように記述をします。

リスト1-22
```php
<?php
return [
    'message' => 'This is sample config-data!',
    'data' => ['one', 'two', 'three'],
];
```

ここでは、messageとdataという2つの値を用意しておきました。これをHelloControllerから利用してみます。HelloController.phpを次のように修正して下さい。

リスト1-23
```php
<?php
namespace App\Http\Controllers;
```

```php
class HelloController extends Controller
{
    public function index()
    {
        $sample_msg = config('sample.message');
        $sample_data = config('sample.data');
        $data = [
            'msg'=> $sample_msg,
            'data'=> $sample_data
        ];
        return view('hello.index', $data);
    }
}
```

これに合わせて、/resources/views/hello/index.blade.phpの内容も修正しておきます。
<body>部分を次のようにしておけばいいでしょう。

リスト1-24

```html
<body>
    <h1>Hello/Index</h1>
    <p>{!!$msg!!}</p>
    <ul>
    @foreach($data as $item)
    <li>{!!$item!!}</li>
    @endforeach
    </ul>
</body>
```

これで/helloの表示が用意できました。先にweb.phpのルート情報をいろいろと修正したので、そのままになっている場合はHelloController@index（HelloControllerクラスのindexメソッド）のルート情報を基本的な形に直しておいて下さい。

リスト1-25

```php
Route::get('/hello', 'HelloController@index');
```

/helloにアクセスをしてみると、sample.phpの設定ファイルから取り出したメッセージとデータを画面に表示します。

■**図1-11**：/helloにアクセスすると、sampleの設定情報を取り出して表示する。

ここでは、indexメソッドで次のように値を取り出して利用しているのがわかります。

```
$sample_msg = config('sample.message');
$sample_data = config('sample.data');
```

config関数だけで、このように独自に用意した設定ファイルも、自由に利用することができるのがわかるでしょう。

設定情報を更新する

「**config**」フォルダ内のファイルに記述された設定情報は、書き換えることはできません。しかし、アプリケーションに読み込まれた値を変更することはできます。これもconfig関数を利用します。

```
config( [ キー => 値 , …… ] );
```

引数に、設定する項目(キー)と値を連想配列にまとめて指定します。これで、設定情報として読み込まれた値を変更することができます。

では、実際に試してみましょう。先ほどのサンプルでは、HelloController@indexでsampleの設定情報を利用していましたが、その値を変更してみます。

ここでは、HelloControllerクラスのコンストラクタで値を変更することにしましょう。次のメソッドをHelloControllerクラスに追加して下さい。

リスト1-26
```
function __construct()
{
    config(['sample.message'=>'新しいメッセージ！']);
}
```

図1-12：sampleから読み込まれた設定の値が変更されている。

　/helloにアクセスすると、**config('sample.message')**で取り出された値が表示されますが、/config/sample.phpに記述されていた値とは違うものが表示されるのがわかります。**__construct**のconfig関数でsample.messageの値を変更しているためです。

別のコントローラーではどうなる？

　このようにコントローラーのコンストラクタを利用すれば、そのコントローラーにあるどのアクションメソッドが呼び出されても、変更された設定情報が使われることになります。

　では、ほかのコントローラーではどうなるでしょうか。例えば、HelloController内から別のコントローラーを呼び出したとき、変更された設定情報はどう変化するのでしょうか。

　ここでは、SampleController@indexにリダイレクトするような処理を作成し、挙動を試してみましょう。まず、SampleControllerクラスを次のように修正します（namespace、useは略）。

リスト1-27

```
class HelloController extends Controller
{
    function __construct()
    {
        config(['sample.message'=>'新しいメッセージ！']);
    }

    public function index()
    {
        $sample_msg = config('sample.message');
        $sample_data = config('sample.data');
        $data = [
            'msg'=> $sample_msg,
```

1-2 設定情報と環境変数

```
            'data'=> $sample_data
        ];
        return view('hello.index', $data);
    }


    public function other(Request $request)
    {
        return redirect()->route('sample');
    }
}
```

otherでは、route('sample')にリダイレクトするようにしてあります。続いて、SampleControllerクラスのindexメソッドを次のように修正しておきます。

リスト1-28

```
public function index()
{
    $sample_msg = config('sample.message');
    $sample_data = config('sample.data');
    $data = [
        'msg'=> $sample_msg,
        'data'=> $sample_data
    ];
    return view('hello.index', $data);
}
```

ここでは、config関数でsample.messageとsample.dataの値を取り出し、hello.indexに渡しています。このSampleControllerクラスにはコンストラクタはありませんから、特に設定情報の変更などは行っていません。

では、これらのルート情報を確認しておきましょう。

リスト1-29

```
Route::get('/hello', 'HelloController@index');
Route::get('/hello/other', 'HelloController@other');
Route::get('/sample', 'Sample\SampleController@index')
    ->name('sample');
```

25

図1-13：/hello/otherにアクセスすると、/sampleにリダイレクトされる。

/hello/otherにアクセスをすると、HelloController@otherメソッドでリダイレクトされ、SampleController@indexが呼び出されてsampleの設定情報が表示されます。このとき表示されるのは、**/config/sample.php**に記述された値です。HelloControllerインスタンスが作成される際にコンストラクタでsample.messageの値が変更されているはずですが、リダイレクトされたSampleController@indexでは、sample.messageの設定値は元の状態に戻っています。つまり、**コントローラークラス内で変更された設定は、そのクラス内でのみ利用可能**ということがわかります。設定を変更しても、ほかのクラスには影響を与えないのです。

AppServiceProvider を利用する

では、特定のコントローラーだけでなく、**アプリケーション全体**で設定を変更する場合はどうすればいいのでしょうか。もちろん、「**config**」フォルダの値を書き換えればいいわけですが、例えば開発中など「**一時的に値を変更して使いたい**」ということもあります。

このような場合は、**サービスプロバイダ**を利用するのがいいでしょう。サービスプロバイダは、アプリケーション全体の起動処理部分に組み込まれるプログラムです。ここに処理を用意することで、アプリケーション全体に操作を反映させることができます。

例として、ここでは**AppServiceProvider**を利用してみることにします。アプリケーションの一般的な起動時の機能拡張にはこのAppServiceProviderを利用するのが良いでしょう。
/Providers/AppServiceProvider.phpを開き、AppServiceProviderクラスを次のような形に修正して下さい。

リスト1-30
```
class AppServiceProvider extends ServiceProvider
{
    public function register()
    {
        ……略……
    }
```

```
    public function boot()
    {
        config([
            'sample.data'=>['こんにちは', 'どうも', 'さようなら']
        ]);
    }
}
```

図1-14：/hello/otherにアクセスし、/sampleにリダイレクトされたところ。sample.messageは初期状態に戻っているが、sample.dataは変更された値になっている。

　先程と同様に、/hello/otherにアクセスしてみましょう。/sampleにリダイレクトされ、sample.messageとsample.dataの値が表示されます。sample.messageはHelloControllerクラスのコンストラクタで値を変更していますが、これは初期状態に戻っています。が、AppServiceProviderで変更したsample.dataは、変更された値がそのまま表示されます。/helloにアクセスしても、sample.dataの値は変更されたものになっています。コントローラーがなんであっても、sample.dataの値は常にAppServiceProviderで修正されたものが使われることがわかります。

　サービスプロバイダクラスは、**ServiceProvider**を継承して作成されています。このクラスには**boot**メソッドが用意されており、これが起動時に実行されます。ここでは、このbootメソッドでconfig関数を呼び出しています。**サービスプロバイダは、コントローラー類が呼ばれる前に実行されるので**、コントローラーの処理が呼び出されるときには既に設定値は変更済みになっているのです。

環境変数の利用

　アプリケーション全体で利用する情報を用意するものは、「**config**」フォルダの設定ファイルのほかにもあります。それは「**環境変数**」のファイルです。
　Laravelアプリケーションでは、アプリケーションのルートに「**.env**」というファイルが用意されており、そこに環境変数の情報が記述されています。このファイルを開くと、こんな文が記述されているはずです。

Chapter 1 Laravel のコア機能を考える

```
APP_NAME=Laravel
APP_ENV=local
APP_KEY=base64:……略……=
APP_DEBUG=true
APP_URL=http://localhost
```

　これが、環境変数の指定です。「**変数名 ＝ 値**」というようにして記述されているのがわ
かるでしょう。
　この.envの値は、「**env**」関数を使って得ることができます。

```
$ 変数 ＝ env( 変数名 );
```

　これだけです。あらかじめ.env内に独自の変数を記述しておけば、envでその値を取り
出して利用することができます。

独自変数を利用する

　では、実例を挙げておきましょう。.envを開き、次のような文を追記しておきます。

リスト1-31

```
SAMPLE_MESSAGE="This is Environment message!"
SAMPLE_DATA=AAA,BBB,CCC
```

　これで、SAMPLE_MESSAGEおよびSAMPLE_DATAという2つの環境変数が用意されま
した。これをHelloController@indexで利用します。

リスト1-32

```
public function index()
{
    $sample_msg = env('SAMPLE_MESSAGE');
    $sample_data = config('sample.data');
    $data = [
        'msg'=> $sample_msg,
        'data'=> explode(',', $sample_data)

    ];
    return view('hello.index', $data);
}
```

図1-15：/helloにアクセスすると、SAMPLE_MESSAGE、SAMPLE_DATAの値を表示する。

　/helloにアクセスすると、.envからSAMPLE_MESSAGEとSAMPLE_DATAの値を取得して表示します。SAMPLE_DATAは、取得した後にexplode関数でカンマごとに分割し、配列にして渡しています。

　env関数で得られる値は基本的に文字列であるため、配列などの値はexplodeなどを使って要素ごとに分割し、利用する必要があるでしょう。SAMPLE_DATA=['A', 'B', 'C'] といった形で記述しても、これは"['A', 'B', 'C']"という文字列としてしか認識されないので注意して下さい。

1-3 ファイルシステム

Storageクラスについて

　アプリケーションによっては、ファイルを利用してデータを管理することもあります。アプリケーション内に、あるファイルを読み込んだり、ファイルにデータを保存するなどして、ファイルを利用したデータ管理を行うことはよくあるでしょう。
　こうした場合、Laravelには便利なクラスが用意されています。「**Storage**」は、次のようにuse文を用意することで使えるようになります。

```
use Illuminate\Support\Facades\Storage;
```

ファイルを読み込む

　Storageは、非常にシンプルにファイルアクセスを行えます。ファイルを読み込むには、次のように実行するだけです。

Chapter 1 Laravel のコア機能を考える

■ファイルの読み込み

```
$変数 = Storage::get( ファイルパス );
```

これで、指定のファイルの内容を読み込んで返します。Storageがデフォルトでアクセスするディレクトリは、アプリケーション内の「**storage**」フォルダ内の「**app**」フォルダになっています。ここにファイルを設置することで、getでそのファイルを読み込むことができます。

ファイルへの書き出しも、やはりStorageクラスのメソッドを呼び出すだけで行えます。

■ファイルの書き出し

```
Storage::put( ファイルパス , 値 );
```

putは、保存するファイルのパスと、保存する値（テキスト）を引数に指定します。これで、/storage/app内に指定の名前でファイルを作成し、値を保存します。

ファイルアクセスの実際

では、実際にStorageクラスを使ったファイルアクセスの例を挙げましょう。ここでは、/storage/app/sample.txtというファイルを用意し、そこに適当にテキストを記述しておきます。そして、HelloControllerクラスからこのファイルを利用するように処理を修正します。

リスト1-33

```php
// use Illuminate\Support\Facades\Storage;          //追加

class HelloController extends Controller
{
    private $fname;

    public function __construct()
    {
        $this->fname = 'sample.txt';
    }

    public function index()
    {
        $sample_msg = $this->fname;
        $sample_data = Storage::get($this->fname);
        $data = [
            'msg'=> $sample_msg,
            'data'=> explode(PHP_EOL, $sample_data)
        ];
        return view('hello.index', $data);
```

```
    }

    public function other($msg)
    {
        $data = Storage::get($this->fname) . PHP_EOL . $msg;
        Storage::put($this->fname, $data);
        return redirect()->route('hello');
    }
}
```

ここでは、indexでsample.txtの内容を表示し、otherでパラメータの値をファイルに追記してindexにリダイレクトするようにしています。この内容に合わせて、/routes/web.phpに記述されたルート情報を次のように修正しておきます。

リスト1-34

```
Route::get('/hello', 'HelloController@index')->name('hello');
Route::get('/hello/{msg}', 'HelloController@other');
```

図1-16：/helloにアクセスすると、sample.txtのファイル名と内容が表示される。

/helloにアクセスすると、/storage/app/sample.txtの内容が表示されます。HelloControllerクラスでは、コンストラクタで**$this->fname = 'sample.txt';**とファイル名をfnameに保管し、これを利用するようにしてあります。indexでは、次のようにファイルにアクセスしています。

```
$sample_data = Storage::get($this->fname);
```

これだけで、ファイルの内容が取り出せてしまいます。

otherアクションメソッドでは、ファイルへの保存も行っています。/hello/○○というように、/hello/の後にテキストを記述してアクセスすると、そのテキストをsample.txtの末尾に追加し、/helloにリダイレクトして表示をします。

ここでは、引数に渡されるパラメータ$msgを末尾に追加するのに、次のような処理をしています。

```
$data = Storage::get($this->fname) . PHP_EOL . $msg;
Storage::put($this->fname, $data);
```

　Storage::getでファイルの内容を取り出し、それに改行コードを付けて$msgを追加します。そして**Storage::put**で改めてファイルを上書きしています。getとputだけでファイルの読み書きが自在に行えるのがわかるでしょう。

▎**図1-17**：「/hello/メッセージ」という形でアクセスすると、メッセージが追記される。

ファイルへの追記

　ここでは、getでファイルの内容を読み込み、それにテキストを追加してputすることでテキストを追記していますが、Storageには実はもっと簡単に値の追記を行えるメソッドが用意されています。

■ファイルの先頭に追加
```
Storage::prepend( ファイルパス , 値 );
```

■ファイルの末尾に追加
```
Storage::append( ファイルパス , 値 );
```

これらを使えば、ファイルへの追記はさらに簡単になります。先ほどの HelloController@otherならば、次のように修正することができます。

リスト1-35

```php
public function other($msg)
{
    Storage::append($this->fname, $msg);
    return redirect()->route('hello');
}
```

これで、全く同じ働きをします。単に**Storage::append**するだけで追記できるので、ファイルの内容を取り出す必要もなくなります。

実際にこれでテキストの追記を試してみると、/hello/○○という形で送信したテキストが、改行してファイル末尾に追加されることがわかります。

append文では、ただ送信されたテキストを引数に指定しただけで、改行コードなどは付けていません。append自身がファイルの末尾に改行コードを付け、その後にテキストを追記します(prependも同様です)。

localとpublic

Storageは、/storage/appを保存場所として設定しています。これは非公開の場所ですから、URIを指定して直接アクセスすることはできません。一方、Laravelでは、アプリケーションのルートに「**public**」フォルダが用意されており、そこに配置したファイルはWebブラウザからアドレスを指定して直接アクセスすることができます。Storageでは、こうした公開された場所へのアクセスは行えないのでしょうか?

実をいえば、Storageには「**ディスク**」と呼ばれる設定があり、これを変更することでデフォルトとは異なる場所にアクセスすることができるようになっているのです。標準では、次のようなディスクが用意されています。

local	デフォルトではフォルトで選択されているディスク。/storage/app/内にアクセスする。
public	公開ディレクトリのためのディスク。デフォルトでは/storage/app/public/内にアクセスする。
s3	AWS(Amazon Web Services)のストレージにアクセスする。ただし、ドライバ用パッケージが別途必要。

デフォルトではlocalディスクが選択されており、これをpublicディスクに変更することで、公開ディレクトリにアクセスが行えるようになっているのです。これらのディスクは、「**disk**」メソッドを使って指定します。

Chapter 1 Laravel のコア機能を考える

■ディスクの指定

```
Storage::disk( ディスク名 );
```

diskは、指定のディスクを利用するStorageインスタンスを返します。ファイルアクセスのメソッドは、ここからインスタンスメソッドとして呼び出します。例えば、このような形です。

```
Storage::disk('public')->get('sample.txt');
```

ただし、デフォルトでは、localディスクのディレクトリ（/storage/app/）内にある「**public**」が指定されているだけですので、このままではpublicでアクセスするファイルは公開されません。

シンボリックリンクの作成

publicディスクでアクセスするディレクトリを公開するためには、公開ディレクトリのシンボリックリンクをアプリケーションの「**public**」フォルダ内に作成します。これはartisanを利用して行えます。コマンドプロンプトまたはターミナルから次のように実行して下さい。

```
php artisan storage:link
```

これで、/storage/app/public/のシンボリックリンクが/public/内に作成されます。これにより、publicディスクでアクセスできるファイル類がすべて公開されるようになります。

publicディスクにアクセスする

では、publicディスクを利用してみましょう。/storage/app/public/内に、新たに「**hello.txt**」というファイルを配置します。そして、HelloControllerクラスを次のように書き換えます。

リスト1-36

```
class HelloController extends Controller
{
    private $fname;

    public function __construct()
    {
        $this->fname = 'hello.txt';
    }


    public function index()
    {
```

34

```
        $sample_msg = Storage::disk('public')->url($this->fname);
        $sample_data = Storage::disk('public')->get($this->fname);
        $data = [
            'msg'=> $sample_msg,
            'data'=> explode(PHP_EOL, $sample_data)
        ];
        return view('hello.index', $data);
    }

    public function other($msg)
    {
        Storage::disk('public')->prepend($this->fname, $msg);
        return redirect()->route('hello');
    }

}
```

図1-18：/helloにアクセスするとpublicディスクのhello.txtの内容が表示される。

　/helloにアクセスすると、/storage/app/public/hello.txtのテキストを読み込んで表示します。また、「**/hello/○○**」とメッセージを付けてアクセスすると、そのテキストがhello.txtに追記されます。全く同じでは面白くないので、今回はprependを使い、テキストの冒頭に追加するようにしてあります。

図1-19：「/hello/○○」とメッセージを付けてアクセスすると、hello.txtの冒頭にテキストが追加される。

公開ファイルにアクセスする

このStorage::disk('public')でアクセスされるファイルは、公開ディレクトリにシンボリックリンクが張られているため、外部からURLを指定して直接アクセスすることが可能になっています。実際にWebブラウザから次のアドレスにアクセスしてみましょう。

http://localhost:8000/storage/hello.txt

図1-20：直接、ファイルのURLにアクセスすることができる。

これで、hello.txtの内容がそのままブラウザに表示されます。Storage::disk('public')で設定されているディレクトリが、確かに公開ディレクトリとなっていることがわかるでしょう。

ファイル情報を取得するメソッド

先ほどのサンプル(**リスト1-36**)では、ファイルの公開URLを次のような形で取り出し、表示していました。

```
$sample_msg = Storage::disk('public')->url($this->fname);
```

ここでの「**url**」は、ファイルのURLを返すメソッドです。Storageには、こうしたファイル情報に関するメソッドが一通り揃っています。以下に簡単にまとめておきましょう。

■URLを得る
```
$変数 = Storage::url( ファイルパス );
```

■ファイルサイズを得る
```
$変数 = Storage::size( ファイルパス );
```

■最終更新日時を得る
```
$変数 = Storage::lastModified( ファイルパス );
```

ファイル情報取得メソッドでファイル情報を表示する

では、これらの利用例を挙げておきましょう。HelloController@indexを次のように修正して下さい。

1-3 ファイルシステム

リスト1-37

```php
public function index()
{
    $url = Storage::disk('public')->url($this->fname);
    $size = Storage::disk('public')->size($this->fname);
    $modified = Storage::disk('public')
        ->lastModified($this->fname);
    $modified_time = date('y-m-d H:i:s', $modified);
    $sample_keys = ['url', 'size', 'modified'];
    $sample_meta = [$url, $size, $modified_time];
    $result = '<table><tr><th>' . implode('</th><th>',
        $sample_keys) . '</th></tr>';
    $result .= '<tr><td>' . implode('</td><td>',
        $sample_meta) . '</td></tr></table>';

    $sample_data = Storage::disk('public')->get($this->fname);

    $data = [
        'msg'=> $result,
        'data'=> explode(PHP_EOL, $sample_data)
    ];
    return view('hello.index', $data);
}
```

　これで、**$this->fname**に指定したファイルのURL、サイズ（バイト数）、最終更新日を
テーブルにまとめて表示します。なお、そのままではテーブルが見づらいので、サンプ
ルでは次のようなスタイルをindex.blade.phpに追記してあります。

リスト1-38

```html
<style>
th { background-color:red; padding:10px; }
td { background-color:#eee; padding:10px; }
</style>
```

37

図1-21：/helloにアクセスすると、hello.txtのファイル情報をテーブルにまとめて表示する。

ファイルのコピー・移動・削除

Storageクラスには、ファイルの基本的な操作(コピー、移動、削除)を行うための機能も用意されています。

■ファイルのコピー
```
Storage::copy( ファイルパス１ , ファイルパス２ );
```

■ファイルの移動
```
Storage::move( ファイルパス１ , ファイルパス２ );
```

■ファイルの削除
```
Storage::delete( ファイルパス );
```

copyおよびmoveは、第1引数で指定したファイルを第2引数のパスにコピーまたは移動します。moveは、同じ階層内でも行えるので、ファイルのリネームに使うこともできます。ここでは、Storage::copyというようにStorageクラスから直接メソッドを呼び出す例を挙げていますが、diskメソッドを併用して**Storage::disk(〇〇)->copy**といった形で呼び出すこともできます。

では、これらを利用した例を挙げておきましょう。HelloController@otherを修正し、/storage/app/public/hello.txtのコピーを作成して、/storage/app/にバックアップとして保存します。

リスト1-39
```
public function other($msg)
{
    Storage::disk('public')->delete('bk_' . $this->fname);
```

```
    Storage::disk('public')->copy($this->fname,
        'bk_' . $this->fname);
    Storage::disk('local')->delete('bk_' . $this->fname);
    Storage::disk('local')->move('public/bk_' . $this->fname,
        'bk_' . $this->fname);

    return redirect()->route('hello');
}
```

ここでは、/storage/app/public/hello.txtのコピーを同じ階層内に**bk_hello.txt**として作成し、これを/storage/app/内に移動しています。既に/storage/app/内にhello.txtがあった場合を考え、このファイルを削除してから移動をするようにしてあります。

ファイルの存在チェック

実際に試してみるとわかりますが、copyおよびmoveでは、元ファイルが存在しなかったり、コピーや移動先のファイルが既に存在している場合には、例外が発生します。が、deleteの場合は、削除するファイルが存在しなくとも例外は発生しません。

このため、ここではコピー・移動を行う前に、コピー・移動先のファイルを削除してから実行するようにしています。コピー・移動先にファイルがあろうがなかろうが、まずそのファイルを削除してからコピー・移動すれば、問題は起きないわけです。

もっと厳密にファイルを管理する必要がある場合は、ファイルの存在をチェックし、それに応じて処理を行うようにすればよいでしょう。これには「**exists**」メソッドを使います。

■ファイルの存在をチェックする

```
$ 変数 = Storage::exists( ファイルパス );
```

existsは、引数に指定したパスにファイルが存在するかどうかをチェックします。存在すれば戻り値はtrueとなり、存在しなければfalseになります。では、ファイルの存在チェックをして削除をするように、先ほどのHelloController@otherを修正してみます。

リスト1-40

```
public function other($msg)
{
    if (Storage::disk('public')->exists('bk_' . $this->fname))
    {
        Storage::disk('public')->delete('bk_' . $this->fname);
    }
    Storage::disk('public')->copy($this->fname,
        'bk_' . $this->fname);
    if (Storage::disk('local')->exists('bk_' . $this->fname))
    {
```

```
        Storage::disk('local')->delete('bk_' . $this->fname);
    }
    Storage::disk('local')->move('public/bk_' . $this->fname,
        'bk_' . $this->fname);

    return redirect()->route('hello');
}
```

これで、existsを使ってbk_hello.txtが存在するかチェックし、存在する場合はそれを削除してからコピー・移動を行うようになりました。

ファイルのダウンロード

Storageクラスは、ファイルのダウンロードに関する機能も提供します。ファイルのダウンロードは、次のメソッドを呼び出して行います。

■ファイルをダウンロードする

```
Storage::download( ファイルパス );
```

ただし、注意したいのは、**これを呼び出すだけではダウンロードは実行されない**、という点です。downloadは、戻り値をそのままreturnすることでダウンロードが実行されます。したがって、ダウンロードを行うアクションメソッドは、それ専用のものとして設計する必要があります。

例として、HelloController@otherを、/storage/app/public/hello.txtのダウンロードを行うように変更してみます。

リスト1-41
```
public function other($msg)
{
    return Storage::disk('public')->download($this->fname);
}
```

これで、otherアクションメソッドはダウンロード専用になります。/resources/views/hello/index.blade.phpのテンプレート内に、例えば次のような形でotherアクションのリンクを用意して下さい。

リスト1-42
```
<p><a href="/hello/other">download</a></p>
```

図1-22：リンクをクリックするとhello.txtをダウンロードする。

/helloにアクセスし、表示された「**download**」リンクをクリックすると、hello.txtがダウンロードされます。非常に簡単にダウンロードが行えるようになりますね。

ファイルのアップロード処理メソッド（putFile）

Laravelには、ファイルのアップロード処理のためのメソッドも用意されています。

■ファイルをアップロードする
```
Storage::putFile( ファイルパス ,《File》);
```

第1引数には、保存するディレクトリのパスを指定します。これには、/storage/app/をルートとするパスを指定します。第2引数は、保存するファイルの**Fileインスタンス**を指定します。

このFileインスタンスは、一般的には**Request**の**file**メソッドを使って取得します。

■フォーム送信されたファイルの取得
```
《Request》->file( ファイル名 )
```

このような形です。Requestは、ユーザーからのリクエストを管理するクラスでした。そのfileで得られるファイルというのは、**リクエストに含まれているファイル**です。わかりやすくいえば、例えばフォームを送信した場合、<input type="file">が用意されていれば、その内容をfileメソッドで取り出すことができます。

これで、putFileでファイルの保存が行えるようになります。保存されるファイル名は、送信するごとにランダムな文字列が割り当てられます。

ファイルをputFileでアップロードする

では、これも例を挙げておきましょう。まず、/resources/views/hello/index.blade.phpを開き、<body>タグ内に次のようなフォームを用意して下さい。

リスト1-43
```
<form action="/hello/other" method="post"
    enctype="multipart/form-data">
    @csrf
    <input type="file" name="file">
    <input type="submit">
</form>
```

記述したら、HelloController@otherを修正します。次のような形に書き換えて下さい。

リスト1-44
```
public function other(Request $request)
{
    Storage::disk('local')->
        putFile('files', $request->file('file'));
    return redirect()->route('hello');
}
```

最後に、otherにPOSTアクセスできるようにルート情報を追記しておきます。/routes/web.phpに次のルート情報を追加して下さい。

リスト1-45
```
Route::post('/hello/other', 'HelloController@other');
```

図1-23：/helloにアクセスし、フォームにファイルを設定して送信する。

/helloにアクセスすると、ファイル設定の項目だけのシンプルなフォームが表示されます。ここでアップロードするファイルを選択し、送信ボタンをクリックすると、選択したファイルがアップロードされます。

フォームを送信すると、/storage/app内に「**files**」というフォルダが作成され、その中にフォームで選んだファイルが保存されているのがわかります。ファイル名はランダムになっているので、実際にファイルを開いて内容を確認して下さい。

図1-24：保存されたファイル。フォームで選択されたファイルがランダムなテキストの名前で保存されているのがわかる。

ファイル名を指定するには？――putFileAs メソッド

ランダムなファイル名は、連続してファイルをアップロードしても常に異なるファイル名が指定されるため、「**同じ名前のファイルが既に存在する**」ことが原因のエラーも起こりません。が、場合によっては、ファイル名を指定してアップロードしておきたいこともあるでしょう。

このような場合は、「**putFileAs**」メソッドを利用します。

■ファイル名を指定してアップロード
```
Storage::putFileAs( ファイルパス ,《File》, ファイル名 );
```

では、先ほどのHelloController@otherを、ファイル名を指定してダウンロードするように修正してみましょう。

ファイル1-44
```
public function other(Request $request)
{
    $ext = '.' . $request->file('file')->extension();
    Storage::disk('public')->
        putFileAs('files', $request->file('file'), 'uploaded' .
            $ext);
    return redirect()->route('hello');
}
```

/helloにアクセスし、フォームを使ってファイルを送信すると、**/public/files/uploaded.xxx**（xxxは拡張子）というファイルに保存されます。拡張子は、アップロードしたファイルのものが、そのまま付けられます。例えばJPEGファイルならば、uploaded.jpegという名前で保存されます。

今回は、publicディスクの「**files**」フォルダ内にファイルを保存していますので、アップロードしたファイルは直接URLを指定してアクセスすることができます。例えば、JPEGファイルをアップロードしたら、次のアドレスにアクセスをすると、アップロードされたイメージが表示されます。

http://localhost:8000/storage/files/uploaded.jpeg

図1-25：アップロードしたJPEGファイルにアクセスする。

ディレクトリの管理

ディレクトリ内にあるファイルは、Storageのメソッドを使って、そのパスをまとめて取り出すことができます。

■ディレクトリ内にある全ファイルのパスを得る
```
$変数 = Storage::files( パス );
```

■ディレクトリ内にある全フォルダのパスを得る
```
$変数 = Storage::directories( パス );
```

■ディレクトリ内にある全階層のファイルパスを得る
```
$変数 = Storage::allfiles( パス );
```

指定したディレクトリ内にあるファイルやフォルダは、**files**および**directories**メソッドで得ることができます。また、**allfiles**メソッドは、ディレクトリ内にあるフォルダの更に中にあるファイルまですべて取り出します。

これらのメソッドは、取り出したパスのテキストを配列にまとめて返します。後は、そこからパスを取り出して処理するだけです。

また、Storageクラスから直接呼び出すだけでなく、diskメソッドの戻り値のインスタンスから呼び出すことができます。

/storage 内のファイルを一覧表示する

では、利用例を挙げておきましょう。HelloController@indexを修正し、/storage/app/内の全ファイルをリスト表示させてみます。なお、/resources/views/hello/index.blade.phpに用意したフォームは、もう使わないので削除しておきます。

リスト1-46
```php
public function index()
{
    $dir = '/';
    $all = Storage::disk('local')->allfiles($dir);

    $data = [
        'msg'=> 'DIR: ' . $dir,
        'data'=> $all
    ];
    return view('hello.index', $data);
}
```

図1-26：/helloにアクセスすると、/storage/app/内の全ファイルリストが表示される。

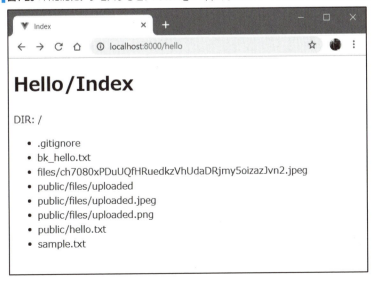

Chapter 1　Laravelのコア機能を考える

/helloにアクセスすると、/storage/app/内の全ファイルがリスト表示されます。ファイルのパスを見ると、/storage/app/内にある「**public**」や「**files**」フォルダ内のファイルもすべて取り出されていることがわかります。allfilesメソッドは、このようにフォルダ内のファイルまですべて取り出します。

ここでは、**Storage::disk('local')->allfiles**というように**local**ディスクを指定しているため、ファイルシステムのルートは/storage/app/に設定され、**allfiles('/')**で/storage/が指定されます。もし、**disk('public')**を指定したならば、allfilesでは/storage/app/public/がルートに指定されるので、この中にあるものだけが取得できます。

なお、例えば**allfiles('../')**というようにして上の階層を指定すれば、/storage/app/外のファイルも取得できるのではないか？　と思うかもしれませんが、これはできません。Storageでは、ディスクシステムのルートに指定されたパスの内部しかアクセスできないのです。その外側にアクセスしようとすると、アクセス権がないというエラーになります。

filesystem.phpについて

Storageで使われるpublicディスクやlocalディスクは、「**configs**」フォルダ内にある「**filesystems.php**」に、その設定が記述されています。このファイルを開くと、次のような内容が記述されていることがわかります。

リスト1-47

```
return [

    'default' => env('FILESYSTEM_DRIVER', 'local'),

    'cloud' => env('FILESYSTEM_CLOUD', 's3'),

    'disks' => [

        'local' => [
            'driver' => 'local',
            'root' => storage_path('app'),
        ],

        'public' => [
            'driver' => 'local',
            'root' => storage_path('app/public'),
            'url' => env('APP_URL').'/storage',
            'visibility' => 'public',
        ],

        's3' => [
            'driver' => 's3',
```

```php
            'key' => env('AWS_ACCESS_KEY_ID'),
            'secret' => env('AWS_SECRET_ACCESS_KEY'),
            'region' => env('AWS_DEFAULT_REGION'),
            'bucket' => env('AWS_BUCKET'),
            'url' => env('AWS_URL'),
        ],

    ],

];
```

'disk'というキーに、ファイルシステムのディスクが定義されています。local、public、s3という項目が用意されているのがわかります。それぞれに連想配列が設定されており、その中に必要な情報が記述されています。

また、**'default'**というキーには、**'local'**が指定されています。これにより、**Storage::**○○とクラスから直接メソッドを呼び出したときは、localディスクが使われるようになっているのがわかります。

「logs」ディスクを用意する

この**filesystems.php**の設定内容がわかれば、独自にディスクを追加して利用することもできるようになります。例として、Laravelアプリケーションの/storage/logs/にアクセスする「**logs**」ディスクを作成してみましょう。

filesystem.phpの**'disks'**の連想配列に次の項目を追記して下さい。

リスト1-48

```php
'logs' => [
    'driver' => 'local',
    'root' => storage_path('logs'),
    'url' => env('APP_URL') . '/storage/logs',
]
```

driverには**'local'**を指定します。ローカルディスク内にアクセスする場合はすべて、この'local'をドライバに指定します。

rootには、アクセスするフォルダのパスを指定します。**storage_path**関数は、「**storage**」フォルダ内のフォルダのパスを返します。

urlはlogsディスクのURLを指定します。**env('APP_URL')**でアプリケーションのURLを取得し、それに**'/storage/logs'**を付け加えて作成しています。

設定が用意できたら、実際に利用してみて下さい。先ほどのHelloController@indexに記述した内容で、ファイルを取得している文を次のように修正します。

```
$all = Storage::disk('local')->allfiles($dir);

    ↓

$all = Storage::disk('logs')->allfiles($dir);
```

これでアクセスすると、/storage/logs/内に保存されているログファイルのリストが表示されます。

図1-27：/storage/logs内のファイルリストを表示する。

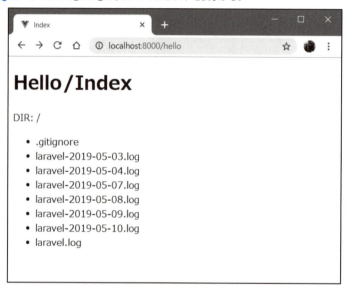

アプリケーション外もアクセスできる

ここでは、/storage/内のフォルダを指定しましたが、ディスクは/storage/内しか作れないわけではありません。/storage/の外や、更にはアプリケーション外であっても、ローカルディスクとしてアクセスできる場所ならばどこでもディスクとして指定できます。

例えば、Windowsユーザーならば、Cドライブの「**Windows**」フォルダにWindowsのシステムが保存されています。これにアクセスするディスクも定義できます。

リスト1-49
```
'win' => [
    'driver' => 'local',
    'root' => 'C:\\Windows\\',
],
```

このようにfilesystems.phpの'disks'に追記し、**Storage::disk('win')**を指定すれば、「**Windows**」フォルダにアクセスすることができます。

図1-28:「Windows」フォルダ内のファイルリストを表示する。

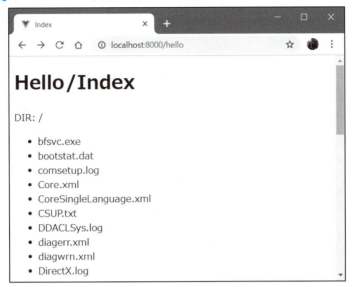

FTPディスクを作成する

filesystem.phpには、ローカルディスク以外にも、AWSにアクセスする**'s3'**というディスクが用意されています。これを見てもわかるように、Storageが利用できるディスクはローカル環境に限られてはいません。ネットワーク経由で外部のボリュームにアクセスすることもできるのです。とはいえ、ローカル環境以外にアクセスするためには、そのためのドライバを用意する必要があります。

が、実は標準でドライバが用意されているディスクが、ほかにもあるのです。それは「**FTP**」です。FTPディスクは、次のような形でfilesystems.phpの**'disks'**に設定を追記することで、利用可能になります。

リスト1-50

```
'ftp' => [
    'driver'   => 'ftp',
    'host'     => 'ホスト名',
    'username' => 利用者名,
    'password' => パスワード,
],
```

'driver'には、必ず**'ftp'**を指定します。また、'host'、'username'、'password'の項目は、必ず用意して下さい。

こうしてFTPの設定が用意できれば、**Storage::disk('ftp')**を指定して、いつでもFTPにアクセスすることが可能になります。

■図1-29：FTPでアクセスした。ここでは例としてLaravelアプリケーションのディレクトリをFTPにマウントしてある。

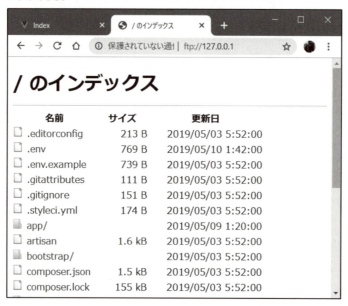

■図1-30：/helloにアクセスし、Storage::disk('ftp')->filesでFTPのファイルリストを表示させた。

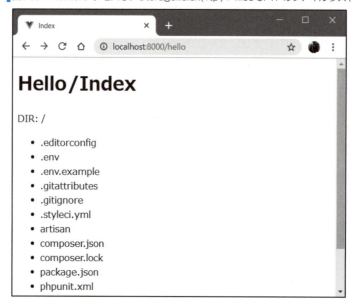

1-4 リクエストとレスポンス

Requestについて

クライアントからの送信と、クライアントへの返信を管理するのが「**リクエスト**」と「**レスポンス**」です。クライアントとのやり取りは、すべてこれらを介して行われます。このリクエストとレスポンスについて説明しましょう。

リクエストとレスポンスは、それぞれIlluminate\Httpパッケージに「**Request**」「**Response**」というクラスとして用意されています。まずは、リクエストに関する情報を管理するRequestクラスについてです。

リクエスト（Requestクラス）は、クライアントから送られてくる様々な情報を管理します。送信されたヘッダー情報や、フォームなどの内容、クッキーなどもすべてRequestで管理します。Requestは、コントローラーのアクションメソッドの引数として用意されます。

```
public function メソッド (Request $request)
{
    ……アクションの処理……
}
```

フォーム送信と input

引数のRequestインスタンスのもっとも一般的な使い方は、フォーム送信の処理を行う場合でしょう。Requestの「**input**」というメソッドを使います。

```
$ 変数 = $request->input( 名前 );
```

フォームを用意し、inputで送信されたフォームの値を取り出して処理を行うのが、フォーム利用の基本ですね。では、簡単な例を挙げましょう。

まず、ビューテンプレートにフォームを用意します。/resources/views/hello/index.blade.phpの<body>部分を次のように修正しておきます。

リスト1-51

```
<body>
    <h1>Hello/Index</h1>
    <p>{!!$msg!!}</p>
    <form action="/hello" method="post">
        @csrf
        <input type="text" name="msg">
        <input type="submit">
    </form>
</body>
```

51

続いて、コントローラーのアクションメソッドを修正します。HelloController@index を次のように書き換えて下さい。

リスト1-52

```php
// use Illuminate\Http\Request;
// use Illuminate\Http\Response;

public function index(Request $request)
{
    $msg = 'please input text:';
    if ($request->isMethod('post'))
    {
        $msg = 'you typed: "' . $request->input('msg') . '"';
    }
    $data = [
        'msg'=> $msg,
    ];
    return view('hello.index', $data);
}
```

これで、/helloのフォームを送信して処理するアクションが作成できました。/routes/web.phpに次のような形でルート情報を用意しておきましょう。

リスト1-53

```php
Route::get('/hello', 'HelloController@index');
Route::post('/hello', 'HelloController@index');
```

図1-31：/helloにアクセスしてフォームを送信すると、記入したメッセージが表示される。

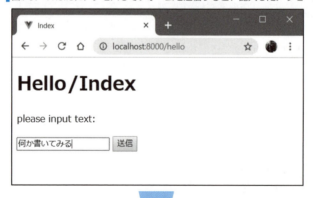

　/helloにアクセスし、フォームの入力フィールドにテキストを書いて送信すると、メッセージが表示されます。indexアクションメソッドでは、次のような形でフォーム送信された処理を用意しています。

```
if ($request->isMethod('post'))
{
    ……POST送信時の処理……
}
```

　isMethodにより、リクエストのメソッド（GETかPOSTか）が得られます。これが**'post'**だった場合は、POST送信されたと判断し、フォームの内容を取り出して処理をします。**<input type="text" name="msg">**の値は、**$request->input('msg')**として取り出すことができます。

フォームをまとめて処理する

　フォームに用意されているコントロール類の値を1つずつ取り出すにはinputメソッドが有効ですが、項目が多くなってくると、1つひとつinputで処理するのは面倒になります。

　フォーム送信された情報は、「**all**」メソッドでまとめて取り出すことができます。その結果、フォームの項目名と値が連想配列にまとめられてフォームの情報が得られます。後は、繰り返しなどを使ってそれらを処理すればいいでしょう。
　実際に例を挙げておきましょう。まず、ビューテンプレートの修正です。/resources/views/hello/index.blade.phpの<body>部分を次のように修正しておきます。

リスト1-54
```
<body>
    <h1>Hello/Index</h1>
    <p>{!!$msg!!}</p>
    <form action="/hello" method="post">
        @csrf
        <div>NAME:<input type="text" name="name"></div>
```

```
        <div>MAIL:<input type="text" name="mail"></div>
        <div>TEL: <input type="text" name="tel"></div>
        <input type="submit">
    </form>
    <hr>
    <ol>
    @for($i = 0;$i < count($keys);$i++)
        <li>{{$keys[$i]}}:{{$values[$i]}}</li>
    @endfor
    </ol>
</body>
```

　ここでは3つの入力フィールドを用意しておきました。これを処理するように
HelloController@indexを修正します。

リスト1-55

```
public function index(Request $request)
{
    $msg = 'please input text:';
    $keys = [];
    $values = [];
    if ($request->isMethod('post'))
    {
        $form = $request->all();
        $keys = array_keys($form);
        $values = array_values($form);
    }
    $data = [
        'msg'=> $msg,
        'keys' => $keys,
        'values' => $values,
    ];
    return view('hello.index', $data);
}
```

図1-32：フォームを送信すると、項目名と値がリスト表示される。

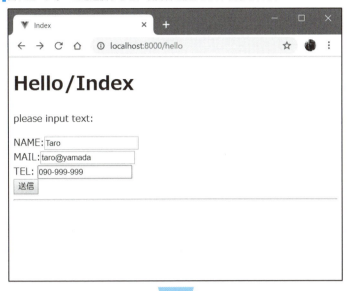

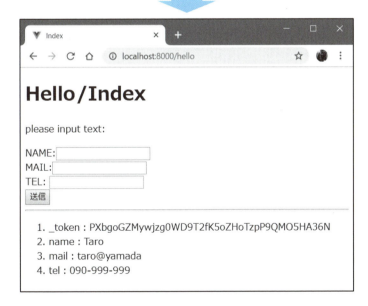

　/helloにアクセスし、フォームに入力して送信すると、送信内容がフォームの下にリストとして表示されます。ここでは、フォームの内容からコントロール名の配列と入力された値の配列を取り出しています。

```
$form = $request->all();
$keys = array_keys($form);
$values = array_values($form);
```

allでは、コントロール名をキーとする連想配列が取り出せますから、そこからキーと値を取り出して処理することができます。フォーム全体をまとめて取り出せれば、いろいろな利用の仕方ができるようになります。

Responseと出力コンテンツ

クライアントに返送されるレスポンスに関する情報は「**Response**」クラスとして用意されます。これもコントローラーのアクションメソッドに引数として用意することで、インスタンスを取得できます。

```
public function メソッド名(Request $request, Response $response)
```

Responseは、クライアントに送られる情報を管理します。各種のメソッドが用意されていますが、中でも、もっとも重要になるのが「**送られるコンテンツ**」に関するものでしょう。

■コンテンツを取得する
```
$変数 = $response->content();
```

■コンテンツを設定する
```
$response->setContent( テキスト );
```

これらを操作することで、コンテンツを操作することが可能になります。では、実際に例を挙げておきましょう。HelloController@indexを修正して、POST送信された後の表示を書き換えてみます。

リスト1-56
```
public function index(Request $request, Response $response)
{
    $msg = 'please input text:';
    $keys = [];
    $values = [];
    if ($request->isMethod('post'))
    {
        $form = $request->all();
        $result = '<html><body>';
        foreach($form as $key => $value)
        {
            $result .= $key . ': ' . $value . "<br>";
        }
        $result .= '</body></html>';
        $response->setContent($result);
        return $response;
    }
    $data = [
```

```
        'msg'=> $msg,
        'keys' => $keys,
        'values' => $values,
    ];
    return view('hello.index', $data);
}
```

図1-33：フォームを送信すると、フォームの内容がテキストにまとめて表示される。

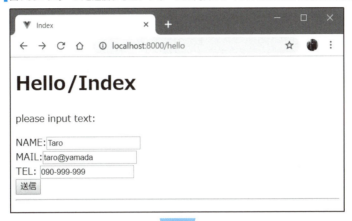

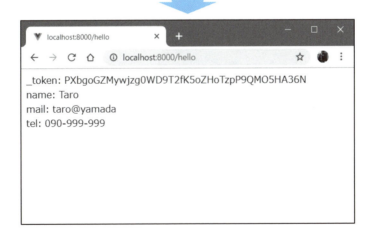

　/helloにアクセスしてフォームを送信すると、フォームの内容を1つずつテキストにして出力します。

　ここでは、**$form = $request->all();** でフォームの内容をまとめて取り出すと、foreachを使い、それぞれの項目の名前と値をテキストにまとめていきます。そして表示内容が一通りできたら、次のようにしてクライアントに送ります。

```
$response->setContent($result);
return $response;
```

Chapter 1 Laravelのコア機能を考える

setContentで$resultの値をコンテンツとして設定し、その$responseをreturnすることで、コンテンツがクライアント側に送られます。コントローラーのアクションは、Responseを返すことで作業が終了します。

コントローラーのアクションメソッドは、「**Responseを戻り値に持つ**」という点を忘れないで下さい。view関数も、redirectによるリダイレクトも、すべてResponseかそのサブクラスがreturnされています。Responseはレスポンスのベースとなるクラスですから、これに手を加え、それをそのままreturnすればいいのです。

フォームの必要な項目のみ利用する

フォームに多数の項目があるとき、場合によっては「**すべてが必要ではない**」ということもあります。例えば汎用のフォームを利用していて、「**このアクションではこれは使わない**」といったこともあるかもしれません。

Requestには、フォーム送信された項目から特定のものだけをピックアップして取り出す機能「**only**」も用意されています。

```
$変数 = $request->only( 配列 );
```

onlyの引数には、取り出す項目名を配列にまとめて用意します。これにより、指定した項目の値だけが取り出されます。onlyの戻り値は、allメソッドなどと同様に項目名をキーとする連想配列になります。

では、これも例を挙げておきましょう。HelloController@indexを次のように修正します。

リスト1-57

```php
public function index(Request $request, Response $response)
{
    $msg = 'please input text:';
    $keys = [];
    $values = [];
    if ($request->isMethod('post'))
    {
        $form = $request->only(['name', 'mail']);
        $keys = array_keys($form);
        $values = array_values($form);
        $data = [
            'msg'=>'you inputted.',
            'keys'=>$keys,
            'values'=>$values,
        ];
        return view('hello.index', $data);
    }
    $data = [
        'msg'=> $msg,
        'keys'=>$keys,
```

```
            'values'=>$values,
    ];
    return view('hello.index', $data);
}
```

図1-34：フォームを送信すると、nameとmailの値だけが表示される。

　ここではmsgのみをビューテンプレートに送るようにしました。/helloにアクセスし、フォームを送信すると、nameとmailの値だけが表示されます。値が空ということではなく、**only**で取得した$formにはtelの項目そのものが用意されていないのです。

　取り出される値はallと同じですから、処理の仕方も全く同じです。onlyの用途としてもっとも多用されるのは、「**CSRF対策用のトークンを取り除く**」ということが挙げられるでしょう。Laravelでは、テンプレートのフォームに**@csrf**を追記し、CSRF対策のトークン用非表示フィールドが組み込まれます。これを取り除き、本来必要な項目だけを取り出すのにonlyが役立ちます。

フォーム値の保管とold関数

　フォームの値は送信先のコントローラーのアクションメソッドで取り出すことができますが、そこから再びフォームのページを表示した場合、もう値は消滅してしまい、フォームは空の状態で表示されます。

　しかし、送信後にまたフォームを表示する場合、前回入力した値を保持してフィールドに表示されるようにしているWebサイトは非常に多くあります。こうした処理は、Laravelではどのように作成すればいいのでしょうか。

flash と old

フォームの送信情報はRequestで管理されていますが、Requestには「**flash**」というメソッドが用意されています。これは、送られてきたフォームの値をセッションに保管します。

```
$request->flash();
```

flashメソッドは、「**フラッシュデータ**」としてフォームの値をセッションに保管します。フラッシュデータは、次のユーザーリクエストの間だけセッションに保管されるデータです。つまり、「**次に表示されたときまで値を保持し、それ以降は消える**」のです。

フラッシュデータとして保管された値は、「**old**」というヘルパ関数を使って得ることができます。

```
$変数 = old( 名前 );
```

引数には、取り出す値の名前を指定します。例えば、フォームに**name="a"**の入力フィールドがあった場合、**old('a')**で前回送信されたときの値を取り出すことができます。

old関数は、コントローラーだけでなく、ビューテンプレート内でも利用できます。ビューテンプレートがレンダリングされる際にはまだフラッシュデータは生きています。oldにより、前回のフォームの値を取り出すことができるのです。

送信された値をフラッシュデータに保管する

では、実際に例を挙げておきましょう。まず、HelloController@indexを修正します。次のように書き換えて下さい。

リスト1-58

```php
public function index(Request $request, Response $response)
{
    $msg = 'please input text:';
    $keys = [];
    $values = [];
    if ($request->isMethod('post'))
    {
        $form = $request->only(['name', 'mail', 'tel']);
        $keys = array_keys($form);
        $values = array_values($form);
        $msg = old('name') . ', ' . old('mail') . ', ' .
            old('tel');
        $data = [
            'msg' => $msg,
            'keys' => $keys,
            'values' => $values,
```

```
    ];
    $request->flash();
    return view('hello.index', $data);
    }
    $data = [
        'msg'=> $msg,
        'keys'=>$keys,
        'values'=>$values,

    ];

    $request->flash();
    return view('hello.index', $data);
}
```

ここでは、GETとPOSTそれぞれの処理が終わりreturnする直前に**$request->flash();**を実行し、フラッシュデータとしてフォームの内容を保管しています。

フォームの値は、**$request->only**で取り出すほか、次のようにメッセージにまとめています。

```
$msg =  old('name') . ', ' . old('mail')  . ', ' . old('tel');
```

注意してほしいのは、このold関数が呼ばれているときは、まだ**$request->flash();**が実行される前である、という点です。この時点では、oldで得られるのは送信されたフォームではなく、前回フォームが送信された際にフラッシュデータに保管されていたものなのです。つまり、$request->onlyでは現在送信されてきている値が取り出され、oldではその1つ前に送信された値が取り出される、ということになります。

■ ビューテンプレートで old を使う

では、ビューテンプレート側も修正をしましょう。/resources/views/hello/index.blade.phpに記述してある<form>タグの部分を次のように修正して下さい。

リスト1-59

```
<form action="/hello" method="post">
    @csrf
    <div>NAME:<input type="text" name="name"
        value="{{old('name')}}"></div>
    <div>MAIL:<input type="text" name="mail"
        value="{{old('mail')}}"></div>
    <div>TEL: <input type="text" name="tel"
        value="{{old('tel')}}"></div>
    <input type="submit">
</form>
```

▎**図1-35**：フォームを送信すると、その値がフォームに保持されたまま表示される。内容を書き換えて再度送信すると、その前に送信した値がメッセージに表示され、フォームと下のリストには送信された値が表示される。

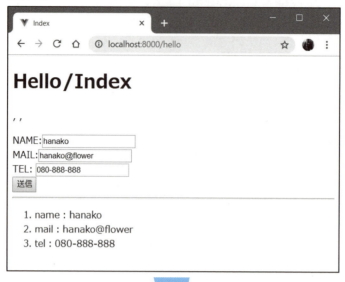

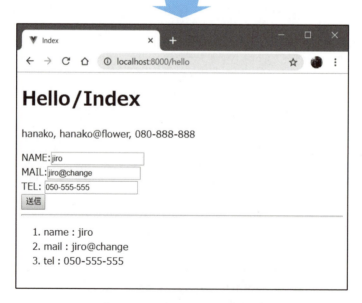

　/helloにアクセスし、フォームに入力して送信をすると、送られたフォームの内容が下にリスト表示されます。そしてフォームには、送信した値がそのまま保持されています。上のメッセージには、まだ値は表示されません。

　この状態のまま、フォームの内容を書き換えて再送信して下さい。すると、フォームの値と下のリストは再送信した内容に変わりますが、メッセージには最初に送信した値が表示されます。

ここでは、**<input>**タグに**value="{{old('name')}}"**と属性を追加しています。valueに
old関数で取り出した値を設定することで、送信した値が取り出され、設定されるように
なっているわけです。

ビューテンプレートがレンダリングされるのは、returnでview関数が呼び出されたとき
です。つまり、ビューテンプレートにあるold関数が実行されるのは、**$request->flash();**
が実行された後であり、送信されたフォームの値がフラッシュデータに保管され、最新の
状態に書き換わっています。コントローラー側でoldで取り出した値と、ビューテンプレー
トのoldで取り出した値が異なるのは、このためです。

このように、old関数は、それが呼び出されるタイミングをよく考える必要があります。

クエリパラメータの利用

アクセス時に値を送る方法は、フォームによるPOST送信だけではありません。**クエ
リパラメータ**もよく利用されます。クエリパラメータは、URLの末尾に「**?xxx=yyy**」と
いった形で付け足されるパラメータです。多くのWebサイトで、必要な情報をURLに付
加して渡すのに用いられています。

クエリパラメータは、Requestの「**query**」というメソッドで取り出すことができます。

```
$ 変数 = $request->query( キー );
```

引数には、パラメータの**キー（名前）**を指定します。例えば、「**?id=123**」といったクエ
リパラメータが付けられていた場合、**query('id')**で「**123**」が得られます。

クエリパラメータを利用する

では、クエリパラメータを利用する例を挙げておきましょう。今回は、フォームを
クエリパラメータで送信して処理します。/resources/views/hello/index.blade.phpの
<form>タグに記述したmethodを、**method="get"**と書き換えて下さい。フォームは、
GET送信することでクエリパラメータを利用し、値を送るようになります。

では、HelloController@indexを次のように書き換えて下さい。

リスト1-60

```php
public function index(Request $request, Response $response)
{
    $name = $request->query('name');
    $mail = $request->query('mail');
    $tel = $request->query('tel');
    $msg = $name . ', ' . $mail . ', ' . $tel;
    $keys = ['名前','メール','電話'];
    $values = [$name, $mail, $tel];
    $data = [
        'msg'=> $msg,
```

```
        'keys'=>$keys,
        'values'=>$values,
    ];
    $request->flash();
    return view('hello.index', $data);
}
```

図1-36：フォーム送信すると、送られた内容が表示される。

　/helloにアクセスし、フォームを送信すると、その内容が表示されます。Webブラウザのアドレスバーを見ると、次のような形でクエリパラメータが設定されているのがわかるでしょう（パラメータの値は、読者の皆さんそれぞれでの入力値です）。

```
http://localhost:8000/hello?_token=……ランダムな文字列……&name=sachiko&mail=sachiko%40happy&tel=070-777-777
```

　indexメソッドでは、送られてきた値をクエリパラメータから変数に取り出しています。それが次の部分です。

```
$name = $request->query('name');
$mail = $request->query('mail');
$tel  = $request->query('tel');
```

　後は、これらを使って処理するだけです。クエリパラメータは、ルートにパラメータを設定するのと異なり、ルート情報に影響を与えることなく値を送ります。またフォームなどを使わずとも、アクセスするURLにテキストを追加するだけで値を送れるので、非常に手軽に値のやり取りができます。

クエリパラメータを指定したリダイレクト

クエリパラメータは、何らかの情報を付けてほかのルートにリダイレクトするようなときに役立ちます。リダイレクトの際にクエリパラメータを利用するのは簡単です。

■クエリパラメータを付けてリダイレクトする

```
return redirect()->route( ルート名 , 連想配列 );
```

redirectでリダイレクトをする際、**route**メソッドでリダイレクト先のルートを指定します。このとき、渡したい値を連想配列にまとめて第2引数に指定します。これで連想配列の内容をクエリパラメータに変換し、アドレスに追加しリダイレクトします。

このほか、データをクエリパラメータの形式のテキストに変換する関数もあります。

■クエリパラメータのテキストを得る

```
$ 変数 = http_build_query( 連想配列 );
```

引数に連想配列を指定することで、それをクエリパラメータのテキストに変換して返します。これらがわかれば、クエリパラメータを使って特定のルートにリダイレクトするのは簡単に行えるようになるでしょう。

では、利用例を挙げておきましょう。HelloControllerクラスを次のように書き換えます。

リスト1-61

```
class HelloController extends Controller
{

    public function index(Request $request, Response $response)
    {
        $name = $request->query('name');
        $mail = $request->query('mail');
        $tel = $request->query('tel');
        $msg = $request->query('msg');
        $keys = ['名前','メール','電話'];
        $values = [$name, $mail, $tel];
        $data = [
            'msg'=> $msg,
            'keys'=>$keys,
            'values'=>$values,
        ];
        $request->flash();

        return view('hello.index', $data);
    }

    public function other()
```

```
    {
        $data = [
            'name' => 'Taro',
            'mail' => 'taro@yamada',
            'tel' => '090-999-999',
        ];
        $query_str = http_build_query($data);
        $data['msg'] = $query_str;
        return redirect()->route('hello', $data);
    }
}
```

ここでは、indexとotherを用意してあります。otherでは、ダミーデータを**$data**連想配列にまとめ、これをクエリパラメータとして付けて/helloにリダイレクトします。

では、これらを利用するためのルート情報を用意しましょう。/routes/web.phpに、次のような形でルート情報を用意して下さい。

リスト1-62

```
Route::get('/hello/other', 'HelloController@other');
Route::get('/hello', 'HelloController@index')->name('hello');
```

図1-37：/hello/otherにアクセスすると、データをクエリパラメータに付けて/helloにリダイレクトする。

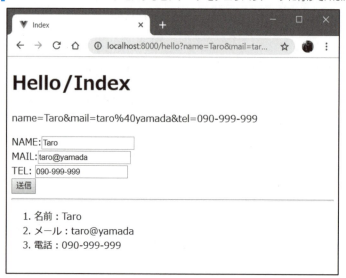

/hello/otherにアクセスをすると、/helloにリダイレクトします。このとき、クエリパラメータで必要な値を渡しているため、メッセージ、フォーム、リストすべてに値が設定された状態でページが表示されます。非常に簡単に、必要な値がリダイレクト先に渡されているのが確認できるでしょう。

Chapter **2**

サービスとミドルウェア

Laravelアプリケーションに様々な機能を組み込むために用
意されているのが、「サービス」です。サービスは、サービスプ
ロバイダやファサードで利用されます。このほか、リクエスト
やレスポンスに処理を追加するミドルウェアもあります。

PHPフレームワーク Laravel実践開発

Chapter 2 サービスとミドルウェア

2-1 サービスコンテナと結合

DIとサービスコンテナ

Laravelでは、さまざまな機能をコントローラーに簡単に組み込んで利用することができます。例えば、**第1章**では、コントローラーのアクションメソッドでこのような書き方をしていました（**リスト1-11**以降）。

```
public function index(Request $request) ……
```

これで、$request引数にRequestインスタンスが渡されます。こんな具合に、利用する機能をメソッドの引数に用意するだけで、自動的にそれが割り当てられます。これは、考えてみると非常に不思議なことです。クラスを指定して引数に指定するだけでそのインスタンスが用意されるというのは、普通は**ありえないこと**でしょう。

こうした「**必要なクラスのインスタンスが自動的に引数として用意される機能**」が実現されているのは、Laravelに用意されている「**サービスコンテナ**」という機能のおかげです。

▌サービスコンテナとは？

サービスコンテナは、**あるクラスと依存関係にあるクラスのインスタンスを管理する機能**を提供します。

コントローラーのコンストラクタやアクションメソッドに引数が用意されていると、サービスコンテナはその引数に設定されたクラスのインスタンスを必要に応じて用意して渡します。これには、新たにインスタンスを作成する場合もあれば、アプリケーション内でインスタンスが用意されているときは、それを探して渡す場合もあります。

こうした機能は、依存関係にあるクラスのインスタンスを外部からクラスに注入する、ということで「**依存性注入**」と呼ばれます。英語では「**Dependency Injection**」、略して「**DI**」と一般的に呼ばれます。

したがって、「**サービスコンテナとは、Laravelに用意されているDI機能を実装したクラスである**」と考えてもいいでしょう。このサービスコンテナがアプリケーションのベースに用意されているので、簡単に外部クラスのインスタンスを取り込んで利用できるのです。

68

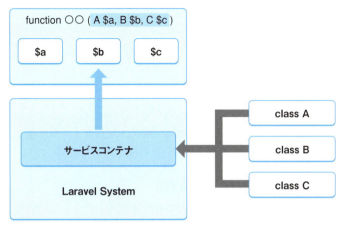

図2-1：サービスコンテナによって、依存するクラスのインスタンスが自動的に用意され、メソッドに渡される。

サービスとしてのクラスを用意する

　このサービスコンテナの基本的な働きと使い方を、実際に簡単なサンプルを用意して、見ていきましょう。
　まずは、ごく単純なクラスを用意します。
　「**app**」フォルダの中に、「**MyClasses**」というフォルダを作成して下さい。そのフォルダ内に、新たに「**MyService.php**」というファイルを用意します。そして以下のようにスクリプトを記述します。

リスト2-1
```
<?php
namespace App\MyClasses;

class MyService
{
    private $msg;
    private $data;

    public function __construct()
    {
        $this->msg = 'Hello! This is MyService!';
        $this->data = ['Hello', 'Welcome', 'Bye'];
    }

    public function say()
    {
        return $this->msg;
```

```
    }

    public function data()
    {
        return $this->data;
    }
}
```

2つのプロパティとコンストラクタ、各プロパティの値を返すメソッドからなる、ごく単純なクラスです。このクラス自体には、特別なものは何もありません。このクラスを、コントローラーに挿入して利用してみましょう。

■ アクションから MyService を利用する

では、HelloControllerクラスからMyServiceを利用してみます。/app/Http/Controllers/HelloController.phpを以下のように記述します。

リスト2-2

```php
<?php
namespace App\Http\Controllers;
use App\MyClasses\MyService;

class HelloController extends Controller
{
    public function index(MyService $myservice)
    {
        $data = [
            'msg'=> $myservice->say(),
            'data'=> $myservice->data()
        ];
        return view('hello.index', $data);
    }
}
```

ここではindexアクションメソッドを/helloに割り当てておきます。/config/web.phpに以下のような形でルート情報を用意しておきます。

リスト2-3

```php
Route::get('/hello', 'HelloController@index')->name('hello');
```

また、/resources/views/hello/index.blade.phpをテンプレートとして利用します。<body>部分は以下のようにしておきます。

リスト2-4

```
<body>
    <h1>Hello/Index</h1>
    <p>{!!$msg!!}</p>
    <ul>
    @foreach($data as $item)
    <li>{!!$item!!}</li>
    @endforeach
    </ul>
</body>
```

図2-2：MyServiceからメッセージとデータを取り出して表示する。

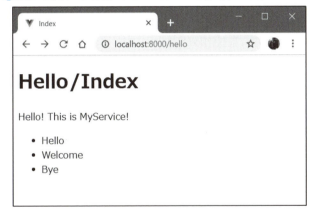

　/helloにアクセスすると、メッセージとデータリストが表示されます。これらは、MyServiceからsayおよびdataメソッドで取得した結果を、そのままテンプレートに渡して表示しています。

　ここでは、HelloController@indexを以下のような形で定義しています。

```
public function index(MyService $myservice)
```

　引数**$myservice**に、**MyServiceクラスのインスタンス**が渡され、そこからメソッドを呼び出して値を取り出していた、というわけです。サービスコンテナにより、引数のMyServiceインスタンスは自動的に用意されます。

　このように、メソッドの引数にクラスを指定するだけでインスタンスが使えるようになる機能を「**メソッドインジェクション**」と呼びます。これはサービスコンテナのもっとも強力でもっとも多用される機能といっていいでしょう。

Chapter 2 サービスとミドルウェア

> **Column** サービスコンテナの正体は？
>
> サービスコンテナは、ただ内部で動いているだけのものではありません。この後では、サービスコンテナの中にあるメソッドを呼び出してインスタンスを取り出したりします。ということから、サービスコンテナが、Laravelに用意されている「**クラス**」であることがわかるでしょう。
>
> サービスコンテナとは、非常にシンプルに回答するなら「**Illuminate\Foundation\ Applicationクラスのインスタンスである**」といっていいでしょう。この後、サービスコンテナのメソッドを利用するときに使っているのは、このApplicationクラスのインスタンスです。ですから、スクリプトを作成していく上では、「**サービスコンテナ＝Laravelシステムに用意されているApplicationインスタンス**」と考えて構いません。

明示的にインスタンスを生成する

引数を利用した依存性注入では、「**ただ引数を用意するだけ**」で自動的にインスタンスが生成され、渡されます。が、引数を使わず、メソッド内でコードを記述して必要なインスタンスを取得したい場合もあります。これには2通りのやり方があります。

app 関数を利用する

Laravelには、「**app**」というヘルパ関数が用意されています。これは、引数なしのシンプルな関数です。このapp関数は、サービスコンテナのインスタンスを返します。また、引数として依存性を解決するクラスを指定し、そのインスタンスを取得することもできます。

■指定したクラスのインスタンスを取得する
```
$ 変数 = app( クラス名 );
```

また、app関数で取得したサービスコンテナから「**make**」メソッドを呼び出すことでインスタンスを得ることもできます。これも引数にクラス名を指定して呼び出します。

■指定したクラスのインスタンスを取得する
```
$ 変数 = app()->make( クラス名 );
```

resolve 関数を利用する

このほか、サービスコンテナから依存性を解決するインスタンスを取得する専用関数として、「**resolve**」も用意されています。

■指定したクラスのインスタンスを取得する
```
$ 変数 = resolve( クラス名 );
```

これらを利用することで、引数を使わず、必要な場面で明示的にインスタンスを取得できるようになります。

例えば、先ほどのHelloController@indexを修正してみましょう。

> **リスト2-5**

```php
public function index()
{
    $myservice = app('App\MyClasses\MyService'); // ●
    $data = [
        'msg'=> $myservice->say(),
        'data'=> $myservice->data()
    ];
    return view('hello.index', $data);
}
```

　動作は、先ほどと全く同じです。ここでは、idexメソッドに引数はありません。**app関数**を使ってMyServiceインスタンスを取得しています（●マーク部分）。ここではappを利用しましたが、次のいずれのやり方でも、全く同じようにインスタンスが得られます。

```php
$myservice = app('App\MyClasses\MyService');
$myservice = app()->make('App\MyClasses\MyService');
$myservice = resolve('App\MyClasses\MyService');
```

　これらは、どの方法を使っても違いはありません。いずれも、サービスコンテナの機能によりインスタンスを取得します。

Column　　new MyServiceではいけないのか？

　サービスコンテナの機能を考えたとき、「**インスタンスは、newで作れる。new MyServiceではダメなのか？**」と思った人も多いことでしょう。
　おそらく、今回の例であるMyServiceでは、サービスコンテンを利用しても、new MyServiceでインスタンスを作っても、大きな違いはないでしょう。なぜなら、ここでしかMyServiceを利用していないからです。

　しかし、Laravelのシステムに組み込まれているサービスの中には、ただインスタンスを作るだけでなく、そこに必要な情報を保管したり、ほかのサービスと連携して動くように設定されていたりするものもあります。
　後述しますが、サービスの中には**シングルトン**（アプリケーションでただ1つのインスタンスしか生成されない）として作成するものもあります。この場合、新たなインスタンスを作ることはできません。予め用意されているインスタンスを取得する必要があるのです。

　こうしたサービスのインスタンスを利用する場合、単純にnewしただけでは問題が発生します。サービスを利用するには、現在、システムに用意されているインスタンスを取り出さないといけないからです。
　サービスコンテナを利用してインスタンスを取得すれば、「**現在、システムに用意されている（既に組み込まれてセットアップされた状態の）インスタンス**」が得られるのです。

Chapter 2 サービスとミドルウェア

引数が必要なクラスのインスタンス取得

MyServiceは、このようにメソッドの引数に指定したり、app関数で取得したサービスコンテナのメソッドを呼び出したりすることで、インスタンスを用意できました。が、これは「**インスタンス生成に引数などが必要ない**」からです。

例えば、MyServiceクラスを「**IDの値を引数として渡してインスタンスを作成する**」というように変更したらどうなるでしょうか。

リスト2-6

```php
<?php
namespace App\MyClasses;

class MyService
{
    private $id = -1;
    private $msg = 'no id...';
    private $data = ['Hello', 'Welcome', 'Bye'];

    public function __construct(int $id = -1)
    {
        if ($id >= 0)
        {
            $this->id = $id;
            $this->msg = 'select: ' . $this->data[$id];
        }
    }

    public function say()
    {
        return $this->msg;
    }

    public function data(int $id)
    {
        return $this->data[$id];
    }

    public function alldata()
    {
        return $this->data;
    }
}
```

2-1 サービスコンテナと結合

　ここでは、コンストラクタである__constructメソッドに**$id**という引数を用意しています。これにより、**$data**からデータを1つ取り出してメッセージに設定するようになっています。インスタンス作成時にIDが指定されていないと、'no id...'と表示されます。

　この状態のまま、コントローラー側でMyServiceの引数を用意したとしても、インスタンス生成時にどんなIDが必要となるかわかりませんから、引数のIDを使った正しいメッセージは得られません。

makeWith を利用する

　このような場合は、app関数で取得するサービスコンテナから「**makeWith**」というメソッドを利用します。

```
app()->makeWith( クラス名 , 連想配列 );
```

　makeWithは、引数を2つ持っています。1つ目は、makeと同様、作成するクラスを指定します。そして第2引数には、インスタンス作成時に必要となる値(すなわち、コンストラクタに用意されている引数に渡す値)を連想配列にまとめて用意します。連想配列のキーは、値が渡される引数名になります。

　このようにしてインスタンスを取得することで、引数が必要となるインスタンスも問題なく得ることができます。では、試してみましょう。
　HelloController@indexを、次のような形に修正します。

リスト2-7

```php
public function index(int $id = -1)
{
    $myservice = app()->makeWith('App\MyClasses\MyService',
        ['id' => $id]);
    $data = [
        'msg'=> $myservice->say($id),
        'data'=> $myservice->alldata()
    ];
    return view('hello.index', $data);
}
```

　ここでは、引数$idを用意し、これを連想配列にまとめてmekeWithメソッドを呼び出すようにしています。これに伴い、/routes/web.phpには以下のようなルート情報を設定しておきます。

リスト2-8

```php
Route::get('/hello/{id}', 'HelloController@index');
```

75

図2-3：/hello/1とアクセスすると、id=1の値がメッセージに表示される。

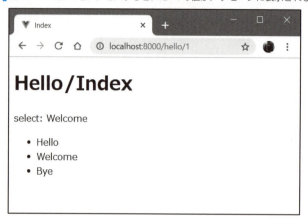

修正したら、「**/hello/番号**」という形でアクセスをします。MyServiceのdataにはサンプルとして3つの値を用意しているので、0〜2の間で番号を指定して下さい。アドレスに指定したパラメータの値がメッセージに表示されます。

ここでは、次のような形でMyServiceインスタンスを取得しています。

```
$myservice = app()->makeWith('App\MyClasses\MyService', ['id' => $id]);
```

このようにmakeWithを使うことで、インスタンス生成に引数を必要とする場合でも、問題なくインスタンスを得ることができるようになりました！

サービスコンテナへの結合

サービスコンテナは、必要なサービス類をすべて自動的に組み込みます。MyServiceクラスも、「**ここでこのようにインスタンスを作成している**」といった明示的な処理はどこにもありません。サービスコンテナが自動的にインスタンスを作成し、組み込んでいるのです。こうしたインスタンスの組み込み処理を「**結合**」と呼びます。

この結合は、「**勝手にやってくれる**」という点では便利なのですが、時には明示的にインスタンス作成の処理を指定したい、ということもあります。このような場合には、「**どのようにインスタンスがサービスコンテナに結合されるか**」を知っておく必要があるでしょう。

インスタンスのサービスコンテナへの結合は、サービスコンテナに用意される「**bind**」メソッドを使って行われます。

■サービスコンテナへの結合
```
app()->bind( クラス名 , function($app){
    ……インスタンス生成処理……
    return インスタンス ;
});
```

bindメソッドは、結合するクラス名と、実際に結合に使うインスタンスを返す**クロージャ**(関数)を引数に指定します。クロージャ内でインスタンスを作成し、returnすれば、そのインスタンスがサービスコンテナに結合されます。

MyService の修正

では、実際に結合を利用してみましょう。まず、MyServiceクラスを修正し、引数なしでインスタンスを作成し、後からIDを設定できる形に修正しておきます。

リスト2-9

```php
class MyService
{

    private $id = -1;
    private $msg = 'no id...';
    private $data = ['Hello', 'Welcome', 'Bye'];

    public function __construct()
    {
    }

    public function setId($id)
    {
        $this->id = $id;
        if ($id >= 0 && $id < count($this->data))
        {
            $this->msg = "select  id:" . $id
                . ', data:"' . $this->data[$id] . '"';
        }
    }

    public function say()
    {
        return $this->msg;
    }

    public function data(int $id)
    {
        return $this->data[$id];
    }

    public function alldata()
    {
        return $this->data;
    }
}
```

Chapter 2 サービスとミドルウェア

プロバイダで MyService を結合する

では、このMyServiceを結合しましょう。これはHelloControllerクラスのコンストラクタ辺りで行ってもいいのですが、システム全体で結合が反映されることを考え、プロバイダを利用することにします。

/app/Providers/AppServiceProvider.phpを開き、bootメソッドを以下のような形に修正しておきます。

リスト2-10

```
// use App\MyClasses\MyService;          //追加

public function boot()
{
    app()->bind('App\MyClasses\MyService',
            function ($app) {
        $myservice = new MyService();
        $myservice->setId(0);
        return $myservice;
    });
}
```

ここでは、bindを使ってMyServiceの結合を行っています。クロージャでは、まずnew MyServiceでインスタンスを作成し、**setId(0)**でidをゼロに設定しておきました。デフォルトでは**-1**ですから、idの値によって、結合したインスタンスが使われているかどうかチェックできるでしょう。

MyService を利用する

では、MyServiceを利用しましょう。HelloController@indexを以下のように修正して下さい。

リスト2-11

```
public function index(MyService $myservice, int $id = -1)
{
    $myservice->setId($id);
    $data = [
        'msg'=> $myservice->say($id),
        'data'=> $myservice->alldata()
    ];
    return view('hello.index', $data);
}
```

78

図2-4：/helloにアクセスすると、id = 0の状態でMyServiceのメッセージが表示される。

修正したら、/helloにアクセスして下さい。すると、「**select id:0, data:"Hello"**」とメッセージが表示されます。**id = -1**ではなくゼロに設定されている、すなわち、サービスコンテナが自動的に結合したインスタンスではなく、bindによって明示的に結合されたインスタンスが使われていることが、これで確認できます。

そのまま、/hello/1というようにパラメータを付けてアクセスすれば、問題なく指定のidのメッセージが表示されます。bindで結合しても全く問題なくMyServiceインスタンスが起動していることがわかるでしょう。

サービスとシングルトン

サービスコンテナを利用してサービスのインスタンスを取得するとき、「**既にインスタンスが用意されている場合はそれが利用される**」と説明をしました。が、これは、実をいえば正確ではありません。サービス側にそのための仕組みなどがなく、ただクラスを定義しただけならば、利用するたびにインスタンスが生成されることになります。

常に同じインスタンスが得られるようにするためには、クラスを「**シングルトン**」として定義する必要があります。シングルトンとは、「**クラスから1つのインスタンスしか作成できない**」仕組みです。例えば、こんな具合に実装をすることで実現できます。

リスト2-12
```
class MyService
{
    private $myservice;

    private function __construct()
    {
    }

    public static getInstance()
```

```
        {
                return self::$myservice ?? self::$myservice =
                        new MyService();
        }

        ……ほかのプロパティ・メソッドは略……
}
```

インスタンスを保管するprivateなプロパティを用意し、コンストラクタをprivateに設定します。これにより、newでインスタンスを作成できないクラスが作れます（コンストラクタがprivateなため）。

後は、privateプロパティがnullならばnewしたインスタンスを代入し、このprivateプロパティのインスタンスを返すメソッドを用意して、このメソッドを使ってインスタンスを取得するようにします。こうすれば、常に1つのインスタンスだけが使われることになります。

コンストラクタをprivateにするということと、常に保管されている同じインスタンスが得られるようにするということ、この2点をきちんと処理すれば、シングルトンクラスを作成することは、それほど難しくはありません。

結合でシングルトンに設定する

が、自分でサービスを作るなら最初からシングルトンに設計できますが、既にあるものを利用したり、シングルトンではない形に作成することが仕様で決まっているような場合には、クラスをシングルトンで運用するのはかなり難しくなります。規模が大きくなると、どこでインスタンスを作成して利用しているか、わからないのですから。

このような場合の役に立つのが、サービスコンテナに用意されている「**シングルトン結合**」機能です。これは、（シングルトンではない）一般的なクラスをシングルトンとして結合する機能です。シングルトン結合は、bindではなく、「**singleton**」というメソッドを使ってクラスを結合します。

```
app()->singleton( クラス名 , クロージャ );
```

基本的な使い方は、bindと同じです。第2引数のクロージャでインスタンスを作成して返すようにします。このとき、インスタンスは普通にnewしたものを返せばOKです。「**同じインスタンスを返すように……**」などといったことを考える必要は、まったくありません。ただ、bindをsingletonに替えるだけでシングルトンになるのです。

MySerivceをシングルトンで結合する

では、実際に試してみましょう。先ほどのMyServiceクラスを修正し、インスタンスを作成する際にランダムな値を保持するようにしておきます。

2-1 サービスコンテナと結合

リスト2-13

```
class MyService
{
    private $serial;
    private $id = -1;
    private $msg = 'no id...';
    private $data = ['Hello', 'Welcome', 'Bye'];

    function __construct()
    {
        $this->serial = rand();
        echo "「" . $this->serial . "」";
    }

    public function setId($id)
    {
        $this->id = $id;
        if ($id >= 0 && $id < count($this->data))
        {
            $this->msg = "select  id:" . $id
                . ', data:"' . $this->data[$id] . '"';
        }
    }

    public function say()
    {
        return $this->msg;
    }

    public function data(int $id)
    {
        return $this->data[$id];
    }

    public function alldata()
    {
        return $this->data;
    }
}
```

　コンストラクタで、**$this->serial = rand();**というようにランダムな値をserialに保管し、
それをechoで出力しています。

81

Chapter 2 サービスとミドルウェア

HelloController で MyService を利用する

では、このMyServiceをHelloControllerで利用しましょう。今回はクラス全体のスクリプトを掲載しておきます。

リスト2-14

```
class HelloController extends Controller
{
    function __construct(MyService $myservice)
    {
        $myservice = app('App\MyClasses\MyService');
    }

    public function index(MyService $myservice, int $id = -1)
    {
        $myservice->setId($id);
        $data = [
            'msg'=> $myservice->say($id),
            'data'=> $myservice->alldata()
        ];
        return view('hello.index', $data);
    }
}
```

ここでは、コンストラクタとindexの引数にMyServiceを用意しました。更にコンストラクタ内ではapp関数でMyServiceインスタンスを取得しています。つまり、indexにアクセスすると、3回、MyServiceインスタンスを取得する要求がされるわけです。

AppServiceProvider を修正する

では、MyServiceの結合を行いましょう。AppServiceProviderクラスのbootメソッドを以下のように用意します。

リスト2-15

```
public function boot()
{
    app()->bind('App\MyClasses\MyService',
            function ($app) {
        $myservice = new MyService();
        $myservice->setId(0);
        return $myservice;
    });
}
```

図2-5：/helloにアクセスすると3つのランダムな値が表示される。

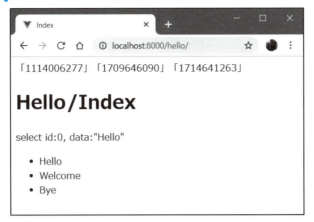

ここでは、普通にbindメソッドで結合を行っています。これで、/helloにアクセスしてみて下さい。ランダムな数値が3つ表示されるのがわかるでしょう。これはすなわち、3つのインスタンスが生成されていることを示します。MyServiceは、呼び出されるごとにインスタンスを作成していたのです。

シングルトン結合を行う

bindでの表示を確認したところで、bootメソッドを以下のように書き換え、シングルトン結合を行うようにします。

リスト2-16
```
public function boot()
{
    app()->singleton('App\MyClasses\MyService',
            function ($app) {
        $myservice = new MyService();
        $myservice->setId(0);
        return $myservice;
    });
}
```

図2-6：/helloにアクセスすると1つだけしか数値が表示されなくなる。

/helloにアクセスすると、1つの数字だけしか表示されなくなります。これはつまり、1つのインスタンスしか作成されなくなったということになります。MyServiceを参照するところが3ヶ所ありますが、いずれも同じインスタンスを利用していることがわかります。

結合に使うメソッドをbindからsingletonに替えるだけで、MyServiceクラスにまったく手を加えることなく、MyServiceをシングルトンとして利用できるようになりました。

引数を必要とする結合

サービスの中には、インスタンス生成時に何らかの値(引数)が必要なものもあります。こうしたサービスは、bindで結合しようとしてもインスタンス生成に失敗し、エラーとなってしまいます。

ところが先に、サービスコンテナからインスタンスを取得する場面で、「**makeWith**」というメソッドを使って引数を指定し、インスタンスを作成する方法を紹介しました。結合にも、このmakeWithに相当する機能が用意されています。すなわち、引数を指定してインスタンスを結合させるのです。

これは、1つのメソッドだけではなく、複数のメソッドをメソッドチェーンで連続して呼び出すことで設定できます。

■引数を設定した結合
```
app()->when( クラス名 )->needs( 変数名 )->give( 値 );
```

whenにはサービスとなるクラス名を、**needs**には引数に指定される変数名を、そして**give**には渡す値を用意します。これで、コンストラクタ呼び出し時に指定の引数に値を渡して、インスタンスを生成することができます。

このneedsとgiveは、それぞれ1つの値しか渡すことができません。複数の値が必要な場合は、コンストラクタの引数を修正し、配列や連想配列として渡すようにするとよいでしょう。

引数を渡して結合する

　では、実際に例を挙げて使い方を見てみましょう。まずは、MyServiceクラスの修正です。コンストラクタのメソッドを、次のようにしておきます。

リスト2-17

```php
function __construct(int $id)
{
    $this->setId($id);
    $this->serial = rand();
    echo "[" . $this->serial . "]";
}
```

　$idを引数として渡すようにしてあります。では、このMyServiceをサービスに結合するように、AppServiceProviderクラスのbootメソッドを修正しましょう。

リスト2-18

```php
public function boot()
{
    app()->when('App\MyClasses\MyService')
        ->needs('$id')
        ->give(1);
}
```

　これで、MyServiceが結合できます。コンストラクタに引数がある場合は、このように手動で結合しておくことができます。結合が行えれば、コントローラーのメソッドの引数などにそのままMyServiceを用意して、インスタンスを受け取ることができるようになります。サービスを使うごとにmakeWithするより、結合時にインスタンスを渡すようにしたほうが、使い勝手はよくなります。

インターフェイスを利用した粗な結合

密な結合

　結合の仕組みは、特定のサービスクラスのインスタンスを自動的に組み込んで、利用できるようにします。このとき、組み込まれるサービスクラスは、「**それ以外のクラスは使えない**」ように、しっかりと結合されます。当たり前ですが、MyServiceを結合したら、メソッドインジェクションなどでMyServiceを指定すれば、必ずMyServiceインスタンスが得られます。これは「**密な結合**」と呼ばれるもので、非常にわかりやすくシンプルな結合です。

「契約」とは？

　が、こうした密な結合は、後でサービスクラスを変更するようなとき、かなり面倒なことになりがちです。サービスを利用するすべてのシーンで使用クラスを書き換えなければいけません。

Chapter 2 サービスとミドルウェア

サービスは、基本的な仕様は変わらなくとも、内部の処理がアップデートされたりします。また、新バージョンを新しいクラスとして用意し、古いクラスと使い比べてどちらにするか決める、といったこともあるでしょう。

このような場合、クラスを変更するたびにシステム全体を書き換えるのは、あまりに無駄です。このような時に利用されるのが、「**契約**」と呼ばれる仕組みです。

「契約」はインターフェイス

契約は、結合に用いられる「**インターフェイス**」です。インターフェイスを使って結合を行い、利用の際にはインターフェイスを指定してインスタンスを取得するのです。これにより、インターフェイスを実装したクラスであれば何であれ、利用できるようになります。

オブジェクト指向では、こうした**インターフェイスによる結合**は「**粗な結合**」と呼ばれます。この粗な結合を実現するために必要となるのが、**契約**（インターフェイス）です。

これは、実例を見ながら説明したほうがわかりやすいでしょう。

まず、簡単なインターフェイスを用意します。/app/MyClasses/内に、「**MyService Interface.php**」という名前でファイルを用意して下さい。そして次のように記述します。

リスト2-19

```php
<?php
namespace App\MyClasses;

interface MyServiceInterface
{
    public function setId(int $id);
    public function say();
    public function allData();
    public function data(int $id);
}
```

見ればわかるように、MyServiceに用意されていたメソッドを、そのままインターフェイス化しています。インターフェイスができたら、MyServiceクラスの宣言部分を、このように修正しておきましょう。

```
class MyService implements MyServiceInterface ……
```

これで、MyServiceは、MyServiceInterfaceを継承したクラスになりました。MyServiceの内容は基本的に変える必要はありませんが、乱数を$serialに設定して出力する処理はもう不要ですから、表示がうるさいと思う人は削除しても構いません。

粗な結合を行う

では、MyServiceを結合します。これも、これまでと同様、**AppServiceProvider**を利用して行うことにしましょう。bootメソッドを次のように書き換えて下さい。

86

リスト2-20

```
public function boot()
{
    app()->bind('App\MyClasses\MyServiceInterface',
        'App\MyClasses\MyService');
}
```

　bindで結合をしていますが、よく見るとMyServiceInterfaceとMyServiceの両方を指定しているのがわかります。このように、インターフェイスとその実装クラスの両方を併記して結合することで、「**このMyServiceInterfaceインターフェイスを結合する。具体的な実装はこのMyServiceクラスを使う**」ということがサービスコンテナに伝えられます。

MyServiceInterface を利用する

　準備はこれで完了です。後は、これをコントローラーで利用するだけです。では、HelloControllerクラスを修正しましょう。

リスト2-21

```
// use App\MyClasses\MyServiceInterface;          //追加

class HelloController extends Controller
{
    function __construct()
    {
    }

    public function index(MyServiceInterface $myservice,
        int $id = -1)
    {
        $myservice->setId($id);
        $data = [
            'msg'=> $myservice->say(),
            'data'=> $myservice->alldata()
        ];
        return view('hello.index', $data);
    }
}
```

　indexメソッドの引数には、MyServiceInterfaceが指定されています。メソッドインジェクションにより、**$myservice**引数にはインスタンスが渡されます。が、MyServiceInterfaceはインターフェイスですから、インスタンス化できません。実際に渡されるのは、MyServiceクラスのインスタンスになるのです。MyServiceは、MyServiceInterfaceをimplementsしていますから、MyServiceInterfaceのインスタンスとして通用します。

実際に/helloにアクセスしてみると、MyServiceによるメッセージの表示が行われます。MyServiceInterfaceを指定しても、実際にはMyServiceが使われるのです。

図2-7：/helloにアクセスすると、MyServiceを使って値が出力される。

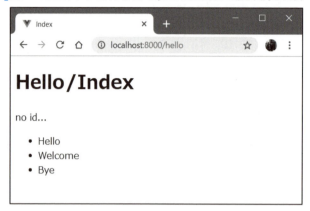

MyServiceInterface実装クラスを作成する

インターフェイスを利用したサービスの実装がわかったところで、新しいサービスクラスを作成してみます。

/app/MyClasses/内に、「**PowerMyService.php**」という名前でファイルを作成して下さい。そして次のように記述します。

リスト2-22
```php
<?php
namespace App\MyClasses;

class PowerMyService implements MyServiceInterface
{
    private $id = -1;
    private $msg = 'no id...';
    private $data = ['いちご','リンゴ','バナナ','みかん','ぶどう'];

    function __construct()
    {
        $this->setId(rand(0, count($this->data)));
    }

    public function setId($id)
    {
        if ($id >= 0 && $id < count($this->data))
        {
            $this->id = $id;
```

```
            $this->msg = "あなたが好きなのは、" . $id
                . '番の' . $this->data[$id] . 'ですね!';
        }
    }

    public function say()
    {
        return $this->msg;
    }

    public function data(int $id)
    {
        return $this->data[$id];
    }
    public function setData($data)
    {
        $this->data = $data;
    }

    public function alldata()
    {
        return $this->data;
    }
}
```

　PowerMyServiceは、MyServiceInterfaceをimplementsしたクラスです。用意されてい
るプロパティとメソッドは同じですが、内容が変わっているのがわかるでしょう。

MyService から PowerMyServie に変更する

　では、利用していたMyServiceをPowerMyServiceに変更してみましょう。AppService
Providerクラスのbootメソッドを次のように修正します。

リスト2-23

```
public function boot()
{
    app()->bind('App\MyClasses\MyServiceInterface',
        'App\MyClasses\PowerMyService');
}
```

図2-8：/helloにアクセスすると、PowerMyServiceによる表示に切り替わっている。

　MyServiceInterfaceとPowerMyServiceを指定してbindするように変更しました。修正は、この1ヶ所だけです。/helloにアクセスしてみて下さい。すると、MyServiceではなく、PowerMyServiceによる表示に替わっているのがわかります。

　ここで重要なのは、「**コントローラーは一切、変更していない**」という点です。変更したのは、**bind**でサービスを結合している文だけです。bindの1ケ所を変更するだけで、コントローラーに渡されるクラスがMyServiceからPowerMyServiceへと替わったのです。

　ここではHelloController@indexだけしか使っていませんが、複数のコントローラーで利用していても、基本は同じです。コントローラーは一切書き換える必要はなく、ただプロバイダーのbindを1つ書き換えるだけで、いつでもサービスとして使うクラスを変更できるのです。

　これが、「**粗な結合**」です。基本的な仕様が同じであれば、**契約**（インターフェイス）を利用した粗な結合を使うことで、非常に簡単にクラスを入れ替えることができます。もちろん、実装するメソッドの定義（引数や戻り値など）が変わったり、全く新しいメソッドを追加して利用するように処理を変更したりすれば、それなりにコードの修正が必要になります。

　粗な結合が活きるのは、「**決まった仕様で、その内容だけが変更される場合**」である、と考えるとよいでしょう。

結合時のイベント処理について

　サービスの結合は、bindなどで明示的に行う以外は、基本的に「**知らないうちにどこかで結合されている**」ということになります。どのようなサービスがどこでどう結合されているのか、よくわからないでしょう。

　しかし、サービスを利用するとき、「**バインドしたオブジェクトを何らかの形で操作したい**」と思うこともあるはずです。では、どんなサービスがいつ結合されているのかもわからない状態でそれを行うには、どうすればいいのか。おそらく最適な方法は、結

合時のイベントを利用することでしょう。

サービスコンテナには、バインド時のイベント処理を組み込むための「**resolving**」というメソッドが用意されています。

■ 結合時に呼び出される

```
app()->resolving( function($obj, $app) {……実行する処理……} );
```

■ 特定のクラスとの結合時に呼び出される

```
app()->resolving( クラス , function($obj, $app) {……実行する処理……} );
```

resolvingは、大きく2通りの使い方をします。1つは、結合時に常に呼び出される処理を用意します。引数にクロージャを指定することで、サービスが結合されると常にクロージャが呼び出されるようになります。クロージャの引数には、結合されたサービスのインスタンスとサービスコンテナが渡されます。

もう1つの使い方は、呼び出されるクラスを指定します。第1引数にクラスを指定し、第2引数にクロージャを指定することで、指定のクラスと結合されたときのみ処理が実行されるようになります。

結合イベントを利用する

では、実際にイベントの利用例を挙げておきましょう。AppServiceProviderクラスのbootメソッドを以下のように修正して下さい。

リスト2-24

```php
public function boot()
{
    app()->resolving(function ($obj, $app) {
        if (is_object($obj))
        {
            echo get_class($obj) . '<br>';
        }
        else
        {
            echo $obj . '<br>';
        }

    });
    app()->resolving(PowerMyService::class, function ($obj, $app) {
        $newdata = ['ハンバーグ','カレーライス','唐揚げ','餃子'];
        $obj->setData($newdata);
        $obj->setId(rand(0, count($newdata)));
    });

    app()->singleton('App\MyClasses\MyServiceInterface',
```

```
                    'App\MyClasses\PowerMyService');
}
```

図2-9：/helloにアクセスすると、結合されているサービスの一覧が出力され、その途中に、データが変更されたPowerMyServiceの結果が表示される。

　/helloにアクセスをすると、クラス名の一覧がずらりと出力されます。これらが、組み込まれたサービスのクラスです。これらはイベントを利用し、クラスが組み込まれると、そのクラス名を出力するようにしていたのです。

　そして、一覧の中に/helloの表示があるのですが、これもよく見るとPowerMyServiceにもともと用意されていたのとは違うデータを利用した結果になっています。これもイベントを利用し、PowerMyServiceが組み込まれたらデータを変更するようにしていたのです。
　bootメソッドを見ると、2つの**app()->resolving**メソッドが呼び出されているのがわかります。1つ目のapp()->resolvingでは、引数に渡された$objのクラス名（オブジェクトでない場合は$obj自体）をechoで出力しています。

　2つ目のapp()->resolvingでは、第1引数にPowerMyService::classを指定し、PowerMyServiceが組み込まれたときのみ実行されるようにしています。そして引数に渡される$objのsetDataとsetIdを呼び出し、データとidを再設定しています。引数にサービスのインスタンスが渡されるため、それを利用することでサービス自体を操作することが可能になります。

2-2 ファサードの利用

サービスとサービスプロバイダ

ここまで、簡単なサービスを作成して組み込み、利用してきました。が、ここまでのような「**サービスのクラスをどこか適当なところでサービスコンテナに組み込む**」というやり方は、実は一般的ではありません。

多くのサービスは、**サービルプロバイダ**を使って組み込みを行っています。サービスを作成する場合には、サービスプロバイダもセットで用意するのが基本と考えたほうが良いでしょう。

サービスプロバイダには、**サービス登録のためのメソッド**が用意されており、それを実装することでサービスの登録と初期化処理を用意できます。これまで、**AppServiceProvider**を利用してMyServiceの組み込みなどを行ってきましたが、このAppServiceProvider自身もプロバイダです。このAppServiceProviderというプロバイダが組み込まれる際に、MyServiceの組み込みも行われるようにしていたというわけです。

AppServiceProvider自体もプロバイダですから、どこかのタイミングで実行され、それによって必要なサービスが組み込まれます。これは、Laravelアプリケーションに用意されている**プロバイダの登録情報**に追記することで自動的に行われるようになります。

サービスプロバイダを作成する

では、実際にサービスプロバイダを作成し、利用してみましょう。ここでは、先に作成したMyService関連クラス（MyServiceやPowerMyServiceなど）を利用するためのサービスプロバイダを作成してみます。

サービスプロバイダは、「**php artisan make:provider**」コマンドを使って作成します。コマンドプロンプトまたはターミナルから次のようにコマンドを実行して下さい。

```
php artisan make:provider MyServiceProvider
```

これで**MyServiceProvider**というサービスプロバイダが作成されます。これは、プロジェクトの/app/Providers/内に保存されています。この中にあるMyServiceProvider.phpを開き、次のように記述を修正します。

リスト2-25

```php
<?php
namespace App\Providers;
use Illuminate\Support\ServiceProvider;
```

```
class MyServiceProvider extends ServiceProvider
{
    public function register()
    {
        app()->singleton('App\MyClasses\MyServiceInterface',
            'App\MyClasses\PowerMyService');
        echo "<b><MyServiceProvider/register></b><br>";
    }

    public function boot()
    {
        echo "<b><MyServiceProvider/boot></b><br>";
    }
}
```

register と boot

サービスプロバイダクラスには、2つのメソッドが用意されます。「**register**」と「**boot**」です。これらは「**登録処理**」と「**起動処理**」を行うためのものです。

register	登録処理を行います。ここで、サービスプロバイダが使用するサービスクラスの登録などを行います。
boot	起動処理を行います。登録したサービスの初期化処理などを行うものと考えて下さい。

なぜ、登録処理と起動処理が分かれているのか。どちらか一方にまとめて書けばいいのでは？ と思われるかもしれません。

基本的には、それでも問題ないことが多いでしょう。が、サービスによっては、そのようなやり方では問題が起こることもあります。それは、「**サービス内から、別のサービスを利用する場合**」です。

どちらか片方に登録と起動の処理が書かれていると、「**起動処理を実行するときに、必要とするサービスがまだ登録されていない**」ということが十分考えられます。

登録処理と起動処理を分け、まず、すべてのサービスプロバイダについて登録処理を一通り実行し、登録が完了してから起動処理を実行する。このようになっていれば、起動処理でほかのサービスを利用するとき、「**サービスがまだ登録されていない**」ということは起こりません。両者を分けて用意することで、すべてのサービスが登録された後で起動処理（初期化処理）を行うようにできるのです。

MyServiceProvider を追加する

これでサービスプロバイダは用意できましたが、このままではまだ、プロバイダは使えません。設定ファイルに、MyServiceProviderを**登録**しておく必要があります。

/config/app.phpに、各種の設定情報がまとめられています。この中のスクリプトは、整理すると、このようになっています。

2-2 ファサードの利用

```
return [……];
```

　値は連想配列になっており、設定名をキーとする値が用意されています。この中から、次の文を探して下さい。

```
'providers' => [……];
```

　これが、サービスプロバイダを登録している場所です。この**'providers'**の値（配列）の中に、使用するサービスプロバイダのクラスがまとめられています。ここに、次の値を追記します。

リスト2-26

```
App\Providers\MyServiceProvider::class,
```

　場所は配列内のどこでも構いません。これでMyServiceProvicerがサービスプロバイダとして登録されます。

AppServiceProvider を修正する

　これで、PowerMyServiceを登録するサービスプロバイダができました。先に、**AppServiceProvider**にMyService関連の処理を記述していたので、これを修正しておきます。
　/app/Providers/AppServiceProvider.phpのbootメソッドに追記しておいたものを削除しておきましょう。

サービスを利用する

　では、**PowerMyService**を利用しましょう。HelloControllerクラスを以下のように修正しておきます。

リスト2-27

```
class HelloController extends Controller
{
    public function index(MyServiceInterface $myservice,
        int $id = -1)
    {
        $myservice->setId($id);
        $data = [
            'msg'=> $myservice->say(),
            'data'=> $myservice->alldata()
        ];
        return view('hello.index', $data);
    }
}
```

95

図2-10：/helloにアクセスするとPowerMyServiceを使ったメッセージが表示される。

修正したら、/helloにアクセスして下さい。PowerMyServiceを利用したメッセージが表示されます。ページの冒頭には、以下のような文が表示されているでしょう。

```
<MyServiceProvider/register>
<MyServiceProvider/boot>
```

これらは、MyServiceのregisterとbootに用意したechoで出力されたものです（**リスト2-25**参照）。まずregisterが実行され、それからbootが呼び出されていることがわかります。

ファサードとは？

サービスプロバイダは、サービスをシステムで組み込むための機能を提供します。これにより、メソッドインジェクションなどでサービスの機能が使えるようになります。

が、サービスを利用できるようにするための仕組みは、ほかにもあります。それが「**ファサード**」です。

ファサードは、サービスを利用する「**入り口**」となるクラスを提供します。

サービスは、通常、インスタンスを取得し、その中からメソッドなどを呼び出して利用します。が、ファサードを使えば、ただ用意されているクラスからメソッドを呼び出すだけで、同じことができます。「インスタンスの取得」などといったことを考える必要がありません。

ファサードクラスの定義

ファサードはクラスとして定義します。このクラスは、次のような形で記述されます。

2-2 ファサードの利用

■ファサードクラスの基本

```
namespace App\Facades;
use Illuminate\Support\Facades\Facade;

class クラス名 extends Facade
{
    protected static function getFacadeAccessor()
    {
        return 'ファサード名';
    }
}
```

　ファサードクラスは、**App\Facades**名前空間に配置します。クラスは**Illuminate\Support\Facades\Facade**を継承して作成します。このクラスには、**getFacadeAccessor**というstaticメソッドが1つ用意されます。これは、ファサードの名前を返すだけの非常にシンプルなメソッドです。

　ファサードクラスの作成に必要なのは、わずかにこれだけです。後は、作成したファサードクラスを設定ファイルで登録するだけで使えるようになります。

MyServiceファサードを作成する

　ファサードは、実際に作成して使ってみないと、利用の仕方や利点がよくわからないかもしれません。そこで、実際にPowerMyServiceを利用するファサードを作って使ってみることにしましょう。

　ここでは、PowerMyServiceを利用するためのファサードを作成することにします。まず、「**app**」フォルダ内に、新たに「**Facades**」というフォルダを用意して下さい。ファサードのクラスは、App\Facades名前空間に配置をします。従って、**/app/Facades/**という階層を用意し、そこにスクリプトファイルを用意することになります。

　「**Facades**」フォルダを用意したら、その中に「**MyService.php**」という名前でファイルを作成して下さい。ここにMyServiceファサードを記述します。

リスト2-28

```php
<?php
namespace App\Facades;
use Illuminate\Support\Facades\Facade;

class MyService extends Facade
{
    protected static function getFacadeAccessor()
    {
        return 'myservice';
    }
}
```

ここでは、**getFacadeAccessor**メソッドで**'myservice'**という名前を返すようにしています。これが、MyServiceファサードの名前です。

Column **ファサード名は、サービス名と同じ？**

ここでは、ファサードクラスにMyServiceという名前を付けていました。
　が、MyServiceというのは、実際にサービスとして用意されているクラスでしたね。ファサードは、利用するクラスと同じ名前にする必要があるのか？　と思った人もいるかもしれません。

　しかし、そういうことは、ありません。ファサードクラスは、利用するサービスのクラスとは異なる名前を付けても全く問題ありません（事実、今回作成したMyServiceファサードで利用するサービスも、実はMyServiceではなく、PowerMyServiceだったりします）。

　ただし、ファサードは、「**用意されているサービスの入り口**」として使われるものですから、同じ名前のほうが直感的に使いやすいでしょう。MyServiceファサードを用意することによって、MyServiceファサードがあたかもMyServiceサービスそのものであるかのように利用できるようになる、それがファサードの利点です。このため、サービスと同じ名前でファサードを用意するのが一般的です。

ファサードを登録する

　作成したファサードは、設定ファイルを使って登録しておく必要があります。/config/app.phpを開いて下さい。この中に記述されている設定情報から、次の記述を探して下さい。

```
'aliases' => [……],
```

　これで、サービスのエイリアス（別名）を登録します。ここに、ファサードのクラスの別名を登録します。この'aliases'の値の連想配列に、次のように追記して下さい。

リスト2-29

```
'myservice' => App\Facades\MyService::class,
```

　これで、App\Facades\MyServiceクラスが**'myservice'**という別名で登録されました。この'aliases'の連想配列を見るとわかりますが、登録されている別名の多くがファサード関連のものです。

プロバイダの登録処理を修正する

　サービスを登録しているプロバイダの処理を修正します。MyServiceProviderクラスのregisterメソッドを次のように修正して下さい。

リスト2-30

```php
public function register()
{
    app()->singleton('myservice',
        'App\MyClasses\PowerMyService');
    app()->singleton('App\MyClasses\MyServiceInterface',
        'App\MyClasses\PowerMyService');
    echo "<b><MyServiceProvider/register></b><br>";
}
```

　ここでは、singletonの結合文が2つ用意されています。1つは、それまであった MyServiceInterfaceとPowerMyServiceの結合ですが、もう1つはmyserviceとの結合です。

```php
app()->singleton('myservice',
        'App\MyClasses\PowerMyService');
```

　PowerMyServiceを**'myservice'**に設定して、シングルトン結合しています。この'myservice'は、app.phpで登録したエイリアスです。これにより、myservice（= MyServiceファサード）にPowerMyServiceが設定される形で、シングルトン結合が実行されます。わかりやすくいえば、これで「**myserviceエイリアスの本体であるMyService ファサードにPowerMyServiceが設定された**」のです。

MyServiceファサードを使う

　では、登録されたMyServiceファサードを使ってみましょう。HelloControllerクラスを次のような形に修正して下さい。

リスト2-31

```php
// use App\Facades\MyService;         //追加

class HelloController extends Controller
{
    public function index(int $id = -1)
    {
        MyService::setId($id);
        $data = [
            'msg'=> MyService::say(),
            'data'=> MyService::alldata()
        ];
        return view('hello.index', $data);
    }
}
```

図2-11：/helloにアクセスし、表示を確認する。MyServiceサービスが問題なく動いている。

修正したら、/helloにアクセスしてみましょう。また、「**/hello/番号**」にアクセスし、指定の値が取り出されるか確認をしましょう。問題なくMyServiceサービスが動いているのがわかります。

ファサードは直接メソッドを呼び出せる

では、ファサードを利用している部分を見てみましょう。例えば、indexメソッドの冒頭で、このようにidを設定しています。

```
MyService::setId($id);
```

MyServiceは、ファサードです。MyServiceファサードの**setId**を呼び出して$idを設定していますね。

が、既に私たちは、MyServiceファサードにはgetFacadeAccessorというstaticメソッドが1つ用意されているだけであることを知っています。setIdなどといったメソッドは存在しません。

では、このsetIdメソッドは？

これは、MyServiceファサードにより、MyServiceサービスのsetIdを呼び出していたのです。非常に面白いのは、「**ファサードでは、インスタンスメソッドもクラスから直接呼び出せる**」という点です。MyServiceファサードクラスから直接setIdを呼び出すと、MyServiceサービスのインスタンスにあるsetIdが呼び出されるのです。

このように、ファサードを使うと、ただクラスから直接メソッドを呼び出すだけで、サービスのインスタンスメソッドが呼び出されるようになります。メソッドインジェクションでは、メソッドの引数にサービスのインスタンスが渡されましたが、ファサードでは、**そもそもインスタンス自体が要らない**のです。ただ、クラスからメソッドを呼び出すだけです。

サービスか、ファサードか？

このように、サービスの利用の仕方はに、実にいろいろな方法が用意されています。

大別するなら、「**メソッドインジェクションやapp関数などを使ってサービスのインスタンスを取得する方法**」と「**ファサードを使う方法**」に分けて考えることができるでしょう。

これは、どちらが優れているといったものではなく、必要に応じて適した方法を選択すると考えたほうが良いでしょう。

2-3 ミドルウェアの利用

リクエストを拡張するミドルウェア

アプリケーションにプログラムを組み込んで機能拡張する仕組みとして、ここまでサービス関連について説明をしてきました。

が、サービス以外にも、こうした機能拡張のための仕組みはあります。中でも広く使われているのが「**ミドルウェア**」でしょう。

ミドルウェアは、「**リクエストを拡張するための仕組み**」です。サービスがアプリケーション全般で機能するものなのに対し、ミドルウェアはあくまで「**リクエストを操作する**」ものです。

リクエストは、LaravelではIlluminate\Http\Requestクラスとして用意されています。ミドルウェアは、このRequestクラスのインスタンスとして渡されるリクエストを操作するもの、といえます。

ミドルウェアの作成

ミドルウェアは、「**php artisan make:middleware**」というartisanコマンドを使って作成します。コマンドプロンプトまたはターミナルから、次のように実行して下さい。

```
php artisan make:middleware MyMiddleware
```

これで「**MyMiddleware**」というミドルウェアが作成されます。詳しく見ると、/app/Http/Middleware/内に「**MyMiddleware.php**」というファイルが作成されます。ミドルウェアは、次のような形で定義されます。

```
namespace App\Http\Middleware;
use Closure;
```

```
class クラス名
{
    public function handle($request, Closure $next)
    {
        ……処理……
    }
}
```

　ミドルウェアは、**App\Http\Middleware**名前空間に配置します。クラス自体は、特別なクラスをextendsもimplementsもしていない、シンプルなものです。この中に、「**handle**」というメソッドを用意します。

　このhandleメソッドでは、Requestインスタンスと**Closure**インスタンスが引数として渡されます。Requestは、リクエストを扱うクラスです。そしてClosureはクロージャのクラスです。
　handleメソッドでは、**handleの引数で渡されたRequestインスタンスをClosureの引数に指定して呼び出した戻り値をreturnします**。すなわち、こうです。

```
return $next($request);
```

　$next($request)により、Responseクラスのインスタンスが得られ、これをreturnすることでクライアント側にレスポンスが返されます。ミドルウェアは、このように「**handleで処理を行い、引数のRequestからResponseを作成してreturnする**」ことで完了します。

MyMiddlewareミドルウェアを作る

　では、作成されたMyMiddlewareを修正し、簡単な処理を追加してみましょう。/app/Http/Middleware/MyMiddleware.phpを以下のように書き換えてください。

リスト2-32
```
<?php
namespace App\Http\Middleware;

use Closure;
use App\Facades\MyService;

class MyMiddleware
{
    public function handle($request, Closure $next)
    {
        $id = rand(0, count(MyService::alldata()));
        MyService::setId($id);
        $merge_data = [
            'id'=>$id,
```

```
            'msg'=>MyService::say(),
            'alldata'=>MyService::alldata()
        ];
        $request->merge($merge_data);

        return $next($request);
    }
}
```

ここでは、ミドルウェア内からMyServiceファサードを利用しています。MyServiceからsayとalldataを使ってメッセージとデータ配列を取り出し、それらをまとめてRequestに設定しています。

Requestには、値を組み込む「**merge**」というメソッドが用意されています。

```
$request->merge( 連想配列 );
```

引数には、連想配列を指定します。これにより、連想配列のキーがそのままRequestにプロパティとして組み込まれます。ここでは、$merge_dataに'id'、'msg'、'alldata'といったキーの連想配列を用意し、mergeしています。これにより、id、msg、alldataというプロパティがRequestに追加され、それぞれの値が保管されます。

MyMiddlewareミドルウェアの利用

では、作成したMyMiddlewareミドルウェアを使ってみましょう。ここでは、/helloにアクセスした際にミドルウェアが作動するようにしてみます。

■ルート設定での組み込み

ミドルウェアは、ただ作成するだけで動作するわけではありません。どういうときに動作するのか、状況に応じて組み込み処理を行う必要があります。ミドルウェアの組み込みにはいくつか方法がありますが、ここではもっとも基本的な「**ルート設定での組み込み**」を行ってみます。

/routes/app.phpを開き、/helloと/hello/{id}のルート設定の部分を以下のように書き換えて下さい。

リスト2-33

```
Route::get('/hello', 'HelloController@index')
    ->middleware(App\Http\Middleware\MyMiddleware::class);

Route::get('/hello/{id}', 'HelloController@index')
    ->middleware(App\Http\Middleware\MyMiddleware::class);
```

これで、これらのルートにアクセスがあった場合、MyMiddlewareミドルウェアが作動するようになります。

ここでは、getメソッドから更にメソッドチェーンで「**middleware**」メソッドを呼び出しています。このように、ミドルウェアを使いたいルートにmiddlewareメソッドを追記することで、そのルートにアクセスしたときだけ指定のミドルウェアを動かすことができるようになります。

コントローラーを修正する

では、コントローラーを修正しましょう。HelloController@indexを次のように修正します。

リスト2-34
```
public function index(Request $request)
{
    $data = [
        'msg'=> $request->msg,
        'data'=> $request->alldata,
    ];
    return view('hello.index', $data);
}
```

図2-12：/helloにアクセスするとランダムにデータを選び、メッセージを表示する。

/helloにアクセスをすると、MyServiceからランダムにデータを選んでメッセージを取り出し、データと共に表示します。何度もリロードすると、選ぶ項目が変わることがわかるでしょう。なお、表示がうるさくなるので、図2-12ではMyServiceProviderのregisterとbootメソッドに記述したecho文を削除してあります。

ここでは、引数のRequestインスタンスからmsgとalldataプロパティの値を取り出してテンプレートに渡しています。見ればわかるように、MyMiddlewareもMyServiceも、全く登場しません。ただ、Requestから値を取り出して利用しているだけです。

ミドルウェアは、このように「**リクエストを操作するが、そのことがコントローラー
からは全くわからない**」仕組みになっています。ミドルウェアのことを知らなければ、
最初からそういう機能がRequestに用意されていると錯覚するでしょう。

beforeとafterについて

今回作成したMyMiddlewareでは、コントローラーのアクションメソッドでRequestが
渡されると、既にmsgやalldataが組み込まれた状態で渡されました。つまり、コントロー
ラーが呼び出されるより前に、MyMiddlewareは実行されていたのです。

では、「**ミドルウェアは、コントローラーより前に処理を実行するもの**」なのか？　と
いうと、実はそうではありません。今回作成したMyMiddlewareは、そのように作って
いた、というだけのことです。

ミドルウェアの処理には、「**before**」と「**after**」があります。これには、次のような違い
があります。

before	アプリケーションによってリクエストが処理される前に実行されます（handleで**$next($request);**が実行される前に処理されます）。
after	アプリケーションによってリクエストが処理された後に実行されます（handleで**$next($request);**を実行後、returnされるまでの間に処理されます）。

違いを見ればわかるように、ミドルウェアでは、handle内の「**$next($request);**」とい
う処理が非常に重要な役割を果たしています。この$nextクロージャの実行により、ア
プリケーションのリクエスト処理が行われるのです。この中には、コントローラーに用
意されているアクションメソッドの実行も含まれます。

つまり、どこで処理を行うかによって、beforeであったりafterであったり、あるいは
その両方であったりするわけです。

after処理を追加する

先ほど作成したMyMiddlewareは、before処理だけが用意されていました。これを修
正し、after処理も組み込んでみます。

リスト2-35

```php
public function handle($request, Closure $next)
{
    // ●before処理・開始
    $id = rand(0, count(MyService::alldata()));
    MyService::setId($id);
    $merge_data = [
        'id'=>$id,
```

```
        'msg'=>MyService::say(),
        'alldata'=>MyService::alldata()
    ];
    $request->merge($merge_data);
    // ●before処理・終了
    
    $response = $next($request);
    
    // ●after処理・開始
    $content = $response->content();
    $content .= '<style>
        body {background-color:#eef; }
        p { font-size:18pt; }
        li { color: red; font-weight:bold; }
    </style>';
    $response->setContent($content);
    // ●after処理・終了
    
    return $response;
}
```

図2-13：/helloにアクセスすると、(紙面ではわかりにくいが)表示されるテキストや背景にスタイルが適用されている。

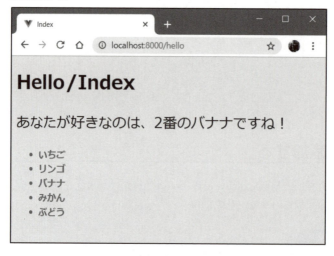

　/helloにアクセスすると、紙面ではわかりにくいのですが、ページの背景色やメッセージ、リストなどのスタイルが変更されていることがわかるでしょう。
　MyMiddlewareのafter処理により、画面に表示する前にスタイル情報のタグを追加するようにしています。そのために、index.blade.phpやHelloControllerには、それ用のスタイルが一切用意されていないにも関わらず、スタイルが適用された状態でページが表示されるのです。

レスポンスのコンテンツ操作

ここでは、**$response = $next($request);**によってResponseインスタンスが取得された後、このResponseからコンテンツを取り出して、次のような形で修正をしています。

```
$content = $response->content();
……$contentを操作……
$response->setContent($content);
```

Responseには、コンテンツを取り出す**conent**メソッドと、コンテンツを設定する**setContent**メソッドがあります。既にアプリケーションによるリクエスト処理は終わっていますから、このResponseに設定されているコンテンツが、そのままクライアントへと返送されるわけです。after処理は、返送される直前にコンテンツを操作するものなのです。

この「**before**と**after**」は、ミドルウェア作成の基本といえるものです。ミドルウェア作成を行うなら、両者の使い方をきちんと理解しておいて下さい。

ミドルウェアの利用範囲と設定

ここまで、MyMiddlewareは、web.phpのルート設定に追記をして利用してきました。次のような形ですね。

```
Route::get(……)->middleware(……);
```

このやり方は、必要とするルートにだけミドルウェアを組み込む方式なので、ピンポイントでミドルウェアを利用することができます。反面、アプリケーション全体でミドルウェアを適用したい場合には、記述が非常に煩雑になります。

こうした「**アプリ全体で機能するミドルウェア**」は、**グローバルミドルウェア**と呼ばれ、別のやり方で組み込む必要があります。

/app/Http/Kernel.phpを開いて下さい。ここに、ミドルウェアの登録に関する設定情報がまとめられています。ルート情報にmiddlewareメソッドで追加するやり方は、実はミドルウェアを利用するスタンダードな方法とはいえません。通常は、この**Kernel.php**に記述をして利用するのです。

このKernel.phpには、**Kernel**というクラスが用意されています。このクラスには、ミドルウェアの登録に関するいくつかの値がプロパティとして用意されています。

グローバルミドルウェア

```
protected $middleware = [……];
```

これが、グローバルミドルウェアの登録情報です。ここにミドルウェアのクラスを追記することで、それがアプリケーション全体に反映されるようになります。すべてのコ

Chapter 2 サービスとミドルウェア

ントローラー、すべてのアクションで、ここに登録されているミドルウェアが動作するようになります。

グループミドルウェア

```
protected $middlewareGroups = [……];
```

複数のミドルウェアをグループとして登録します。登録されたグループは、例えばルート設定でのmiddlewareメソッドで指定することができます。これにより、グループに用意されているミドルウェアをまとめて動作するように設定できます。

デフォルトでは、**'web'**と**'api'**というグループが用意されています。

ルートミドルウェア

```
protected $routeMiddleware = [……];
```

ミドルウェアごとに名前を設定します。ここで設定した名前は、ルート設定でmiddlewareメソッドを使って組み込めるようになります。

プライオリティの設定

```
protected $middlewarePriority = [……];
```

ミドルウェアの優先順位(実行順)を指定します。ミドルウェアの中には、特定のミドルウェアが実行された後でないとうまく動作しないものなどもあります。ここでミドルウェアの動作順を指定できます。

グローバルミドルウェアの利用

これらの中でもっとも重要度が高いのは、グローバルミドルウェアでしょう。これは、アプリケーション全体でミドルウェアを動作させます。

$middlewareに代入されている配列内にミドルウェアのクラスを追記することで、グローバルミドルウェアとして機能するようになります。例えば、MyMiddlewareをグローバルにするには、以下のような値を$middlewareの配列に追加すればいいでしょう。

```
\App\Http\Middleware\MyMiddleware::class,
```

同時に、/routes/web.phpのルート情報の設定部分に記述したmiddlewareメソッドを削除します。これでグローバルにMyMiddlewareが使われるようになります。

グループミドルウェアの利用

やや用途がわかりにくいのが「**グループミドルウェア**」でしょう。これは複数のミドルウェアをまとめてON/OFFします。$middlewareGroupsの値を見ると、このようになっていますね。

108

```
protected $middlewareGroups = [
    'web' => [……],
    'api' => [……],
];
```

'web'と'api'という2つのグループが、デフォルトで用意されているのがわかります。グループは、このように$middlewareGroupsの連想配列内に用意します。グループ名をキーにし、そのグループに登録するミドルウェアのクラスを配列にまとめます。このことからわかるように、グループは実は自由に追加作成することができます。

一例として、サンプルとして作成した2つのミドルウェア（第1章で作ったHelloMiddlewareと今回のMyMiddleware）をまとめるグループ「**MyMW**」を作成してみます。$middlewareGroupsの連想配列に、次のように値を追加して下さい。なお、$middlewareGroupsにMyMiddlewareを追記していた場合は削除しておいて下さい。

リスト2-36

```
'MyMW' => [
    \App\Http\Middleware\HelloMiddleware::class,
    \App\Http\Middleware\MyMiddleware::class,
],
```

これで、**'MyMW'**というグループミドルウェアが作成されました。これを/helloに設定します。/routes/web.phpに記述した/helloのルート情報の設定を次のように修正します。

リスト2-37

```
Route::get('/hello', 'HelloController@index')
    ->middleware('MyMW');
```

middleware('MyMW')とグループ名を引数に指定してmiddlewareを呼び出すことで、そのグループミドルウェアが/helloのルートに追加されます。実際に2つのミドルウェアが動作していることを確認するため、HelloController@indexを修正しましょう。

リスト2-38

```
public function index(Request $request)
{
    $data = [
        'msg'=> $request->hello,
        'data'=> $request->alldata,
    ];
    return view('hello.index', $data);
}
```

図2-14：/helloにアクセスすると、HelloMiddlewareのメッセージとMyMiddlewareのデータが表示される。

　ここでは、'msg'に$request->helloの値を代入するように修正しています。これは、HelloMiddlewareで組み込まれる値です。/helloにアクセスすると、これらが画面に表示されるのがわかります。MyMWグループミドルウェアを組み込むことで、HelloMiddlewareとMyMiddlewareの両方が動作するようになったことがわかるでしょう。

Chapter 3
データベースの活用

Laravelでは、データベースアクセスにはDBクラスと
Eloquentが用意されています。これらの使いこなしについ
て考えていきましょう。

PHPフレームワーク Laravel実践開発

Chapter 3 データベースの活用

3-1 DBクラスとクエリビルダ

DB::selectの利点と欠点

Laravelには、データベースの利用に関するいくつかの仕組みが用意されています。もっともシンプルなものが「**DB**」クラスでしょう。まずは、このDBクラスの使い方から見ていきます。

「**DB**」クラスは、Illuminate\Support\Facadesに用意されている**ファサード**です。DBクラスは、用意されているメソッドでSQLのクエリーを実行し、結果を受け取ることができます。一番簡単に使えるのは、「**select**」メソッドでしょう。

```
$変数 = DB::select( クエリー );
```

おそらく、データベースを利用するとき、これがもっともシンプルなやり方でしょう。なにしろメソッドを1つ覚えるだけですから。

このほか、SQLをそのままを実行するものとして「**raw**」というメソッドも用意されています。

```
$変数 = DB::raw( クエリー );
```

両者の違いは、selectが、基本的にselect節のSQLクエリーを記述するのに対し、rawはSQLクエリー全般を直接実行します。つまりselectは、SQLクエリーを実行するものというより、正確には「**SQLのselect文を実行するもの**」といえます。

▌SQL クエリーの実行は危険？

しかし、SQLクエリーを直接記述してアクセスするというやり方は、柔軟性に欠けます。データベースの仕様が決まり、今後、一切変更することはない、というのであればいいのですが、将来的にテーブルの仕様が変わったり、採用するデータベースが変更されたりすると、実行しているSQLクエリーをすべて書き直す羽目に陥るでしょう。それにPHPのプログラム内に、SQLという全く別の言語体系の命令文が混在しているのは、プログラムをわかりにくくすることにつながります。

また、ユーザーから送られた値などを使ってSQLクエリーを作成し、アクセスするような場合、「**SQLインジェクション**」などの攻撃への対応も考えなければいけません。そうした問題をすべて自分で解決しながらプログラムを作成していくのは、大きな負担となるでしょう。

こうした点から、直接SQLクエリーを実行するような書き方は極力避けたほうが良い、といえます。

クエリビルダを使う

では、どのような形でデータベースにアクセスするのがよいのか？

（Eloquentを考えないならば）**DB::table**を利用するほうが良いでしょう。例えば、特定のテーブルの全レコードを取得するには、次のようにするのが基本です。

```
$変数 = DB::table( テーブル名 )->get();
```

DB::tableは、「**Builder**」クラスのインスタンスを返します。そこからgetというメソッドを呼び出すことで、全レコードを取得します。

このBuilderは、「**クエリビルダ**」と呼ばれる機能を提供します。データベースアクセスの基本は、このクエリビルダを使う、と考えましょう。

peopleテーブルにアクセスする

では、実際の利用例を挙げておきましょう。ここでは、「**people**」というテーブルを使い、データベースアクセスを見ていきます。これは**第1章**で登場しましたが、次のような形で作成されているテーブルです。

リスト3-1

```
CREATE TABLE `people` (
    `id` INTEGER PRIMARY KEY AUTOINCREMENT,
    `name` TEXT NOT NULL,
    `mail` TEXT, `age` INTEGER
)
```

このテーブルにいくつかレコードが保管されているという前提で、データベースアクセスを行ってみましょう。

まず、テンプレートを用意します。/resources/views/hello/index.blade.phpの<body>部分を、次のように修正しておきます。

リスト3-2

```
<body>
    <h1>Hello/Index</h1>
    <p>{{$msg}}</p>
    <ol>
    @foreach($data as $item)
    <li>{{$item->name}} [{{$item->mail}},
        {{$item->age}}]</li>
    @endforeach
    </ol>
    <hr>
</body>
```

ここでは、$dataから順に値を取り出し、そのname、mail、ageプロパティの値をリスト出力しています。コントローラー側では、データベースから取得したレコードの値を$dataに渡すようにしておけばいいでしょう。

コントローラーを修正する

では、コントローラーを修正しましょう。HelloController@indexを次のように書き換えて下さい。

リスト3-3

```
// use Illuminate\Support\Facades\DB;  //追加

public function index()
{
    $result = DB::table('people')->get();
    $data = [
        'msg' => 'Database access.',
        'data' => $result,
    ];
    return view('hello.index', $data);
}
```

図3-1：/helloにアクセスすると、peopleテーブルのレコードがリスト表示される。

/helloにアクセスをすると、peopleテーブルのレコードをすべて取り出し、その値（name、mail、age）をテキストにしたリストを表示します。

ここでは、単にデータベースにアクセスして値を取り出しているだけです。

```
$result = DB::table('people')->get();
```

後は、取り出した値をそのままテンプレートに渡し、テンプレート側で**@foreach**を使って順にレコードを取り出し処理していくだけです。

この**DB::table**（クエリビルダ）を使った方法では、SQLクエリーが全く登場しません。

ただメソッドを呼び出していくだけで、必要なレコードを取得できます。SQLクエリーが使われないため、SQLインジェクションなどの攻撃を受けることもありません。また、データベースが変更された場合も、設定ファイル（**/config/database.php**）を書き換えるだけで、アプリケーション側のスクリプトは一切変更する必要はありません。SQLクエリーを直接実行するのに比べると、圧倒的に安全でわかりやすいデータベースアクセスとなっていることが実感できるでしょう。

tableとselectを使う

クエリビルダには、「**select**」メソッドも用意されています。DB::tableから呼び出すことで、SQLのselect節を実行できます。例えば、先ほどの**DB::table('people')->get();**という文は、selectを使うと次のように書くことができます。

■DB::selectを使う

```
$result = DB::select('select * from people');
```

■クエリビルダのselectを使う

```
$result = DB::table('people')->
    select('id', 'name', 'mail', 'age')->get();
```

どちらでも同じ結果が得られます。が、selectの内容がだいぶ違っていることに気がつくでしょう。

DB::selectでは、SQLクエリーのselect節がそのままテキストとして指定されているのに対し、クエリビルダのselectでは、引数は「**取り出すフィールド名**」になっています。つまり、

```
select id,name,mail,tel 〜
```

このように記述したselectの後の指定が、そのままselectメソッドの引数になっているわけです。

クエリビルダのselectメソッドは、取り出す項目名を引数に渡すだけですので、DB::selectのようにSQLクエリーが直接実行されるような危険はありません。selectといっても、両者はだいぶ性質が異なるのです。

whereメソッドによる検索条件

データベースアクセスでは、必要な情報を的確に取り出すことが重要です。クエリビルダを利用する場合、レコードの絞り込みは「**where**」メソッドを使います。

```
$ 変数 = DB:table( テーブル )->where( フィールド名 , 演算記号 , 値 );
```

whereは、検索条件を設定するフィールド名、演算記号を表すテキスト、条件で使われる値を引数に指定します。これは、例えばSQLのwhereで指定される「**id >= 0**」という

式を「**id**」「**>=**」「**0**」という3つの要素に分解し、それぞれ引数に指定する、と考えればいいでしょう。

では、利用例を挙げておきましょう。HelloController@indexを次のように書き換えておきます。

リスト3-4
```php
public function index($id = -1)
{
    if ($id >= 0)
    {
        $msg = 'get ID <= ' . $id;
        $result = DB::table('people')
                ->where('id','<=', $id)->get();
    }
    else
    {
        $msg = 'get people records.';
        $result = DB::table('people')->get();
    }
    $data = [
        'msg' => $msg,
        'data' => $result,
    ];
    return view('hello.index', $data);
}
```

図3-2：「/hello/2」とアクセスすると、idが2以下のものを表示する。

なお、**$id**パラメータを渡すようにしているので、**/routes/web.php**には、次のような形でルート情報を追記しておく必要があります。

```
Route::get('/hello/{id}', 'HelloController@index');
```

ここでは、パラメータにid番号を指定してアクセスできます。例えば、/hello/2とアクセスすると、idが2以下のものだけを表示します。

$idパラメータの値をチェックし、それがゼロ以上ならば、次のようにレコードを取得しています。

```
$result = DB::table('people')->where('id','<=', $id)->get();
```

whereの引数には、**('id','<=', $id)**と指定されています。これで、**id <= $id**という条件でレコードの絞り込みが行われます。

あいまい検索はどうする？

テキストの検索を行う場合、SQLには「**あいまい検索（like検索）**」と呼ばれる機能が用意されています。これは、次のような形で条件式を指定します。

```
フィールド名 like 値
```

ただし、値の前後には必要に応じて**ワイルドカード**（%記号）が付けられます。これは、不特定のテキストを示します。例えば、**'A%'**とすると、Aで始まるテキストすべてを表します。**'%A'**ならば、Aで終わるテキストを表します。

例を挙げておきましょう。HelloController@indexを次のように修正します。

リスト3-5

```
public function index($id = -1)
{
    if ($id >= 0)
    {
        $msg = 'get name like "' . $id . '".';
        $result = DB::table('people')
            ->where('name','like', '%' . $id . '%')->get();
    }
    else
    {
        $msg = 'get people records.';
        $result = DB::table('people')->get();
    }
    $data = [
        'msg' => $msg,
        'data' => $result,
    ];
    return view('hello.index', $data);
}
```

図3-3：/hello/koとアクセスすると、名前に'ko'が含まれているレコードを検索する。

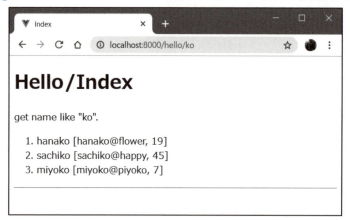

「**/hello/○○**」というように、アドレス末に検索したいテキストを追記してアクセスすると、nameにそのテキストが含まれているものだけを取り出し、表示します。ここでは、次のようにテーブルにアクセスをしています。

```
$result = DB::table('people')->where('name','like', '%' . $id .
    '%')->get();
```

whereでは、'like'を演算記号に指定し、値は**'%○○%'**というように前後にワイルドカード(%)を付けています。こうすることで、nameにテキストを含むレコードが検索されます。
　このlike演算子を使った検索は、テキストの値から検索するとき、非常に重要になります。

whereRawは書き方に注意！

　whereと似た働きをするものに「**whereRaw**」があります。こちらは、SQLクエリーを使って検索条件を指定します。
　SQLクエリーをそのまま引数に渡すため、場合によってはSQLインジェクションなどの攻撃への対処を考えなければならないでしょう。が、これはwhereRawの使い方によります。例えば、先ほどのサンプルのwhereメソッドを呼び出している文を、次のように修正したとします。

```
$result = DB::table('people')->where('name','like', '%' . $id .
    '%')->get();
  ↓
$result = DB::table('people')->whereRaw('name like "%' . $id .
    '%"')->get();
```

　これでも、全く同様にレコードを検索できます。が、見ればわかるように、パラメータとして送られてきた$idをほかのテキストとつなぎ合わせてSQLクエリーを作成しているため、$idの値が正常なものかどうかチェックしなければ、SQLインジェクションの攻撃を予防することができません。

3-1 DBクラスとクエリビルダ

式と値を分割する

では、whereRawを安全に実行するにはどうすればいいのか。それには、式と値を分けて設定するのです。

whereRawの引数に設定する式のテキストでは、**プレースホルダ**（**?**記号）が使えます。第2引数に、プレースホルダに代入する値を配列として用意しておくことで、式のテキストと値を合成してSQLクエリーを生成し、実行するのです。

先ほどの例でいえば、次のような形で記述します。

```
$result = DB::table('people')->whereRaw('name like ?',['%'.$id.'%'])
    ->get();
```

whereRawの引数を見ると、**('name like ?',['%'.$id.'%'])**となっています。

検索条件の式に**'name like ?'**とテキストを指定し、第2引数にパラメータとして**['%'.$id.'%']**を用意します。これにより、「**?**」部分に**'%'.$id.'%'**の値が組み込まれ、式が完成してレコードの絞り込みが行われます。

このとき、与えられるパラメータはLaravel側によってエスケープ処理がされるため、SQLインジェクションなどの攻撃は無力化されます。従って、プレースホルダでパラメータを組み込むようにすれば、whereRawのSQLインジェクションの心配はしなくていいのです。

これは、実はwhereRawだけの特別な機能というわけではありません。whereRawは、**クエリビルダ**（Builderクラス）のメソッドです。Laravelのクエリビルダは、プレースホルダを使ってパラメータを設定する場合、常にこうしたSQLインジェクション対策が行われます。従って、クエリビルダでパラメータを別途用意して実行するようにしてあれば、SQLインジェクション対策は必要ありません。

最初・最後のレコード取得

テーブルの全レコードを必要とするばかりではなく、特定の要素だけをピックアップして利用することはよくあります。よく使われる機能としては、まず「**最初のレコードを得る**」があるでしょう。

■最初のレコードを得る

```
《Builder》->first();
```

これは、クエリビルダのメソッドです。テーブル全体だけでなく、whereなどで絞り込みをした中から、最初のレコードを取り出すのにも使えます。

では、利用例として、最初のレコードと最後のレコードを表示させてみます。HelloController@indexを次のように修正して下さい。

リスト3-6

```
public function index()
{
```

```
        $msg = 'get people records.';
        $first = DB::table('people')->first();
        $last = DB::table('people')->orderBy('id','desc')->first();
        $result = [$first, $last];

        $data = [
            'msg' => $msg,
            'data' => $result,
        ];
        return view('hello.index', $data);
    }
```

図3-4：最初と最後のレコードを表示する。

　/helloにアクセスすると、最初と最後のレコードを画面に表示します。firstを使い、これらのレコードを取り出して配列にまとめています。

■最初のレコードの取得
```
$first = DB::table('people')->first();
```

■最後のレコードの取得
```
$last = DB::table('people')->orderBy('id','desc')->first();
```

　DB::tableからfirstを呼び出せば、そのテーブルの最初のレコードが得られます。では、最後のレコードは？　これも実はfirstを使います。idが自動インクリメントになっている場合、id順で逆順にレコードを並べ替えて、最初にあるものをfirstで取り出せばいいのです。

指定IDのレコード取得（find）

　特別なレコードの取得といえば、「**指定のIDのレコードを取り出す**」ということは多々あるでしょう。この場合には、クエリビルダの「**find**」メソッドを使います。これは引数に番号（冒頭からいくつ目か）を指定して呼び出すだけです。

```
《Builder》->find( 番号 );
```

これだけで指定のレコードを取り出せます。では実例を挙げておきましょう。HelloController@indexを次のように修正して下さい。

リスト3-7
```php
public function index($id = -1)
{
    if ($id >= 0)
    {
        $msg = 'get name like "' . $id . '".';
        $result = [DB::table('people')->find($id)];
    }
    else
    {
        $msg = 'get people records.';
        $result = DB::table('people')->get();
    }
    $data = [
        'msg' => $msg,
        'data' => $result,
    ];
    return view('hello.index', $data);
}
```

図3-5：「/hello/番号」というようにid番号を付けてアクセスすると、そのid番号のレコードが表示される。

ここでは、「**/hello/番号**」という形でアクセスをします。例えば、/hello/1とすれば、id = 1のレコードだけが表示されます。次のようにしてレコードを取得しています。

```php
$result = [DB::table('people')->find($id)];
```

非常にシンプルですね。findだけで特定のレコードが取り出せるのはとても便利です。複数のレコードを表示するようにビューテンプレートを用意しているので、ここでは1つの要素だけの配列の形にしておきました。

特定のフィールドだけ取得（pluck）

レコードから特定のフィールドだけを取り出したい場合、いくつかの方法が考えられます。もっともわかりやすいのは、「**pluck**」というメソッドを利用する方法でしょう。

《Builder》->pluck(フィールド名);

pluckは、引数に指定したフィールドの値をコレクションとして返します。後は、foreachで処理をしていくなりすればいいのです。複数のフィールドの値を取り出したい場合は、それらをすべて引数に指定することもできます。

では、これも例を挙げておきましょう。HelloController@indexを修正します。

リスト3-8
```
public function index()
{
    $name = DB::table('people')->pluck('name');
    $value = $name->toArray();
    $msg = implode(', ', $value);
    $result = DB::table('people')->get();

    $data = [
        'msg' => $msg,
        'data' => $result,
    ];
    return view('hello.index', $data);
}
```

図3-6：全レコードのnameをメッセージに表示する。

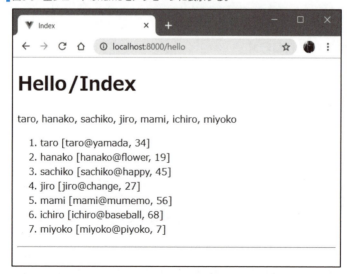

/helloにアクセスすると、全レコードのnameの値だけをまとめてメッセージに表示します。ここでは、次のようにしてnameの値テキストにまとめています。

```
$name = DB::table('people')->pluck('name');
$value = $name->all();
$msg = implode(', ', $value);
```

pluckはコレクションとしてnameの値を返します。これをallで配列として取り出し、更に**implode**でテキストにしています。とりあえずpluckでデータが得られたら、後はどうにでも処理できます。

Column ＼Illuminate\Support\Collection

「**plunkの戻り値はコレクションだ**」といいましたが、このコレクションは、実はLaravel独自のものです。Illuminate\Support\Collectionというクラスとして用意されており、これのインスタンスが返されるのです。このCollectionクラスには、多数の値を操作する便利なメソッドがいろいろと揃っています。

---

chunkByIdによる分割処理

扱うデータの量が膨大になってくると、すべてのデータを取り出して繰り返しなどで延々と処理していくのは、かなり大変になります。こうした場合に用いられるのが「**chunk**」「**chunkById**」といったメソッドです。

まずは、使い方がより簡単な「**chunkById**」から説明しましょう。これは、検索結果を一定数ごとに分割処理するメソッドで、次のような形で記述します。

```
《Builder》->chunkById( 要素数 , function( 引数 ){ ……処理…… });
```

chunkByIdは、2つの引数を持ちます。1つ目は、切り分けるレコード数です。例えば「**100**」に設定すれば、得られたレコードを100個ずつ処理します。

そして、実際の処理を担当するのが第2引数です。これはクロージャになっており、この関数内で処理を行います。引数には、第1引数で指定した数のレコードのコレクションが渡されます。この引数を使い、foreachなどでレコードを処理していきます。

この第2引数のクロージャは、真偽値の戻り値を持っています。trueを返すと次のレコード群が引数に指定され、クロージャが実行されます。falseを返すと、そこでchunkByIdを抜け、次に進みます。

▌一定間隔でレコードを取り出す

では、実際の利用例を挙げておきましょう。HelloController@indexを次のように修正します。

リスト3-9
```
public function index()
{
    $data = ['msg' => '', 'data' => []];
    $msg = 'get: ';
    $result = [];
    DB::table('people')
        ->chunkById(2, function($items) use (&$msg, &$result)
    {
        foreach($items as $item)
        {
            $msg .= $item->id . ' ';
            $result += array_merge($result, [$item]);
            break;
        }
        return true;
    });
    $data = [
        'msg' => $msg,
        'data' => $result,
    ];
    return view('hello.index', $data);
}
```

図3-7：レコードのidが奇数のものだけをまとめる。

　/helloにアクセスすると、idが奇数のレコードだけをまとめてリストにします。メッセージには、表示しているレコードのidが表示されます。
　ここでは、レコードを2つずつ分割してchunkByIdで処理をしています。この部分を見ると、このようになっていますね。

```
DB::table('people')->chunkById(2, function($items) use (&$msg,
    &$result)
```

chunkByIdの第1引数に「**2**」を指定し、第2引数に**function($items)**という形でクロージャを指定します。2つずつ切り分けられたレコードが、この$itemsに渡されていくわけです。

ここでは、foreachを使い、渡されたレコードの最初の値だけを取り出して$msgと$resultに保管し、breakしています。こうすることで、$itemsの最初のレコードだけをまとめています。

また、このクロージャでは、$msgと$resultを利用しているため、**use (&$msg, &$result)**という形で変数をuseしています。useでは、**&**を付けて**参照渡し**をする必要があります。これを忘れると、クロージャ外にある変数とは別のものとして扱われるので、注意しましょう。

orderByとchunkを使う

chunkByIdは、idを基準にレコードを並べ替え、それを一定数ごとに処理するメソッドでした。idではなく、別の基準でレコードを並べ替え、分割処理したい場合は、chunkByIdは使えません。この場合は、「**chunk**」メソッドを使います。

《Builder》->orderBy(並び順の指定)->chunk(要素数 , クロージャ);

chunkは、並べ替えを指定する「**orderBy**」とセットで使用する必要があります。orderByで並べ替えを指定し、そのままメソッドチェーンでchunkを呼び出します。引数は要素数を示す整数とクロージャで、chunkByIdと全く同じです。

では、これも利用例を挙げましょう。先ほどのchunkByIdのサンプルを、chunkを利用する形に修正してみます。HelloController@indexを次のようにして下さい。

リスト3-10

```
public function index()
{
    $data = ['msg' => '', 'data' => []];
    $msg = 'get: ';
    $result = [];
    DB::table('people')->orderBy('name', 'asc')
        ->chunk(2, function($items) use (&$msg, &$result)
    {
        foreach($items as $item)
        {
            $msg .= $item->id . ':' . $item->name . ' ';
            $result += array_merge($result, [$item]);
            break;
        }
    }
```

```
        return true;
    });
    $data = [
        'msg' => $msg,
        'data' => $result,
    ];
    return view('hello.index', $data);
}
```

図3-8：レコードをnameで並べ替え、冒頭から奇数個目のものだけをピックアップする。

　今回は、nameフィールドの値を基準にレコードを並べ替え、最初から1、3、5、……と奇数番目にあるものだけを取り出しています。メッセージには、取り出したレコードのidとnameをまとめて表示しています。

　ここでは、次のようにしてchunckを実行しています。

```
DB::table('people')->orderBy('name', 'asc')
        ->chunk(2, function($items) use (&$msg, &$result)
```

　orderBy('name', 'asc')でname順に並べ替えを指定し、そこから更に**chunk**を呼び出しています。chunckの引数であるクロージャの使い方は、chunckByIdと同じです。とはいえ、全く同じではつまらないので、$msgの表示を少しだけ変えてあります。

一定の部分だけを抜き出して処理する

　chunkおよびchunkByIdが使えるようになると、大量のデータを一定数ごとにブロック化して処理することができるようになります。例えば、「**今回は最初のブロックだけを処理**」「**次は2番目のブロックを処理**」というように、分割処理していくこともできるようになります。

　簡単な例を挙げておきましょう。ここではchunkByIdを利用して、3項目ごとにレコードをブロック分けし、指定のブロックだけを処理します。

リスト3-11

```php
public function index($id)
{
    $data = ['msg' => '', 'data' => []];
    $msg = 'get: ';
    $result = [];
    $count = 0;
    DB::table('people')
        ->chunkById(3, function($items)
            use (&$msg, &$result, &$id, &$count)
    {
        if ($count == $id)
        {
            foreach($items as $item)
            {
                $msg .= $item->id . ':' . $item->name . ' ';
                $result += array_merge($result, [$item]);
            }
            return false;
        }
        $count++;
        return true;
    });
    $data = [
        'msg' => $msg,
        'data' => $result,
    ];
    return view('hello.index', $data);
}
```

図3-9：「/hello/1」とすると、2番目のブロックである4～5番目のレコードを表示する。

「**/hello/番号**」と番号のパラメータを付けてアクセスをします。/hello/0とすると、最初の1 〜 3番目のレコードを表示します。/hello/1だと、次の4 〜 6番目を表示します。/hello/2だと……というように、パラメータの番号に応じて指定のブロックのレコードだけを取り出し、表示していきます。

ここで行っているのは、比較的単純な作業です。パラメータの$idと数字をカウントする$countをuseでクロージャに渡し、1回クロージャが呼び出されるごとに$countを1増やしていきます。そして、$idと$countが等しくなったときだけ、処理を実行するようにしています。実行後はreturn false;してchunkByIdを抜けます。

大量のレコードから必要な部分だけを抜き出す方法は、いろいろと考えられますが、一定数ごとに次々と処理をしていくには、chunkおよびchunkByIdが最適でしょう。

さまざまなwhere

レコードの検索（絞り込み）は、**where**メソッドを使って行います。このwhereメソッド、実は非常に多くのものが用意されています。それらの使い方を覚えておくと、より柔軟な検索が作成できるようになります。

AND/OR 検索

複数条件を設定するのに使います。いわゆるAND検索（論理積。複数条件すべてが真のものを検索）は、whereを連続して呼び出すことで実現できます。OR検索（論理和。複数条件のいずれかが真のものを検索）は、whereの後に**orWhere**をメソッドチェーンで記述して作成します。

《Build》->orWhere(フィールド名 ， 演算記号 ， 値)

例えば、idの値が10以上20以下のものを検索するなら、AND検索を行います。例えば、次のようになります。

```
$result = DB::table('people')
    ->where('id' ,'>=', 10)
    ->where('id' ,'<=', 20)
    ->get();
```

これに対し、idの値が10以下または20以上のものを検索する場合は、OR検索を使い、次のように行います。

```
$result = DB::table('people')
    ->where('id' ,'<=', 10)
    ->orWhere('id' ,'>=', 20)
    ->get();
```

orWhereは、まずwhereを呼び出した後で利用します。実は、**orWhere()->orWhere()**としても問題なく動作はしますが、「**最初の条件設定はwhereを使うのが基本**」と考えたほうが良いでしょう。

2つの値の範囲

「〇〇以上〇〇以下」というように、最小値と最大値を指定して、その範囲内で検索する、ということはよくあります。クエリビルダでは、そのための専用メソッドが、次のように用意されています。

■2つの値の範囲内を検索

```
《Build》->whereBetween( フィールド名 , [ 最小値 , 最大値 ] )
《Build》->orWhereBetween( フィールド名 , [ 最小値 , 最大値 ] )
```

■2つの値の範囲外を検索

```
《Build》->whereNotBetween( フィールド名 , [ 最小値 , 最大値 ] )
《Build》->orWhereNotBetween( フィールド名 , [ 最小値 , 最大値 ] )
```

orが付いたメソッドは、ほかの条件の後にOR検索でつなげます。いずれも第2引数に、最小値と最大値を配列にまとめて指定します。

では、whereBetweenを使った例を挙げておきましょう。HelloController@indexを次のように書き換えます。

リスト3-12

```php
public function index($id)
{
    $ids = explode(',', $id);
    $msg = 'get people.';
    $result = DB::table('people')
        ->whereBetween('id', $ids)
        ->get();

    $data = [
        'msg' => $msg,
        'data' => $result,
    ];
    return view('hello.index', $data);
}
```

図3-10：「/hello/3,5」とすると、idが3以上5以下のものを表示する。

　ここでは、パラメータに2つの数字をカンマで区切って渡し、その範囲を検索します。例えば、「**/hello/3,5**」とすれば、idの値が3以上5以下のレコードを検索します。ここでは、取り出したパラメータをカンマで区切って配列にします。

```
$ids = explode(',', $id);
$msg = 'get people.';
```

　そして、これを引数に指定して**whereBetween**を呼び出し、指定した範囲内のレコードを取得します。

```
->whereBetween('id', $ids)
```

　範囲指定が1つのメソッドで行え、最小値と最大値がセットで用意されるので、とてもわかりやすくなっています。

配列で検索値を指定

　「○○の値が××のもの」というように決まった値だけを探すのでなく、「○○の値が××か△△か□□のもの」というように複数の値を探すような場合、これをwhereやorWhereで行おうとすると、検索する値の数だけメソッドを記述する必要があります。「**用意した10個の値のいずれかを検索**」となれば、10個のメソッドをメソッドチェーンで書かないといけません。

　こうした場合は、配列を使って検索する値をまとめて指定するメソッドを利用するのが、一番です。

■配列に含まれている値と等しいものを検索
```
《Build》->whereIn( フィールド名 , [ ……値の配列…… ] )
《Build》->orWhereIn( フィールド名 , [ ……値の配列…… ] )
```

■配列に含まれている値と等しいもの以外を検索

《Build》->whereNotIn(フィールド名 , [……値の配列……])
《Build》->orWhereNotIn(フィールド名 , [……値の配列……])

これも利用例を挙げておきます。先ほどのサンプルを少し修正し、パラメータに指定したidのレコードをすべて表示するようにしてみます。HelloController@indexを次のように修正して下さい。

リスト3-13

```php
public function index($id)
{
    $ids = explode(',', $id);
    $msg = 'get people.';
    $result = DB::table('people')
        ->whereIn('id' ,$ids)
        ->get();

    $data = [
        'msg' => $msg,
        'data' => $result,
    ];
    return view('hello.index', $data);
}
```

図3-11：「/hello/1,4,6」とすると、idが1、4、6のレコードを表示する。

ここでは、パラメータで渡された値をカンマで分割し、それを引数に指定して**whereIn**メソッドを呼び出しています。パラメータから配列を作成し、メソッドを呼び出す流れは先ほどと同じなので、処理の流れはわかるでしょう。カンマでいくつ数字を並べても、それらすべてを検索できるのが確認できます。

Chapter 3 データベースの活用

null のチェック

値がnullかどうかをチェックするためのwhereも用意されています。これを利用することで、特定の項目がnullなもの、あるいはnullでないものを簡単に絞り込むことができます。

■指定フィールドがnullのものを検索

```
《Build》->whereNull( フィールド名 )
《Build》->orWhereNull( フィールド名 )
```

■指定フィールドがnullでないものを検索

```
《Build》->whereNotNull( フィールド名 )
《Build》->orWhereNotNull( フィールド名 )
```

引数には、チェックするフィールド名を指定するだけです。ほかにオプションなどはなく、非常にシンプルなメソッドです。

日時の値のチェック

日時の値をチェックするwhereも用意されています。日付(年月日)、時刻(時分秒)、そして年月日のそれぞれの値を調べます。

■日付のチェック

```
《Build》->whereDate( フィールド名 , 値 )
```

■年のチェック

```
《Build》->whereYear( フィールド名 , 値 )
```

■月のチェック

```
《Build》->whereMonth( フィールド名 , 値 )
```

■日のチェック

```
《Build》->whereDay( フィールド名 , 値 )
```

■時刻のチェック

```
《Build》->whereTime( フィールド名 , 値 )
```

これらは、指定したフィールドが第2引数の値と等しいものだけを検索します。注意したいのは、チェックする値はすべてテキストとして用意する、という点です。

2つのフィールドを比較する

例えばパスワードでは、2つのフィールドにパスワードを入力してもらい、両者が同じかどうかをチェックします。このように、「**2つのフィールドの値が等しいかどうか**」をチェックするwhereも用意されています。

132

■2つのフィールドの値が等しいものを検索

```
《Build》->whereColumn( フィールド名1 , フィールド名2 )
《Build》->orWhereColumn( フィールド名1 , フィールド名2 )
```

　引数には、チェックする2つのフィールド名を指定します。これにより、両者の値が等しいものだけを検索できます。

3-2 ペジネーション

paginateによるペジネーション

　レコードの取得で必ず必要となるのが「**ペジネーション**」(Pagination)です。これは、レコードをページ分けして表示する機能です。

　Laravelでは、クエリビルダ自身にペジネーションのメソッドが用意されており、これの使い方を覚えるだけで、簡単にペジネーションを実装できます。

■指定ページのレコードを得る

```
《Build》->paginate( 項目数 , フィールド , ページ名 , 番号 );
```

項目数	1ページあたりのレコード数。整数で指定。
フィールド	取得するフィールドの指定。フィールド名の配列として指定。
ページ名	ページの名前。ページ番号をパラメータで渡すときなどに使用。
番号	現在、取得するページの番号。1から割り当てられる。

　このメソッドを呼び出すだけで、簡単にページ分けしてレコードを表示することができます。では、やってみましょう。

　HelloController@indexを、次のように修正して下さい。

リスト3-14

```php
public function index($id)
{
    $msg = 'show page: ' . $id;
    $result = DB::table('people')
        ->paginate(3, ['*'], 'page', $id);

    $data = [
        'msg' => $msg,
```

```
            'data' => $result,
    ];
    return view('hello.index', $data);
}
```

図3-12：「/hello/1」とすると1ページ目のレコードが表示される。

「**/hello/番号**」という具合にページ番号を指定してアクセスをします。ここでは例として1ページあたり3レコードを表示するようにしているので、/hello/1とすれば、1〜3番目のレコードが表示されます。レコードを取得している部分を見ると、このようになっていますね。

```
$result = DB::table('people')->paginate(3, ['*'], 'page', $id);
```

第1引数に3を指定し、第2引数には**['*']** とワイルドカードを配列として渡し、全フィールドを取り出すようにしています。第4引数に**$id**を渡すことで、パラメータとして渡された番号のページが取り出されます。

ナビゲーションリンクの表示

ペジネーションを使う場合、ページ移動のためのインターフェイスをどうするかも考えなければいけません。これも、実は基本的なリンクを生成する機能がLaravelには用意されています。それを使うことで、簡単にページ移動のUIを用意できます。
　まず、コントローラー側を修正しましょう。HelloController@indexを、次のように書き換えます。

リスト3-15
```
public function index(Request $request)
{
    $id = $request->query('page');
    $msg = 'show page: ' . $id;
```

```
    $result = DB::table('people')
        ->paginate(3, ['*'], 'page', $id);

    $data = [
        'msg' => $msg,
        'data' => $result,
    ];
    return view('hello.index', $data);
}
```

ここでは、Requestから**page**というクエリパラメータを取り出し、これをページ番号に指定してレコードを取得するようにしています。このpageというパラメータ名は、**paginate**の第3引数で指定したものです。

続いて、ペジネーションで使うリンクのスタイルに**Bootstrap**のものを適用するため、**/bootstrap/app.php**に追記をします。**return $app;**の前に、次の文を追加して下さい。

リスト3-16

```
Illuminate\Pagination\AbstractPaginator::defaultView("pagination::
    bootstrap-4");
```

これでリンク生成の準備が整いました。/resources/views/hello/index.blade.phpを開き、ヘッダー部分に、スタイルシートへのリンクタグを次のように追記します。

リスト3-17

```
<link href="/css/app.css"  rel="stylesheet">
```

そして、<body>内の適当なところに、次の文を記述します。これが、ナビゲーションリンクを表示する文です。

リスト3-18

```
{!! $data->links() !!}
```

図3-13：ナビゲーションリンクが表示される。これをクリックしてページ移動ができるようになる。

/helloにアクセスをすると、**リスト3-18**を記述したところに、ナビゲーションリンクが表示されます。このリンクをクリックすることで、ページ移動ができます。

simplePaginate の利用

ここでは、ページ番号が表示されたナビゲーションボタンが表示されましたが、もっとシンプルに、前後の移動だけのUIを使ったページネーションも用意されています。「**simplePaginate**」というメソッドで、基本的な使い方はpaginateと同じです。

《Build》->simplePaginate(項目数 , フィールド , ページ名 , 番号);

では、これを利用するとどのような表示になるか、試してみましょう。先ほどHelloController@indexに記述したスクリプトから、paginateメソッドを呼び出している文を、次のように修正して下さい。

リスト3-19
```
$result = DB::table('people')->simplePaginate(3);
```

図3-14：前後の移動だけのナビゲーションリンクが表示される。

/helloにアクセスすると、前後の移動ボタンだけが表示されるようになります。これをクリックして前後のページに移動できます。paginateからsimplePaginateに変更すると、このように生成されるナビゲーションリンクの表示が変わるのです。

> **Column　paginateの引数は1つだけでOK？**
>
> ここでは、simplePaginate(3)というようにメソッドを呼び出しています。第1引数の「**1ページあたりのレコード数**」だけ指定し、ほかは省略しているのです。が、実際に試してみると、これでちゃんとページの移動が行えます。表示するページ番号さえ引数に渡していないのに、なぜ？　と不思議に思ったかもしれません。
>
> 実は、paginateやsimplePaginateでは、クエリパラメータとして渡された値を参照して、表示するページ番号を自分でチェックするようになっているのです。このため、第1引数だけを指定すれば、残りの引数はすべて省略しても問題なく動作します。

Eloquent利用の場合

　ペジネーションの機能は、**Eloquent**を利用する場合でも同様に使えます。Eloquentはこの後の節で取り上げますが、ペジネーションについてだけ、ここで触れておきましょう。

　Eloquentでは、モデルクラスを定義してデータベースアクセスを行います。そのモデルクラスから直接「**paginate**」あるいは「**simplePaginate**」メソッドを呼び出すことで、ペジネーションを使うことができます。

　実際に試してみましょう。ここでは、peopleテーブルにアクセスする、次のようなモデルクラスが用意されているものとします。

リスト3-20

```php
<?php
namespace App;
```

Chapter 3 データベースの活用

```
use Illuminate\Database\Eloquent\Model;

class Person extends Model
{
}
```

このPersonモデルクラスを利用してペジネーションによるレコードを取得するには、HelloController@indexメソッドに記述したペジネーションを利用する文(simplePaginateに書き換えた**リスト3-19**)を、次のように変更します。

リスト3-21
```
// use App\Person; を追加

$result = Person::paginate(3);
```

これで、先ほどと全く同じようにペジネーションしたレコード表示が行えます。

カスタムナビゲーションリンクの作成

ナビゲーションリンクは、**paginate**あるいは**simplePaginate**メソッドを使うと、自動的に表示が割り当てられます。

表示をカスタマイズしてオリジナルなナビゲーションリンクを作りたい、という場合は、自分でナビゲーションリンクを生成するクラスを作成し、利用することになります。

ナビゲーションリンク生成クラスの考え方は、そう複雑ではありません。

ナビゲーションリンクは、**<ul>**と**<li>**を使って作成されています。従って、これらのタグを使ったHTMLコードをテキストとして生成して返すような機能を持ったクラスを定義すればいいのです。

Paginator クラス

もちろん、ナビゲーションのリンクを作るためには、例えば現在どのページが表示されているか、あるいは全体で何ページあるのか、前後のページは存在するか、といった情報が必要です。これは、Illuminate\Contracts\Pagination名前空間の「**Paginator**」というクラスに用意されています。

Paginatorクラスは、実は既に使っています。paginateおよびsimplePaginateメソッドを呼び出したときの戻り値が、このPaginatorクラスのインスタンスなのです。従って、例えばこのPaginatorインスタンスを引数に持つコンストラクタを用意し、そこで取得したインスタンスから必要な値を受け取って表示を作成するようなクラスを定義すればいいでしょう。

MyPaginator クラスの作成

サンプルとして、前後の移動と現在のページ番号だけを持つ「**MyPaginator**」というクラスを作成してみましょう。/app/Http/内に「**Pagination**」という名前のフォルダを作成

して下さい。そして、その中に「**MyPaginator.php**」ファイルを作成します。これに、次のように記述をします。

リスト3-22

```php
<?php
namespace App\Http\Pagination;
use Illuminate\Contracts\Pagination\Paginator;

class MyPaginator
{
    private $paginator;

    public function __construct(Paginator $paginator)
    {
        $this->paginator = $paginator;
    }

    public function link()
    {
        $prev = $this->paginator->currentPage() == 1 ?
            ' disabled' : '';
        $next = $this->paginator->currentPage() ==
            $this->paginator->count() ? ' disabled' : '';
        $result = '<ul class="pagination" role="navigation">';
        $result .= '<li class="page-item' . $prev .
            '"><a class="page-link" href="' .
            $this->paginator->previousPageUrl() .
            '">←前のページ</a></li>';
        $result .= '<li class="page-item disabled">' .
            '<a class="page-link">'.
            $this->paginator->currentPage() . '</a></li>';
        $result .= '<li class="page-item' . $next .
            '"><a class="page-link" href="' .
            $this->paginator->nextPageUrl() .
            '">次のページ→</a></li>';
        $result .= '</ul>';
        return $result;
    }
}
```

　ここでは、コンストラクタでPaginatorインスタンスを受け取り、それを利用してlinkメソッドでHTMLタグを生成しています。

MyPaginator を利用する

では、このクラスを利用してナビゲーションリンクを表示してみます。まず、HelloController@indexを次のように書き換えて下さい。

リスト3-23

```
// use App\Http\Pagination\MyPaginator;

public function index(Request $request)
{
    $id = $request->query('page');
    $msg = 'show page: ' . $id;
    $result = Person::paginate(3);
    $paginator = new MyPaginator($result);
    $data = [
        'msg' => $msg,
        'data' => $result,
        'paginator' => $paginator,
    ];
    return view('hello.index', $data);
}
```

ここではMyPaginatorインスタンスを作成し、それを**$paginator**という変数としてビューテンプレート側に渡しています。

では、テンプレートを修正しましょう。/resources/views/hello/index.blade.phpを開き、先にナビゲーションリンクの表示を記述したところ(**{!! $data->links() !!}**という文)を、次の文に書き換えます。

リスト3-24

```
{!! $paginator->link() !!}
```

図3-15：前後の移動と現在のページ番号だけのシンプルなナビゲーションリンクが表示される。

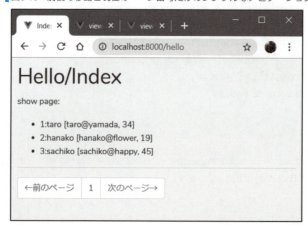

/helloにアクセスすると、「←前のページ」「1」「次のページ→」というボタンが並んだナビゲーションリンクが表示されます。前後のページに移動すると、現在のページ番号も変わります。

Paginatorのメソッド

ここではlinkメソッドでナビゲーションリンクのタグを作成しています。また、Paginatorに用意されているメソッドを使い、ページの表示に関する情報を得ながらタグを作っています。

Paginatorには、ペジネーションに関するさまざまな情報を提供するメソッドが揃っています。ナビゲーションリンクのタグを作成する際には、これらを利用する必要が生じるでしょう。主なメソッドをまとめておきます。

count()	レコード全体のページ数を返します。
total()	レコードの総数を返します。
perPage()	1ページあたりに表示されるレコード数を返します。
currentPage()	現在のページ番号を返します。
lastPage()	最後のページの番号を返します。
firstItem()	現在のページの最初のレコードが何番目のものかを返します。
lastItem()	現在のページの最後のレコードが何番目のものかを返します。
previousPageUrl()	前のページを表示するURLを返します。
nextPageUrl()	次のページを表示するURLを返します。
url(ページ番号)	引数に整数を指定することで、そのページを表示するURLを返します。

ざっとこれらのメソッドが使えれば、ナビゲーションに関する必要な情報を得ることができるでしょう。これらを元にリンクを生成していけばいいのです。

ナビゲーションリンクのタグについて

ナビゲーションリンクのタグは、スタイルクラスやロールなどが決まっています。それにしたがってタグを生成することで、Bootstrap 4によるスタイルを使ったリンクが表示されるようになっています。

使用する基本的なタグは、<ul>、<li>、<a>の3種類です。それぞれ、次のように記述をします。

■リンク全体
```
<ul class="pagination" role="navigation">
```

リンクは、**<ul>**タグとして用意されます。これには、paginationクラスを指定しておきます。

141

Chapter 3　データベースの活用

■リンクボタン

```
<li class="page-item">
```

リンクボタンは、**<li>**タグとして用意されます。これにはpage-itemクラスを指定しておきます。また、必要に応じて次のクラスを追加します。

active	このボタンがアクティブであることを示します。背景と色が反転し、強調された表示になります。
disabled	このボタンが利用できない状態であることを示します。移動できない(クリックできない)ボタンに指定します。

■移動リンク

```
<a class="page-link" href="……">
```

<li>内には、移動のためのリンク(**<a>**タグ)を用意します。これには、page-linkクラスを指定します。ここで、hrefに指定したURLにより、移動先のページが決まります。このURLは、**previousPageUrl**、**nextPageUrl**、**url**といったメソッドで取得します。

3-3 EloquentとCollection

Eloquentとモデルクラス

DBクラスのほかにも、Laravelにはデータベースアクセスの機能が用意されています。それは「**Eloquent**」です。Eloquentも、基本的な使い方ぐらいは既に理解されていることと思いますが、基本から順に説明をしていきましょう。

ORM

Eloquentは、**ORM**(Object-Relational Mapping)の機能を提供します。ORMは、プログラミング言語のオブジェクトと、それとは非互換のデータとをマッピングする技術です。Laravelでは、PHPによるオブジェクトと、SQLによるデータ(レコード)をマッピングし、レコードをPHPのオブジェクトとして扱えるようにする機能を提供します。

Eloquentは、レコードに対応するモデルクラスを作成し、そのモデルクラスに用意されるメソッドを使って、データベースアクセスを行います。モデルクラスはartisanコマンドで生成します。例えば、peopleテーブルのモデルクラスは、次のようにコマンドを実行して作成します(なお、本書では既にPersonクラスは作成済みです)。

```
php artisan make:model Person
```

モデルの基本ルール

Eloquentは、Laravelで決められている規約に従ってモデルを作成し、利用します。モデルに関する基本的な規約を整理しておきましょう。

クラスは App 名前空間に配置する

モデルクラスは、App名前空間に置かれます。スクリプトファイルは、プロジェクトの「**app**」フォルダ内に作成されます。

Model クラスを継承する

モデルクラスは、Illuminate\Database\Eloquent名前空間に用意されている**Model**クラスを継承して作成されます。これは、モデルで必要となる各種機能を提供します。

クラス名はテーブルの単数形

モデルクラスは、参照するテーブルの単数形をクラス名として指定します。テーブルは通常、複数形の名前が付けられています。例えば、companiesというテーブルがあるなら、それを参照するクラスは「**Company**」という名前になります。

もし、クラス名とは異なる名前のテーブルを利用する場合は、モデルクラス内に次のようなプロパティを使って、テーブル名を指定します。

```
protected $table = 'テーブル名';
```

プライマリキーは「id」プロパティ

モデルクラスは、テーブルに設定されているプライマリキーが「**id**」という名前の整数のフィールドである、という前提で機能します。もし、id以外の名前のフィールドをプライマリキーとして指定している場合は、次のようにプロパティを用意して、プライマリキーフィールドを指定します。

```
protected $primaryKey = 'フィールド名';
```

プライマリキーは int 型

テーブルのプライマリキーは、整数(int)型の自動インクリメント設定されたものである必要があります。自動インクリメントされていない場合は、次のプロパティを設定します。

```
protected $incrementing = false;
```

また、整数以外の型がプライマリキーとして使われている場合は、次のプロパティを使って型名を指定する必要があります。

```
protected $keyType = '型名';
```

Chapter **3** データベースの活用

created_at および updated_at は自動設定

モデルには、モデルの作成と更新に関するフィールドを用意できます。**created_at**は作成された日時を、**updated_at**は最後に更新された日時をそれぞれ保管します。いずれも**datetime**型のフィールドとして用意します。これらは、保存や更新の際に値を設定する必要はなく、Eloquentが自動的に値を用意します。もし、自動的に値を設定してほしくない場合は、次のプロパティを用意します。

```
protected $timestamps = false;
```

また、created_atおよびupdated_at以外の名前のフィールドに作成・更新日時を保管したい場合は、次のようなプロパティを用意して、フィールドの指定を行います。

```
const CREATED_AT = '作成日時フィールド名';
const UPDATED_AT = '更新日時フィールド名';
```

Personモデルの基本形

では、作成されるモデルについて具体的に説明していきましょう。artisanコマンドで作成されたモデルは、次のような形になっています(Personクラスの場合)。

リスト3-25
```php
<?php
namespace App;
use Illuminate\Database\Eloquent\Model;

class Person extends Model
{
}
```

Modelを継承したクラスを作成します。クラス内には何もありません。この状態で、関連するフィールド(ここではpeopleフィールド)にアクセスし、必要なレコードを検索して取得することは可能です(ただし、新たなレコードを作成したりするためには、もう少し必要な情報を追記する必要があります)。

people のレコードを表示する

では、実際にPersonを使ってpeopleテーブルのレコードを取得し、表示する例を挙げておきます。HelloController@indexを次のように修正します。

リスト3-26
```php
public function index(Request $request)
{
    $msg = 'show people record.';
    $result = Person::get();
```

144

```
    $data = [
        'msg' => $msg,
        'data' => $result,
    ];
    return view('hello.index', $data);
}
```

　テンプレート（/resources/views/hello/index.blade.php）は、これまで使っていたもので構いませんが、先にペジネーションを利用する形に書き換えていたので、改めて<body>部分を掲載しておきます。

リスト3-27

```
<body>
    <h1>Hello/Index</h1>
    <p>{{$msg}}</p>
    <table border="1">
    @foreach($data as $item)
    <tr>
        <th>{{$item->id}}</th>
        <td>{{$item->name}}</td>
        <td>{{$item->mail}}</td>
        <td>{{$item->age}}</td>
    </tr>
    @endforeach
    </table>
    <hr>
</body>
```

　今回は、リストではなくテーブルを使って表示するようにしておきました。/helloにアクセスすると、全レコードを表示します。特にテーブルに関する情報などを用意しなくとも、決まったルールに従ってテーブルとモデルを用意すれば、モデルクラスが空っぽでも、このようにレコードを取り出せます。

　ここでは、モデルクラスの**get**を呼び出しています。クエリビルダにもありましたが、getは全レコードを取得する基本となるメソッドです。

図3-16：/helloにアクセスすると、peopleテーブルのレコードが表になって表示される。

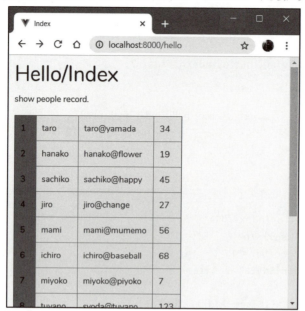

モデルとコレクション

　　モデルから取得されたレコード類は、**コレクション**として返されます。これは、Illuminate\Database\Eloquent名前空間にある「**Collection**」クラスのインスタンスです。コレクションは**イテレータ**の機能も持っており、foreachなどを使ってレコードを処理していくことができます。

　　コレクションには、取得したレコード1つひとつが、対応するモデルクラスのインスタンスとして保管されています。これが、Eloquentの大きな特徴です。モデルを使って取得されるのは、モデルクラスのインスタンスなのです。レコードに含まれる1つひとつの値がすべてプロパティとして保管されており、このインスタンスから必要な値を取り出して利用できます。

　　コレクションは、管理するレコード類を扱うための非常に強力な機能をいろいろと持っています。それらを使うことで、取り出したレコード類をいろいろと操作できます。

コレクションの機能：rejectとfilter

　　まず「**reject**」メソッドから説明しましょう。これは、特定のレコードをコレクションから排除します。次のように利用します。

```
《Collection》->reject(function( 引数 ){ …… });
```

rejectは、クロージャを引数に持ちます。このクロージャの関数は引数を1つ持ち、そこにコレクションから順に取り出されたモデルインスタンスが渡されます。例えば、Personモデルから取得したコレクションならば、rejectのクロージャにPersonインスタンスが1つずつ渡されて呼び出されていくわけです。

このクロージャの関数は戻り値を持っています。これは真偽値で、trueを返せばそのオブジェクトはコレクションから排除されます。falseならばそのまま保持されます。

こうしてクロージャですべてのモデルインスタンスについて排除するかどうか処理をしていき、新たに生成されたコレクションがrejectの戻り値として返されます。

■ データを取得する filter

rejectの反対の働きをするメソッドとして「**filter**」も用意されています。次のように記述をします。

```
《Collection》->filter(function( 引数 ){ …… });
```

引数にはクロージャが用意されます。この辺の使い方はrejectと全く同じですね。ただし違うのは、クロージャでの戻り値がtrueのものが受け入れられ、falseのものが排除される、という点です。filterの戻り値は、trueが返されたモデルがコレクションとしてまとめられたものになります。

■ 未成年データを排除するサンプル

では、実際にrejectを使った例を挙げておきましょう。HelloController@indexを次のように修正して下さい。

リスト3-28

```php
public function index(Request $request)
{
    $msg = 'show people record.';
    $result = Person::get()->reject(function($person)
    {
        return $person->age < 20;
    });

    $data = [
        'msg' => $msg,
        'data' => $result,
    ];
    return view('hello.index', $data);
}
```

■**図3-17**：peopleテーブルから、ageが20未満のものを取り除いて表示する。

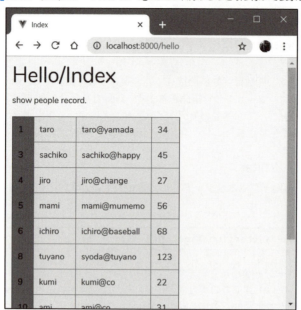

　/helloにアクセスすると、ageが20未満のものをすべて取り除いて表示します。ここでは、**Person::get()->reject**というように、getで取得したコレクションから更にrejectを呼び出して特定レコードの排除を行っています。rejectの引数には、次のようなクロージャが用意されています。

```
function($person)
{
    return $person->age < 20;
}
```

　引数**$person**のageが20未満かどうかをチェックした結果をreturnしています。これにより、20未満の場合はtrueが返され、コレクションから取り除かれるようになります。
　rejectは、filterを使う形に書き直すこともできます。この場合、クロージャのreturn文は、「**return $person->age >= 20;**」といった形にすればいいでしょう。

コレクションの機能：diffによる差分取得

　複数の検索を行う場合、その差分を取りたい、ということもあります。例えば20歳未満を検索したとき、「**それ以外のもの**」も取り出したいことはあるでしょう。こういうとき、素の全レコードから20歳未満のレコードを取り除いた残りを得る専用のメソッドがあります。それが「**diff**」です。次のように使います。

```
《Collection》->diff(《Collection》);
```

引数には、比較するコレクションを指定します。これにより、両コレクションに含まれないモデルをまとめたコレクションを返します。では、利用例を挙げておきましょう。HelloController@indexを次のように修正します。

リスト3-29

```
public function index(Request $request)
{
    $msg = 'show people record.';
    $result = Person::get()->filter(function($person)
    {
        return $person->age < 50;
    });
    $result2 = Person::get()->filter(function($person)
    {
        return $person->age < 20;
    });
    $result3 = $result->diff($result2);

    $data = [
        'msg' => $msg,
        'data' => $result2,
    ];
    return view('hello.index', $data);
}
```

図3-18：50未満と20歳未満で重複しないものを表示する。

ここでは、50歳未満と20歳未満のコレクションを用意し、そのdiffを取得しています。こうすると、20歳以上50歳未満のモデルは両方に含まれるので除外され、それ以外のもの(つまり20歳未満)が取り出されます。

149

Chapter 3 データベースの活用

コレクションの機能：modelKeysとonlyおよびexcept

ID（プライマリキー）を使って処理を行うのは、データベース検索の基本です。コレクションには「**modelKeys**」というメソッドがあり、これを利用してテーブルのキーだけをまとめ、取り出すことができます。

```
《Collection》->modelKeys();
```

modelKeysは、コレクションにまとめられているモデルのIDだけを配列にまとめて返します。戻り値はごく普通の配列ですから、後はどうにでも利用できますね。
コレクションにはIDの配列を利用するメソッドもあります。「**only**」と「**except**」です。

■配列にまとめたIDのモデルを取得
```
《Collection》->only( 配列 );
```

■配列にまとめたID以外のモデルを取得
```
《Collection》->except( 配列 );
```

いずれも、引数にはID値をまとめた配列を指定します。onlyは、配列にまとめてあるIDのモデルだけを取り出します。exceptはその反対で、配列にまとめられているIDのモデル以外を取り出します。
では、これらを使った例を挙げておきましょう。HelloController@indexを次のように修正します。

リスト3-30
```php
public function index(Request $request)
{
    $msg = 'show people record.';
    $keys = Person::get()->modelKeys();
    $even = array_filter($keys, function($key)
        {
            return $key % 2 == 0;
        });
    $result = Person::get()->only($even);

    $data = [
        'msg' => $msg,
        'data' => $result,
    ];
    return view('hello.index', $data);
}
```

■図3-19：IDが偶数のものだけを取り出す。

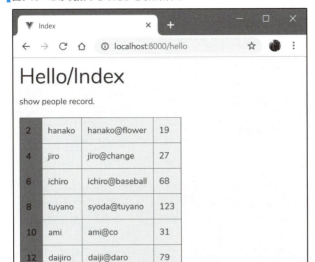

　ここでは、peopleテーブルからidの値が偶数のものだけをピックアップして表示しています。まず、modelKeysで全キーを取得します。

```
$keys = Person::get()->modelKeys();
```

　これで、IDの配列が変数$keysに取り出されます。ここでは、array_filterを使ってそこから偶数だけの配列を作成しています。

```
$even = array_filter($keys, function($key)
    {
        return $key % 2 == 0;
    });
```

　array_filterは、PHPの関数です。第1引数に配列、第2引数にクロージャを指定することで、配列から処理済みの新しい配列を作成します。
　こうして偶数だけの配列ができたら、それを元にデータベースアクセスを行います。

```
$result = Person::get()->only($even);
```

　onlyを使い、$evenの配列にあるIDのモデルだけを取り出します。配列の操作がわかれば、modelKeysで配列を取得し、それを加工してからonlyまたはexceptでモデルのコレクションを取り出す、という一連の流れでモデルを処理できます。

Chapter 3 データベースの活用

コレクションの機能：mergeとunique

2つのコレクションを1つにまとめるのに用いられるメソッドとして、「**merge**」と「**unique**」があります。

■2つのコレクションを1つにまとめる
```
《Collection》->merge(《Collection》);
```

■ユニークなコレクションを返す
```
《Collection》->unique();
```

mergeは引数に指定したコレクションを1つにまとめたものを返します。またuniqueは、コレクション内から重複するモデルを取り除いてユニークにしたものを返します。mergeでは、同じidのモデルが既にあった場合は上書きされます（つまりmergeでも作成されるコレクションはユニークです）。

では、利用例を挙げておきましょう。HelloController@indexを次のように修正します。

リスト3-31
```php
public function index(Request $request)
{
    $msg = 'show people record.';
    $even = Person::get()->filter(function($item)
        {
            return $item->id % 2 == 0;
        });
    $even2 = Person::get()->filter(function($item)
        {
            return $item->age % 2 == 0;
        });
    $result = $even->merge($even2);

    $data = [
        'msg' => $msg,
        'data' => $result,
    ];
    return view('hello.index', $data);
}
```

152

図3-20：アクセスすると、idが偶数のものとageが偶数のものがまとめて表示される。

ここでは、filterを使い、idが偶数のものとageが偶数のものをまとめて取り出しています。そして、この2つをmergeし、更にuniqueしたコレクションを取得し、テンプレートに渡しています。

```
$result = $even->merge($even2);
```

mergeで$evenと$even2を1つにまとめています。検索した複数の結果を1つにまとめるのには、mergeが基本といっていいでしょう。

mapによるコレクション生成

PHPの配列には、**array_map**という関数があり、配列を元に全く新しい配列を生成できます。このarray_mapと同様の機能がコレクションにも用意されています。それが「**map**」です。

```
《Collection》->map( function($item, $key){……} );
```

mapは、クロージャを引数に持つメソッドです。このクロージャでは、コレクションから取得した値とキーが引数に渡されます。これらを元に、新たなコレクションに保管する値を生成してreturnします。戻り値は、クロージャでreturnされた値をコレショ

ンにまとめたものになります。

では例を挙げておきましょう。HelloController@indexを次のように修正します。

リスト3-32

```php
public function index(Request $request)
{
    $msg = 'show people record.';
    $even = Person::get()->filter(function($item)
        {
            return $item->id % 2 == 0;
        });
    $map = $even->map(function($item, $key)
        {
            return $item->id . ':' . $item->name;
        });

    $data = [
        'msg' => $map,
        'data' => $even,
    ];
    return view('hello.index', $data);
}
```

図3-21：偶数のモデルだけを取り出し、そのidとnameをテキストにまとめたものを表示する。

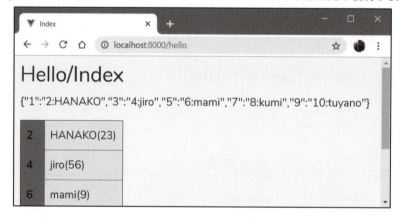

ここでは、まずfilterで偶数のモデルだけをコレクションとして取り出し、mapを使ってidとnameを1つのテキストにまとめたコレクションを生成します。これをテンプレート側に渡して、メッセージとして表示しています。

3-4 モデルの拡張

カスタムコレクションの利用

モデルの検索結果はCollectionクラスのインスタンスとして渡されます。Collectionは非常に強力なコレクションクラスですが、更に機能を強化したいという場合は、独自のコレクションクラスを使うように、モデルを設定することができます。

それには、モデルクラスに次のメソッドを用意するだけです。

```php
public function newCollection(array $models = [])
{
    return コレクション ;
}
```

newCollectionメソッドは、引数にモデルの配列が渡されます。これを使い、コレクションのインスタンスを作成してreturnすれば、それがモデルのコレクションとして使われるようになります。

では、試してみましょう。まず、Personモデルを修正します。/app/Person.phpを開いて次のように書き換えます。

リスト3-33

```php
<?php
namespace App;
use Illuminate\Database\Eloquent\Model;
use Illuminate\Database\Eloquent\Collection;

class Person extends Model
{
    public function newCollection(array $models = [])
    {
        return new MyCollection($models);
    }
}

class MyCollection extends Collection
{
    public function fields()
    {
        $item = $this->first();
        return array_keys($item->toArray());
    }
}
```

155

ここでは、PersonのnewCollectionメソッドで、MyCollectionというクラスのインスタンスを渡すようにしています。MyCollectionは、Collectionを継承したクラスで、その中に**fields**というフィールド名の配列を返すメソッドを追加してあります。

では、新しいコレクションを利用するサンプルを、コントローラーに用意しましょう。HelloController@indexを、次のように修正して下さい。

リスト3-34
```php
public function index(Request $request)
{
    $msg = 'show people record.';
    $re = Person::get();
    $fields = Person::get()->fields();

    $data = [
        'msg' => implode(', ', $fields),
        'data' => $re,
    ];
    return view('hello.index', $data);
}
```

図3-22：フィールド名の一覧がメッセージに表示される。

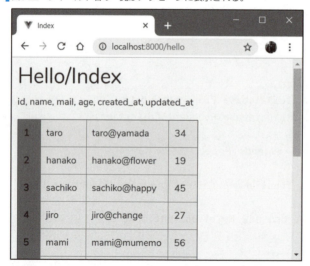

ここでは、メッセージの部分にPersonのフィールド名がすべて表示されます。**$fields = Person::get()->fields();**でフィールド名の配列を取り出し、それをテキストにしてテンプレートに渡しています。このfieldsは、先ほどMyCollectionに用意したメソッドです。このように、newCollectionメソッドをオーバーライドすることで、独自に拡張したコレクションを使えるようになります。

アクセサについて

モデルには、テーブルの各フィールドがプロパティとして用意され、値を取り出せるようになっています。また、モデルには、こうしたフィールド名のプロパティのほかに、独自のプロパティを追加することができます。これが「**アクセサ**」です。

これは、次のような形でメソッドを用意することで、実装できます。

```
public funciton get○○Attribute()
{
    ……処理……
    return 値 ;
}
```

アクセサは、作成する属性名の前後に「**get**」「**Attribute**」を付けたメソッド名を指定します。名前は、1文字目が大文字、それ以降が小文字というキャメル記法で付けます。

name_and_age 属性の追加

では、実際に簡単なアクセサの例を挙げましょう。/app/Person.phpを開き、Personクラスに以下のメソッドを追記します。

リスト3-35

```php
public function getNameAndIdAttribute()
{
    return $this->name . ' [id=' . $this->id . ']';
}

public function getNameAndMailAttribute()
{
    return $this->name . ' (' . $this->mail . ')';
}

public function getNameAndAgeAttribute()
{
    return $this->name . '(' . $this->age . ')';
}
public function getAllDataAttribute()
{
    return $this->name . '(' . $this->age . ')'
        . ' [' . $this->mail . ']';
}
```

ここでは、4つのアクセサメソッドを用意しました。それぞれ「**名前とid**」「**名前とメールアドレス**」「**名前と年齢**」「**名前・年齢・メール**」をテキストにまとめて返します。

157

付けられた名前を見てみましょう。例えば、名前と年齢を返すメソッドは、「**getNameAndAgeAttribute**」というメソッド名にしています。つまり「**NameAndAge**」が属性名です。

これは、実際に利用される際には、「**name_and_age**」という名前になります。このように1文字目のみが大文字になっている複数の単語をつなげた場合は、アンダーバーでつなげた形の名前になります。同様に、getNameAndIdAttributeは「**name_and_id**」、getNameAndMailAttributeは「**name_and_mail**」という名前の属性として追加されることになります。

では、この属性を利用してみます。ビューテンプレートを修正しましょう。/resources/views/hello/index.blade.phpを開き、データの表示を行っている<table>タグを次のような形に修正します。

リスト3-36

```
<table border="1">
@foreach($data as $item)
<tr>
    <th>{{$item->id}}</th>
    <td>{{$item->name_and_age}}</td>
</tr>
@endforeach
</table>
```

図3-23：名前と年齢を表示する。

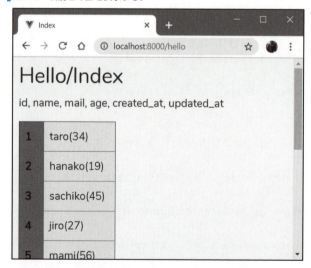

ここでは、name_and_age属性を利用しています。**{{$item->name_and_age}}**で名前と年齢が表示されるようになっているのが、わかるでしょう。

既存のプロパティを変更する

アクセサは、新しいプロパティを追加するだけでなく、モデルに用意されているフィールド名のプロパティ（Personクラスならname、mail、ageなど）を修正することもできます。この場合、次のような形でメソッドを用意します。

```
public function get ○○ Attribute($value)
{
    return ……$valueを利用した新しい値……;
}
```

テーブルのフィールドに対応するプロパティを変更するアクセサは、引数に**$value**を用意します。これに、取得されたプロパティの値が渡されます。これを元に新しい値を作成し、returnします。

nameを大文字にするサンプル

では、実際に試してみましょう。/app/Person.phpのPersonクラスに以下のメソッドを追記して下さい。

リスト3-37
```
public function getNameAttribute($value)
{
    return strtoupper($value);
}
```

図3-24：アクセスすると、nameがすべて大文字で表示されるようになっている。

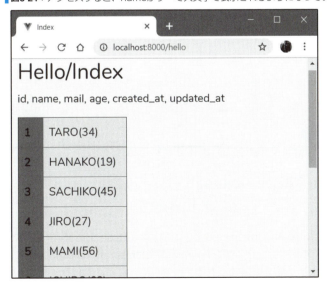

修正したら、/helloにアクセスして表示を確認します。一覧表示されている名前がすべて、大文字で表示されるようになっているでしょう。**getNameAttribute**メソッドが効いていることがわかります。

ここでは、**return strtoupper($value);**として、引数に渡された値を大文字に変えてreturnしています。これがそのままnameの値として使われるようになる、というわけです。

ミューテータについて

テーブルのフィールドに対応するプロパティを上書きして取得するのがアクセサならば、値を設定する処理を上書きするのが「**ミューテータ**」です。ミューテータは、次のような形で記述をします。

```
public function set ○○ Attribute($value)
{
        ……値の設定……
}
```

こちらは属性名の前後に「**set**」「**Attribute**」を付けた名前として用意します。引数には、設定する値が渡されます。メソッド内で、引数として渡された値を元に、指定の値を更新する処理を用意すればいいわけです。

ここで注意すべき点は、「**渡された値を、どのようにしてモデルに本来用意されているフィールド用のプロパティに設定するか**」でしょう。モデルに対応しているレコードのフィールドの値は、モデルの「**attributes**」というプロパティにまとめられています。これは連想配列になっており、テーブルのフィールド名をキーとする形で値が保管されています。

このattributes内の値を書き換えることで、本来モデルに保管されている値を更新することができるのです。

▌name プロパティを大文字にする

では、試してみましょう。/app/Person.phpを開き、Personクラスに次のメソッドを追記して下さい。

リスト3-38

```
public function setNameAttribute($value)
{
    $this->attributes['name'] = strtoupper($value);
}
```

ここでは、setNameAttributeメソッドを追加し、nameの値の設定を上書きしています。strtoupperですべて大文字にした$valueの値を**$this->attributes['name']**に設定しています。これにより、nameに設定される値はすべて大文字に変わるようになります。

モデルを書き換える際には**$guarded**や**$rules**が必要になります。$guardedは値を代入したくない項目のリスト、$rulesはバリデーション情報のリストで、これらはモデルクラス作成時にたいていは用意されていることでしょう。まだ用意されていない場合は、ここでPersonモデルクラスに次のような形でプロパティを用意しておきましょう。

リスト3-39

```php
protected $guarded = ['id'];

public static $rules = [
    'name' => 'required',
    'mail' => 'email',
    'age' => 'integer',
];
```

Person を更新する

では、このメソッドを利用して、値を変更してみることにしましょう。/app/Http/Controllers/HelloController.phpのHelloControllerクラスに、次のメソッドを追記して下さい。

リスト3-40

```php
public function save($id, $name)
{
    $record = Person::find($id);
    $record->name = $name;
    $record->save();
    return redirect()->route('hello');
}
```

saveメソッドでは、$idと$nameという2つのパラメータを引数として渡されるようにしています。Personのfindで指定のidのモデルを取得し、nameの値を変更してからsaveで保存をしています。それからhelloにリダイレクトしています。

では、saveにアクセスするルート情報を追記しましょう。/routes/web.phpに、次のルート情報を追記して下さい。

リスト3-41

```php
Route::get('/hello/{id}/{name}', 'HelloController@save');
```

図3-25：/hello/1/yamada-taroとアクセスすると、id = 1のnameがYAMADA-TAROに変更される。

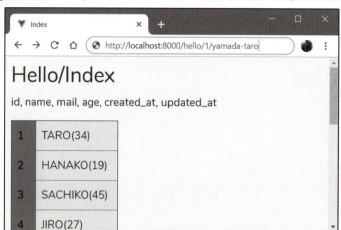

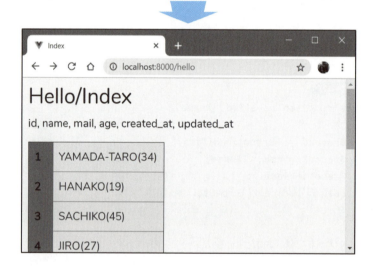

　修正したら、実際にアクセスをして動作を確認します。例えば、「**http://localhost:8000/hello/1/yamada-taro**」とアクセスをすると、id = 1のレコードのnameがYAMADA-TAROと変更されます。実際にデータベースにアクセスして、表示が変更されているのを確認しておきましょう。

　ここでは、指定されたidのレコードを更新するのに、次のような形で処理を行っています。

```
$record = Person::find($id);
$record->name = $name;
$record->save();
```

　Person::findで指定のIDのモデルを取得し、nameを変更してsaveで保存する。Eloquentのモデルを使ったレコード更新のごく基本的な手順ですね。これで、保存

されるnameはすべて大文字になります。ただ$record->nameの値を変更するだけで、setNameAttributeが呼び出され、設定される値がすべて大文字に変更された状態でモデルに保持されます。それをsaveすれば、そのままnameは大文字で保存されます。

図3-26：DB Browser for SQLiteを使い、SQLiteのデータベースファイルを確認したところ。id = 1のnameが「YAMADA-TARO」に変わっているのがわかる。

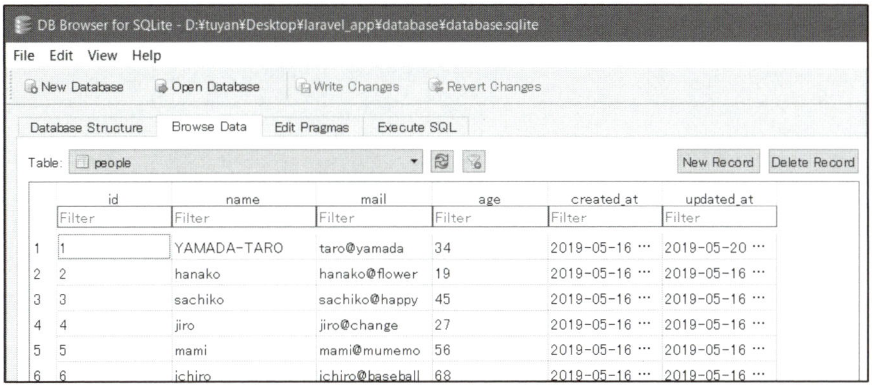

配列でデータを保存する

セレクタでは、モデルに元から用意されているnameのカスタマイズだけでなく、name_and_ageといった新たなプロパティを追加できました。これはミューテータでも同じです。値を設定するための新たなプロパティを用意し、そこからモデルに用意されている値を更新することもできるのです。

例として、Personにname、mail、ageをまとめて設定できるミューテータを用意してみましょう。/app/Person.phpを開き、Personクラスに次のメソッドを追加して下さい。

リスト3-42

```php
public function setAllDataAttribute(Array $value)
{
    $this->attributes['name'] = $value[0];
    $this->attributes['mail'] = $value[1];
    $this->attributes['age'] = $value[2];
}
```

ここでは、**setAllDataAttribute**という名前でメソッドを用意しています。これにより、**all_data**というプロパティが追加されます。引数で渡された値は配列を前提としており、**$value[0]**というように配列から値を取り出して、name、mail、ageの値に設定しています。つまりall_dataは、3つの値を配列で渡して設定できるプロパティなのです。

データを保存する

では、実際にall_dataを利用する簡単なサンプルを用意してみましょう。HelloController@otherを次のように書き換えてみて下さい。

163

リスト3-43

```
public function other()
{
    $person = new Person();
    $person->all_data = ['aaa','bbb@ccc', 1234]; // ダミーデータ
    $person->save();

    return redirect()->route('hello');
}
```

図3-27：/hello/otherにアクセスすると、メソッドに用意したダミーデータ「AAA」が追加される。

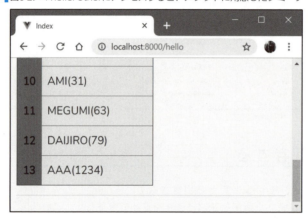

　ここではダミーデータを保存するようにしてあります。/hello/otherにアクセスすると、AAAという名前のレコードがpeopleテーブルに保存されます。/helloにリダイレクトされるので、表示を確認しましょう。
　次の手順で、新たなレコードを保存しています。

```
$person = new Person();
$person->all_data = ['aaa','bbb@ccc', 1234];
$person->save();
```

　Personインスタンスを作成し、all_dataに配列で値を設定してsaveするだけです。all_dataが、本来のname、mail、ageと同様にモデルの値として機能していることがわかります。ミューテータにより、本来なかったさまざまな形での値の設定が可能になるのです。

JSON形式でのレコード取得（toJson）

　Eloquentでは、取得したレコードはモデルクラスのインスタンスとして渡されます。コントローラー内でこれを利用する場合は、そのままで問題はないでしょう。が、例えばRESTなどのように、JavaScriptなどからLaravelアプリにアクセスして、必要な情報を取得することもよくあります。こうした場合は、モデルクラスのインスタンスではなく、**JSON**形式でデータを取得できたほうが、圧倒的に扱いは楽になります。

実は、Eloquentのコレクションには、標準でレコードデータをJSON形式で取り出すメソッド「**toJson**」が用意されています。これを呼び出すだけで、コレクションに保管されている全モデルがJSONのテキストとして取り出せます。

では、試してみましょう。/app/Http/Controllers/HelloController.phpを開き、HelloControllerクラスに次のメソッドを追加します。

リスト3-44

```php
public function json($id = -1)
{
    if ($id == -1)
    {
        return Person::get()->toJson();
    }
    else
    {
        return Person::find($id)->toJson();
    }
}
```

ここでは$idパラメータを引数として受け取るようにしています。この$idが-1のままの(idパラメータが渡されない)場合は、**Person::get()->toJson();**をreturnしています。また、$idに値が設定されていた場合は、**Person::find($id)->toJson();**の値をreturnしています。いずれもgetやfindを呼び出してコレクションを取得し、そこからtoJsonを呼び出しているだけです。非常に単純ですね。

では、用意したjsonメソッドにアクセスするルート情報を用意しましょう。/routes/web.phpに、次のようにルート情報を追記しておきます。

リスト3-45

```php
Route::get('/hello/json', 'HelloController@json');
Route::get('/hello/json/{id}', 'HelloController@json');
```

図3-28:「/hello/json/1」にアクセスすると、id = 1のレコード情報がJSONテキストとして表示される。

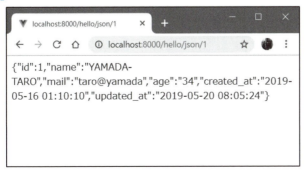

Chapter **3** データベースの活用

修正したら、表示を確認しましょう。「**/hello/json/1**」としてアクセスをすると、id = 1
のレコードデータがJSON形式で表示されます。数字を変更すれば、そのidのレコードが
表示されます。また、「**/hello/json**」とすれば全レコードをJSON形式で表示します。

JavaScriptからアクセスする

JSONデータでの出力ができるようになれば、JavaScriptからアクセスし、データを
取得することが可能になります。実際にサンプルを用意してみましょう。/resources/
views/hello/index.blade.phpを開き、次のように内容を修正します。

リスト3-46

```
<!doctype html>
<html lang="ja">
<head>
    <title>Index</title>
    <link href="/css/app.css"  rel="stylesheet">
    ……必要に応じて記述……
    <script>
    function doAction(){
        var id = document.querySelector('#id').value;
        var xhr = new XMLHttpRequest();
        xhr.open('GET', '/hello/json/' + id, true);
        xhr.responseType = 'json';
        xhr.onload = function(e) {
            if (this.status == 200) {
                var result = this.response;
                document.querySelector('#name').textContent
                    = result.name;
                document.querySelector('#mail').textContent
                    = result.mail;
                document.querySelector('#age').textContent
                    = result.age;
            }
        };
        xhr.send();
    }
    </script>
</head>
<body>
    <h1>Hello/Index</h1>
    <div>
        <input type="number" id="id" value="1">
        <button onclick="doAction();">Click</button>
    </div>
```

166

```
        <ul>
        <li id="name"></li>
        <li id="mail"></li>
        <li id="age"></li>
        </ul>
</body>
</html>
```

図3-29：入力フィールドに整数を入力してボタンをクリックすると、Ajaxでレコードデータを取得して表示する。

　修正したら、/helloにアクセスして表示と動作を確認します。今回は、入力フィールドとプッシュボタンが用意されています。入力フィールドに整数値を入力し、ボタンをクリックすると、Ajaxで/hello/jsonにアクセスし、入力されたidのレコードデータを受け取って、その内容をリストに表示します。

　ここでは、**XMLHttpRequest**オブジェクトを使い、「**/hello/json/番号**」とアドレスを指定してアクセスをしています。アクセスしたアドレスからはJSONデータが送られてきますから、そのままJavaScriptのオブジェクトとして取り出し、必要な情報をリストに表示しています。JSONデータであれば、Ajaxでアクセスをした際、受け取った段階でJavaScriptのオブジェクトになっており、扱いは非常に簡単になります。

3-5 Scoutによる全文検索

Scoutとは？

SQLデータベースには**全文検索**をサポートしているものもありますが、利用できないものや、利用するには何らかのセットアップが必要なものもあります。また、SQLで直接アクセスすることは可能でも、Eloquentのモデルには全文検索のための仕組みがありません。

しかしLaravelでは、全文検索のための「**Scout**」というEloquent用ライブラリを用意しています。これを利用することで、モデルから全文検索の機能を利用できるようになります。

Scoutは、全文検索の基本的な枠組みを提供するもので、実際に検索を行うプログラム部分（検索エンジン）は、別途組み込んで利用するようになっています。標準では、「**Algolia**」という全文検索エンジンをサポートしています。

そこで、まずはAlgoliaのアカウントを用意しておく必要があります。次のWebサイトにアクセスし、アカウントを登録して下さい。「**FREE TRIAL**」ボタンをクリックすると、「**無料トライアル**」でアカウントが作成されます。

https://www.algolia.com/

無料トライアルは、2週間利用できます。それ以後はプランを選択して利用を継続します。プランは無料のものから有料まで複数が用意されています。とりあえず無料プランで使ってみて、本格運用する際には有料に切り替えると良いでしょう。

図3-30：AlgoliaのWebサイト。「FREE TRIAL」ボタンでアカウント登録をする。

APIキーの取得

アカウント登録してログインしたら、左側のメニューから「**API Key**」を選択して下さい。画面にAPIキーが表示されます。ここで、以下のキーをコピーして下さい。

Application ID	アプリケーションに割り当てられるIDです。
Admin API Key	管理者権限でAPIを利用するためのシークレットキーです。

これらは、セキュリティのため外部に漏れないように注意して下さい。これらがわかってしまうと、外部から勝手にAlgoliaのインデックスにアクセスできてしまいます。

図3-31：APIキーのページ。必要なキーをコピーしておく。

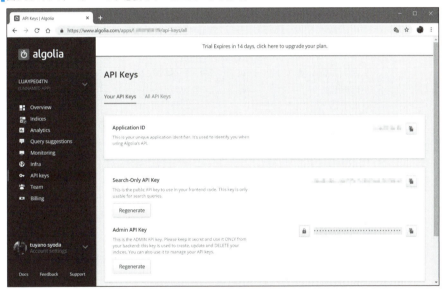

Scoutパッケージのインストール

Algoliaの準備が整ったら、composerでScoutパッケージをインストールします。コマンドプロンプトまたはターミナルから次のように実行して下さい。

```
composer require laravel/scout
composer require algolia/algoliasearch-client-php:^2.2
```

scoutと**algoliasearch-client-php**という2つのパッケージをインストールします。前者がScout本体で、後者はAlgolia検索エンジンを利用するためのドライバです。これらをインストールすることでScoutが使えるようになります。インストールには若干の時間がかかります。

設定ファイルの用意

続いて、Scoutの設定ファイルを生成します。これはartisanのコマンドで行います。次のように実行して下さい。

```
php artisan vendor:publish --provider="Laravel\Scout\
    ScoutServiceProvider"
```

これで「**config**」フォルダ内に「**scout.php**」という設定ファイルが生成されます。ファイルが作成されたら、これを開いて下さい。そのほかの設定ファイルと同様、連想配列データをreturnする形で設定が記述されています。この中から、**'algolia'** という項目を探し、次のように記述を修正して下さい。

リスト3-47
```
'algolia' => [
    'id' => env('ALGOLIA_APP_ID', '……Application ID……'),
    'secret' => env('ALGOLIA_SECRET', '……Admin API Key……'),
],
```

先ほどコピーしておいた**Application ID**と**Admin API Key**を、**'ALGOLIA_APP_ID'**と**'ALGOLIA_SECRET'**の値として設定します。これでScoutからAlgoliaにアクセスできるようになります。

インデックスのインポート

準備が整ったら、artisanコマンドでモデルをAlgoliaにインポートします。コマンドプロンプトから実行して下さい。

```
php artisan scout:import "App\Person"
```

これで、PersonモデルがAlgoliaにインポートされます。Algoliaサイトにアクセスし、左側のメニューから「**Indices**」を選択して下さい。これで現在、Algoliaに登録されているインデックス情報が表示されます。Personに対応しているpeopleテーブルのレコード情報が登録されているのが確認できます。

図3-32：Algoliaサイトでインデックスの登録を確認する。

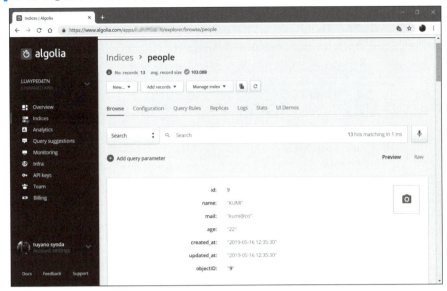

インデックスの削除

ちなみに、登録されたインデックス情報を削除するのも、artisanコマンドで行うことができます。これは次のように実行します。

```
php artisan scout:flush "App\Person"
```

モデルなどを大幅に変更したり、データベースが変更されたりしたときは、これで一度インデックスを削除し、改めてモデルをインポートし直すと良いでしょう。

> **Column　インデックスとは？**
>
> 通常の検索と異なり、Scoutを利用する場合は「**インデックス**」を作成しなければいけません。これは、全文検索がデータベースのテーブルではなく、独自に用意したデータを使って検索を行うからです。このデータが「**インデックス**」なのです。
>
> Scoutの全文検索は、モデルからインデックスファイルを生成し、それを元に全文検索を行います。従って、検索を行う前に、インデックスを用意しておく必要があるのです。また、インデックスは常に最新の状態に保たなければいけません。

全文検索を利用する

では、Scoutによる全文検索を利用しましょう。まず、モデルに全文検索を利用するための記述を追記します。/app/Person.phpを開き、Personクラスを修正して下さい。

Chapter 3 データベースの活用

リスト3-48

```
// use Laravel\Scout\Searchable; を追記

class Person extends Model
{
    use Searchable;
    ……略……
}
```

use Searchable;を追記します。これで、モデルは全文検索対応になります。では、実際に検索を行ってみましょう。/resources/views/hello/index.blade.phpの\<body\>を次のように修正します。

リスト3-49

```
<body>
    <h1>Hello/Index</h1>
    <p>{{$msg}}</p>
    <div>
    <form action="/hello" method="post">
        @csrf
        <input type="text" id="find" name="find"
            value="{{$input}}">
        <input type="submit">
    </form>
    </div>
    <hr>
    <table border="1">
    @foreach($data as $item)
    <tr>
        <th>{{$item->id}}</th>
        <td>{{$item->all_data}}</td>
    </tr>
    @endforeach
    </table>
    <hr>
</body>
```

ここでは、検索テキストを送信するフォームを用意しておきました。

では、コントローラー側の処理を用意しましょう。

/app/Http/Controllers/HelloController.phpのHelloControllerクラスに、次のメソッドを用意して下さい。

リスト3-50

```php
public function index()
{
    $msg = 'show people record.';
    $result = Person::get();
    $data = [
        'input' => '',
        'msg' => $msg,
        'data' => $result,
    ];
    return view('hello.index', $data);
}


public function send(Request $request)
{
    $input = $request->input('find');
    $msg = 'search: ' . $input;
    $result = Person::search($input)->get();

    $data = [
        'input' => $input,
        'msg' => $msg,
        'data' => $result,
    ];
    return view('hello.index', $data);
}
```

　ここではGETアクセスでindexを実行し、POST送信された際にはsendを実行するようにしてあります。

　/routes/web.phpに、次のような形でルート情報を用意しておきましょう。

リスト3-51

```php
Route::get('/hello', 'HelloController@index');
Route::post('/hello', 'HelloController@send');
```

図3-33：入力フィールドに検索テキストを記入して送信すると、全文検索を行い、結果を表示する。

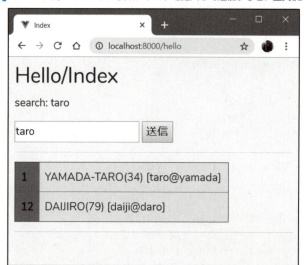

入力フィールドにテキストを記入して送信すると、レコードの全フィールドからテキストを検索して結果を表示します。場合によっては「**非常に近いテキスト**」が含まれているものも検索します。

search メソッドの利用

ここではsendメソッドで、送信された入力フィールドの値を使って検索を行っています。

```
$result = Person::search($input)->get();
```

searchが、Scoutによる全文検索を行うためのメソッドです。引数には、検索するテキストを指定します。これは全フィールドから値を検索するので、検索するフィールドなどを指定する必要はありません。

searchは、コレクションを返すものではありません（**Builder**と呼ばれるインスタンスが返されます）。ですので、ここから更に**get**を呼び出すことでコレクションが得られます。

インデックスの操作

Eloquentでは、モデルを用意してsaveすることで、モデルの情報をデータベーステーブルに保存します。Scoutを利用する設定が正しく行われていれば、この際、インデックスも自動的に更新されます。従って、モデルの新規作成や更新などをする際に、インデックスの更新を意識することはありません。普通にsaveしていれば、インデックスも問題なく更新されます。

ただし、データベースに直接アクセスしてテーブルを操作したりすると、テーブルとインデックスに齟齬が生じます。こうした場合はインデックスの更新が必要になります。

更新は、先に述べたartisan scout:importコマンドを使ってもいいのですが、スクリプト内から次のように行うこともできます。

■インデックスの更新

```
《コレクション》->searchable();
```

■インデックスの削除

```
《コレクション》->unsearchable();
```

インデックスの更新や削除は、モデルのコレクションからメソッドを呼び出して行います。これにより、そのコレクションにまとめられているモデルのインデックスが更新されたり、削除されたりします。

TNTSearchを利用する

これで、Algoliaを利用したScout全文検索が行えるようになりました。

が、あまり大規模でない開発などでは、「**Algoliaで有料プランの契約するのはちょっと……**」ということもあるでしょう。

Scoutは、本体と検索エンジンが切り離されており、検索エンジンを別のものに切り替えることができます。ここでは検索エンジン切り替えの例として、「**TNTSearch**」という検索エンジンを利用してみます。

TNTSearchは、TNT Studioというグループが開発する全文検索エンジンです。次のアドレスでエンジン本体とScoutドライバが公開されています。

■TNTSearch

https://github.com/teamtnt/tntsearch

■TNTSearch driver

https://github.com/teamtnt/laravel-scout-tntsearch-driver

図3-34：TNTSearchのサイト。ここでドキュメントが公開されている。

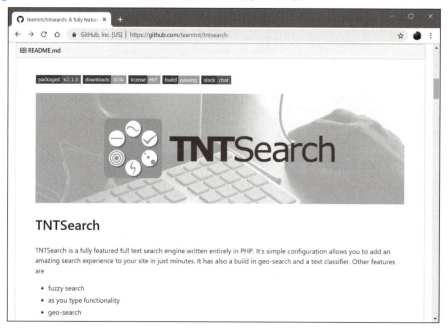

TNTSearch のインストール

では、TNTSearchをインストールしましょう。コマンドプロンプトまたはターミナルから、コマンドを実行して下さい。

■本体インストール

```
composer require teamtnt/tntsearch
```

■ドライバインストール

```
composer require teamtnt/laravel-scout-tntsearch-driver
```

これでTNTSearchをScoutから利用するためのパッケージがインストールされます。後は設定を行うだけです。

TNTSearch の設定

TNTSearch利用に必要なプロバイダを登録します。/config/scout.phpを開き、使用するドライバを次のように書き換えます。

```
'driver' => env('SCOUT_DRIVER', 'algolia'),
    ↓
'driver' => env('SCOUT_DRIVER', 'tntsearch'),
```

続いて、returnする配列内に、TNTSearchの設定を用意します。次の値を追加して下さい。

リスト3-52

```
'tntsearch' => [
    'storage' => storage_path(),
],
```

続いて、artisanコマンドを使って、モデルをインポートします。次のように実行して下さい。

```
php artisan scout:import App\Person
```

これで、インデックスが「**storage**」内に作成されます。インデックスが用意できれば、もう全文検索は行えます。既にモデルとコントローラーはScout利用のためのスクリプトを記述しています。そのまま同じように検索を行ってみて下さい。問題なくインデックスが用意できていれば、Algoliaの場合と全く同じように全文検索が行えます。

図3-35：検索を行う。TNTSearchエンジンを使って検索ができるようになった。

インデックスの更新

もし、うまく検索が行えないようなら、インデックスを更新してみて下さい。HelloController@indexの適当なところに、次のような形でインデックスを更新する文を追記しておきます。

リスト3-53

```
Person::get(['*'])->searchable();
```

これで、インデックスが最新の状態に更新されます。検索が問題なく行えることを確認したら、この文は削除して構いません。

toSearchableArrayの実装

Scoutでは、モデルから取り出されたデータの配列がインデックスに保存されます。この「**インデックス保存用に取り出される配列**」をカスタマイズすることができれば、インデックスに登録する内容を書き換えることもできます。

インデックス登録用の配列は、モデルから「**toSearchableArray**」というメソッドを使って取得されます。

```
public function toSearchableArray()
{
    ……処理……
    return 配列;
}
```

このような形で定義されます。これはモデルに用意されますから、メソッド内で必要に応じて$thisから値を取得し、配列を用意してreturnすれば、その返された内容が、インデックスに登録されるようになるのです。

■リバーステキストを追加する

では、実際に試してみましょう。/app/Person.phpを開き、Personクラスに以下のメソッドを追加して下さい。

リスト3-54
```
public function toSearchableArray()
{
    $array = $this->toArray();
    $array['reverse'] = strrev($array['name']);

    return $array;
}
```

ここでは、**$this->toArray()**でインスタンス自身を配列として取得し、そこに**'reverse'**という項目を追加しています。この項目に、nameのテキストを逆並びにしたものを設定してreturnしています。これで、nameの逆並びのテキストがインデックス化され、検索対象になります。

では、実際に検索を行って、動作を確かめてみて下さい。なお、事前にインデックスを最新状態に更新するため、HelloController@indexで次の文を実行するようにしておきましょう。

リスト3-55
```
Person::get(['*'])->searchable();
```

図3-36：名前を逆にしたテキストでも検索ができるようになった。

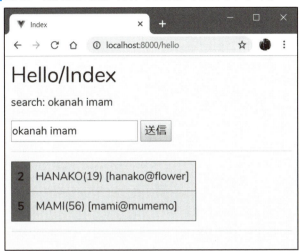

　これで、名前を逆順にしても検索できるようになりました。たとえば、「**orat**」とすると、「**taro**」の項目が検索できるようになります。動作を確かめて下さい。

Chapter **4**

キュー・ジョブ・イベント・
スケジューラ

Laravelアプリケーションでは、各種のプログラムを実行
したり登録したりするための仕組みが、いろいろと揃ってい
ます。その代表的なものとして、キューとジョブ、イベント
とリスナー、スケジューラといった機能について説明します。

PHPフレームワーク Laravel実践開発

Chapter 4 キュー・ジョブ・イベント・スケジューラ

4-1 キューとジョブ

キューとは何か？

「**キュー**」(Queue、待ち行列)は、ある決まった処理を非同期で実行するための仕組みです。実行する処理は「**ジョブ**」と呼ばれ、このジョブを順番に記憶して順次実行していくのに、キューは用いられます。

Webアプリケーションは、常にアプリ単体で完結しているとは限りません。昨今のWebアプリでは、さまざまな外部のサービスなどと連携して動作することも多々あります。こうしたとき、すべての処理をコントローラーのアクションに用意し、すべて実行したら画面が表示される、というようになっていたら、アクセスしてから表示されるまでに、相当な時間がかかってしまうかもしれません。

こうした場合に用いられるのが、キューです。Webページの表示とは直接関係のない処理をジョブとしてキューに登録し、後から順に実行してもらうのです。キューに追加されたジョブの実行は、同期処理としても行えますし、非同期で実行させることも可能です。
キューを利用するためには、

①まずジョブを作成し、
②それをLaravelに登録してから、
③必要に応じてキューに追加します。

順番にやっていきましょう。

ジョブを作成する

最初にやるべきことは、ジョブの作成です。ジョブは、PHPのスクリプトファイルとして作成します。これはArtisanコマンドを使って実行できます。コマンドプロンプトまたはターミナルから、実行して下さい。

```
php artisan make:job MyJob
```

これで、「**MyJob**」というジョブのスクリプトが作成されました。ジョブは、このように「**artisan make:job**」というコマンドで作成します。
実行したら、「**app**」フォルダ内を確認して下さい。新たに「**Jobs**」というフォルダが作成されています。これが、ジョブのスクリプトを保管するところです。この中に、コマンドで作成した「**MyJob.php**」ファイルが作成されています。

182

ジョブスクリプトの基本構成

MyJob.phpファイルを開くと、次のようなスクリプトが記述されています（コメント類は省略）。

リスト4-1

```php
<?php
namespace App\Jobs;

use Illuminate\Bus\Queueable;
use Illuminate\Queue\SerializesModels;
use Illuminate\Queue\InteractsWithQueue;
use Illuminate\Contracts\Queue\ShouldQueue;
use Illuminate\Foundation\Bus\Dispatchable;

class MyJob implements ShouldQueue
{
    use Dispatchable, InteractsWithQueue, Queueable,
        SerializesModels;

    public function __construct()
    {
        //
    }

    public function handle()
    {
        //
    }
}
```

ジョブのスクリプトは、クラスとして定義されます。これは、Illuminate\Contracts\Queue名前空間に用意されている「**ShouldQueue**」というインターフェイスをimplementsして作成します。

クラス内には、**use**文を使って**Dispatchable、InteractsWithQueue、Queueable、SerializesModelsといったトレイト**を組み込んでいます。これらは、ジョブクラスを作成する上での基本と考えて下さい。

また、クラス内には、コンストラクタと「**handle**」というメソッドが用意されます。**handleが、ジョブの中心部分です**。この中に、ジョブとして実行する処理を記述しておけばいいのです。

handle に処理を追記する

では、簡単なサンプルを作成してみましょう。MyJob@handleメソッドを次のように書き換えて下さい。

Chapter **4** キュー・ジョブ・イベント・スケジューラ

> **リスト4-2**
```php
public function handle()
{
    echo '<p class="myjob">THIS IS MYJOB!</p>';
}
```

　ここでは、ごく単純なechoを実行するサンプルを用意しました。後述しますが、ジョブは**デフォルト**では**同期処理**になっています。コントローラー内からジョブをキューに送れば（同期処理なので）その場で実行され、この<p>タグが出力される、というわけです。

ジョブ用プロバイダを作成する

　作成されたジョブは、そのままでは利用できません。Laravelアプリケーションに登録して利用できるようにする必要があります。
　これは、**サービスプロバイダ**を使って登録するのが良いでしょう。コマンドプロンプトまたはターミナルから実行して下さい。

```
php artisan make:provider MyJobProvider
```

　これで、/app/Providers/MyJobProvider.phpファイルが作成されます。このファイルを開いて、次のように修正して下さい。

> **リスト4-3**
```php
<?php
namespace App\Providers;
use Illuminate\Support\ServiceProvider;

class MyJobProvider extends ServiceProvider
{
    public function register()
    {
        $this->app->bindMethod(MyJob::class.'@handle',
                function($job, $app)
        {
            return $job->handle();
        });
    }

    public function boot()
    {
    }
}
```

ここでは、registerメソッドでジョブの登録を行っています。登録はサービスコンテナの「**bindMethod**」を使って行います。これは次のように記述しています。

```
$this->app->bindMethod(クラス::class.'@handle', クロージャ );
```

bindMethodは、第1引数として**ジョブクラスに'@handle'を付けた値**（ここでは、**'App\Jobs\MyJob@handle'**という値）を、第2引数にクロージャをそれぞれ指定します。クロージャは、次のように記述してあります。

```
function($job, $app)
{
    return $job->handle();
});
```

メソッドにはジョブ・クラスのインスタンスとサービスコンテナが引数に渡されます。このジョブ・クラスのインスタンスからhandleを呼び出し、ジョブを実行します。これでMyJobクラスがジョブとしてアプリケーションに登録されました。

MyJobをディスパッチする

では、実際にMyJobを呼び出して実行させてみましょう。ここでは、HelloController@indexを修正して使うことにします。**第3章**で、indexにアクセスするとpeopleテーブルのレコード一覧を表示するサンプルを作成してありました（**リスト3-49～50**参照）。これをそのまま利用することにします。

リスト4-4
```
public function index()
{
    MyJob::dispatch(); //●
    $msg = 'show people record.';
    $result = Person::get();
    $data = [
        'input' => '',
        'msg' => $msg,
        'data' => $result,
    ];
    return view('hello.index', $data);
}
```

●マークが、追記した部分です。ここでは、MyJobクラスの「**dispatch**」というメソッドを呼び出しています。dispatchは、ジョブクラス（MyJobクラス）をディスパッチします。「**ディスパッチ**」とは、ジョブを発行し、キューに登録する作業です。ディスパッチすることによってジョブはキューに追加され、キューにあるジョブが順次実行されていきます。

実際に/helloにアクセスすると、ページの冒頭に「**THIS IS MYJOB!**」とテキストが表示されるはずです。これが、MyJobによって出力されたテキストです。**MyJob::dispatch();** によりMyJobがジョブとして発行され、handle内の処理が実行されているのがわかります。

図4-1：アクセスすると、「THIS IS MYJOB!」と表示される。

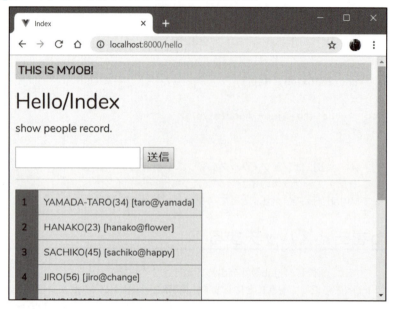

Dispatchable トレイトについて

dispatchメソッドは、ShouldQueueインターフェイスに用意されている機能ではありません。これは、**Dispatchable**トレイトに用意されているメソッドで、Illuminate\Foundation\Bus名前空間の「**PendingDispatch**」というクラスのインスタンスを返します。

ただし、この戻り値は、単にdispatchを実行するだけなら受け取る必要はありません。この後に触れますが、メソッドチェーンで更に設定などを呼び出すときに利用します。

データベースにアクセスする

ジョブを作成し、発行(ディスパッチ)して作動させる基本は、これでわかりました。では、もう少し複雑なジョブを作成しましょう。ジョブの中からモデルを取得し、データベースを書き換えるような操作を行ってみます。

では、MyJobクラスを次のように修正して下さい。

リスト4-5

```
// use App\Person; 追加

class MyJob implements ShouldQueue
{
    use Dispatchable, InteractsWithQueue, Queueable,
```

```php
SerializesModels;

    protected $person;

    public function __construct(Person $person)
    {
        $this->person = $person;
    }

    public function handle()
    {
        $sufix = ' [+MYJOB]';
        if (strpos($this->person->name, $sufix))
        {
            $this->person->name = str_replace( $sufix, '',
                $this->person->name);
        } else {
            $this->person->name .= $sufix;
        }
        $this->person->save();
    }
}
```

　ここでは、コンストラクタとhandleの両メソッドを使っています。コンストラクタには、Personが引数として渡されるようになっています。これをプロパティに保管し、handleではこのPersonを使ってモデル操作を行っています。実行するとそのPersonのnameに' [+MYJOB]'というテキストを追加し、既に' [+MYJOB]'が追加されている場合は、それを取り除いています。つまり、呼び出すごとにPersonのnameに' [+MYJOB]'がついたり消えたりします。

▌MyJob を利用する

　では、コントローラーからMyJobを利用するよう修正をしましょう。HelloController@indexを次のように書き換えて下さい。

リスト4-6

```php
public function index(Person $person = null)
{
    if ($person != null)
    {
        MyJob::dispatch($person);
    }
    $msg = 'show people record.';
    $result = Person::get();
    $data = [
```

```
        'input' => '',
        'msg' => $msg,
        'data' => $result,
    ];
    return view('hello.index', $data);
}
```

今回は引数にPersonインスタンスが渡されるようにしてあります。これがnullでなければ、**MyJob::dispatch($person);** を実行するようにしてあります。今回は、dispatchの引数にPersonインスタンスを渡していますね。この引数のPersonが、MyJobのコンストラクタの引数に渡されます。

では、アクションメソッドの修正に合わせて/routes/web.phpにルート情報を用意しておきましょう。

リスト4-7

```
Route::get('/hello/{person}', 'HelloController@index');
```

「**/hello/1**」というように、末尾にid番号を付けてアクセスすると、そのidのPersonのnameに' [+MYJOB]'が追加されます。再度アクセスすると取り除かれます。id番号をいろいろと変更して動作を確認しましょう。

図4-2：/hello/1とアクセスすると、id=1のnameに' [+MYJOB]'と追加される。

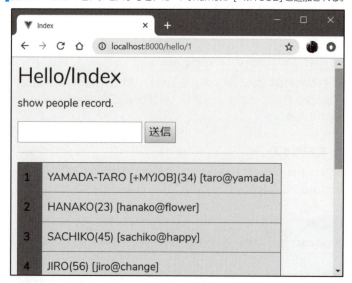

非同期に対応させる

ここまでのMyJobの働きは、すべて同期処理で行われていました。が、キューは本来、非同期で実行されることを前提に設計されています。非同期で**「後から実行できる」**ということこそ、キューの最大の利点といえます。

非同期で「**後から実行**」するためには、ディスパッチしてキューに追加された情報をどこかに保管し、後でその情報を元に処理を行う、といった作業が必要になります。これにはいくつかの方法がありますが、基本はデータベースを利用するものでしょう。では、実際の手順を説明していきます。

まず、キュー用のデータベースを用意します。これはartisanコマンドで行えます。コマンドプロンプトまたはターミナルから次のように実行して下さい。

■キュー用テーブルの生成

```
php artisan queue:table
```

■マイグレーション

```
php artisan migrate
```

続いて、実行に失敗したキューの保管を行うテーブルを作成します。これもやはりコマンドを実行して作業します。

■実行失敗時テーブルの生成

```
php artisan queue:failed-table
```

■マイグレーション

```
php artisan migrate
```

これで、データベースに「**jobs**」「**failed_jobs**」というテーブルが追加されます。これらが、キューに追加されたジョブを管理します。

.env の修正

デフォルトでは、キューは同期して動くようになっています。これをデータベース利用の形に修正します。

アプリケーションのルートにある**.env**ファイルを開いて下さい。そして、次のような項目を用意します。

■変更する項目

```
QUEUE_CONNECTION=sync
    ↓
QUEUE_CONNECTION=database
```

■新規追加する項目

```
QUEUE_DRIVER=database
```

キューに関する設定は、**/config/queue.php**という設定ファルとしても用意されています。が、.envの変更を行っていれば、queue.phpは特に修正しなくとも問題なく実行できるでしょう。

189

Chapter 4 キュー・ジョブ・イベント・スケジューラ

ワーカを実行する

　これでデータベース利用の準備は整いました。では、非同期でキューを動かしましょう。これには、キューの処理を行う「**ワーカ**」と呼ばれるプログラムを起動する必要があります。

　Laravelアプリケーションが実行している状態で、別にコマンドプロンプトまたはターミナルを開き、Laravelアプリケーション内にカレントディレクトリを移動して、次のコマンドを実行して下さい。

```
php artisan queue:work
```

　これが、ワーカを起動するコマンドです。これによりワーカが実行され、キューの処理を行うようになります。ワーカはartisan serveでアプリケーションを起動したのと同じように常時起動しっぱなしで、Ctrlキー＋「**C**」キーでスクリプトを強制中断するまで処理を続けます。

　では、データベースによる非同期キューを使ったサンプルを動かしましょう。先ほどの**リスト4-6**で作成したHelloController@indexメソッドで、MyJob::dispatchの文を次のように修正します。

```
MyJob::dispatch($person);
   ↓
MyJob::dispatch($person)->delay(now()->addMinutes(5));
```

　これにより、ディスパッチしてキューに追加されたジョブは、追加してから5分後に実行されるようになります。実際に、「**/hello/1**」のようにid番号を付けていくつかアクセスをしてみて下さい。表示は全く変わらないはずです。そのまま5分経過してから、再度/helloにアクセスをしてみると、アクセスしたidのnameに' [+MYJOB]'が追加されているのがわかります。

190

図4-3：「/hello/1」というようにいくつかのidにアクセスする。5分経過してから/helloにアクセスするとnameの値が変更されているのがわかる。

Chapter 4　キュー・ジョブ・イベント・スケジューラ

delay メソッドについて

ここでは、dispatchメソッドの後、更にメソッドチェーンを使って「**delay**」というメソッドを呼び出しています。これは、dispatchで返される**PendingDispatch**インスタンスのメソッドで、次のように実行します。

```
《PendingDispatch》->delay( 日時 );
```

引数には、遅延させる日時を指定します。例えば、ここでは**now()->addMinutes(5)**として現在から5分後の**DateTime**インスタンスを用意しています。その時刻になったら、このジョブを実行させるようになります。

キューテーブルを確認する

動作を確認したら、データベースに作成されている「**jobs**」テーブルの中身がどうなっているか、確認しておきましょう。

「**/hello/番号**」にアクセスをしてからjobsデータベーステーブルの内容を確認すると、レコードがいくつか追加されていることがわかるでしょう。これらが、**MyJob::dispatch**によってキューにディスパッチされたジョブの情報です。

図4-4：jobsテーブルにはMyJob::dispatchによりディスパッチされたジョブ情報が保存されている。

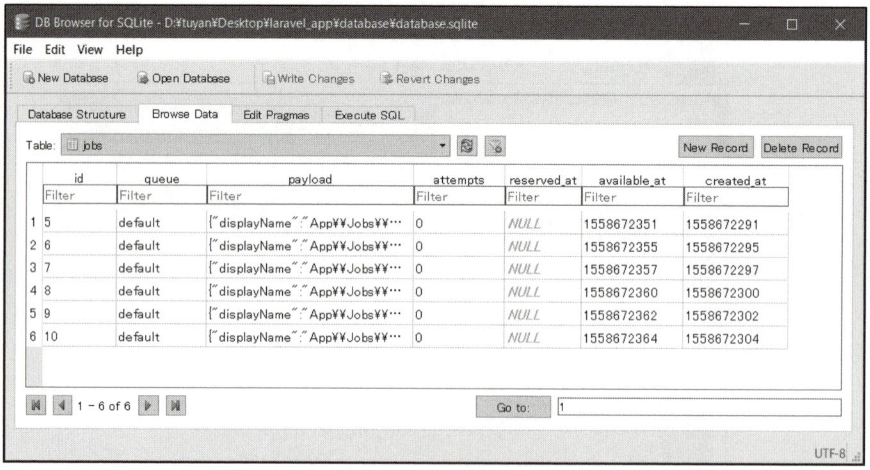

5分が経過し、ジョブが実行された後で再度jobsテーブルの内容をチェックすると、実行されたジョブの情報が消去されていることがわかります。すべてのジョブが実行されれば、jobsテーブルはすべて空になります。

このように、jobsテーブルからレコードを取り出し、その情報を元にジョブを実行してからレコードを消去する、といった作業をワーカが実行していたことがわかります。

192

図4-5：5分経過してjobsテーブルを確認すると、ジョブ情報が消去されている。

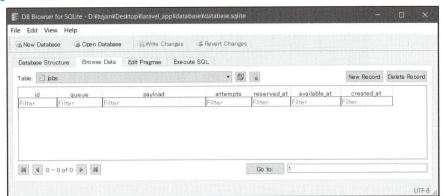

ワーカ実行コマンドについて

　ジョブの非同期実行では、ワーカが重要になります。ワーカが起動していないと、たとえdelayを付けず、すぐに実行される形でdispatchメソッドを呼び出しても、その場でジョブは実行されません。dispatchですぐにジョブが実行されるのは、ジョブが同期実行できるようになっているときだけです。非同期では、すべてのディスパッチされたジョブはワーカによって処理されます。ワーカが実行されないと、ジョブは一切実行されないのです。

　ここでは、次のようにワーカを起動していました。

```
php artisan queue:work
```

　これは、ワーカを常時起動したままにするコマンドです。常にワーカによってキューを監視していたい場合は、これで問題ありません。
　が、こうしたキューを使ってジョブを登録し、遅延実行させる処理は、すぐにではなく、「**決まった時間になったら、キューに溜まったジョブをまとめて実行する**」という使い方をすることもあります。こうした場合は、常時ワーカを起動しているより、必要に応じて起動して処理を行わせるほうが使いやすいでしょう。

■ワーカを起動してジョブを1つだけ実行する

```
php artisan queue:work --once
```

　--onceを付けてワーカを起動すると、キューに溜まっているジョブを1つだけ実行して終了します。実行可能なジョブがない場合は、何もせず終了します。例えば、1分ごとにこのコマンドを実行するようにしていれば、毎分1つずつジョブを実行するようになります。

図4-6：--onceを付けてワーカを実行すると、ジョブを1つだけ実行して終了する。

■溜まったジョブをすべて実行する
```
php artisan queue:work --stop-when-empty
```

　--stop-when-emptyを付けた場合、キューに溜まっているジョブをすべて実行して終了します。ただし、**delay**している場合、まだ実行時刻になっていないジョブはそのまま置かれます。
　例えば、毎日午前0時にこのコマンドを実行するようにCronを設定していれば、その日1日の間に溜まったジョブを午前0時になったらまとめて処理するようにできます。

図4-7：--stop-when-emptyを付けるとキューに溜まっていたジョブをすべて実行して終了する。

■特定のキューを実行する
```
php artisan queue:work --queue=名前
```

　後述しますが、ジョブは実行時に特定のキューを指定することができ、**--queue**で指定した名前のキューを実行します。複数のキューを実行させる場合は、それらの名前をカンマで区切って記述します。「**--queue=a,b,c**」といった具合です。

特定のキューを指定する

　ジョブは、実行時に何もしなければ、すべて1つのキューにまとめて追加されます。が、多数のジョブを扱うようになると、用途ごとにジョブを整理して実行したくなるでしょう。

Laravelのキューは、実は複数用意することができます。ジョブは、実行時にキューの名前を指定することができるのです。これには、PendingDispatchインスタンスの「**onQueue**」というメソッドを次のように使います。

```
《PendingDispatch》->onQueue( 名前 );
```

引数には、ジョブを追加するキューの名前を指定します。これは、自分で適当に付けて構いません。これで、キューに追加されたジョブは、「**--queue**」を付けてワーカを起動することで、特定の名前のキューに溜まっているジョブだけを処理させることができます。

では、実際に試してみましょう。HelloController@indexを次のように修正して下さい。

リスト4-8

```php
public function index(Person $person = null)
{
    if ($person != null)
    {
        $qname = $person->id % 2 == 0 ? 'even' : 'odd';
        MyJob::dispatch($person)->onQueue($qname);
    }
    $msg = 'show people record.';
    $result = Person::get();
    $data = [
        'input' => '',
        'msg' => $msg,
        'data' => $result,
    ];
    return view('hello.index', $data);
}
```

ここでは、引数に渡されたPersonインスタンスのidをチェックし、それが偶数ならば「**'even'**」、奇数ならば「**'odd'**」という名前を変数**$qname**に用意しています。そしてこの名前を指定してジョブをディスパッチしています。

```php
$qname = $person->id % 2 == 0 ? 'even' : 'odd';
MyJob::dispatch($person)->onQueue($qname);
```

図4-8：キューに保管されている情報（jobsテーブル）を見ると、レコードの「queue」フィールドにキューの名前が設定されている。図ではわかりにくいが、ここではPersonのidが1～5のレコードについてのjobsがキューに登録されている。

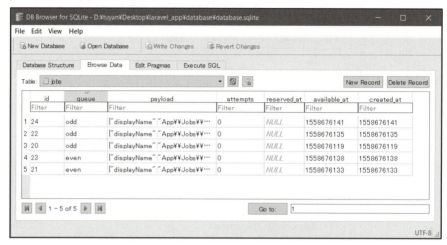

　これで、Personのidごとに、evenかoddのどちらかの名前を付けたキューにディスパッチされるようになります。

　実際に「**/hello/番号**」にアクセスし、いくつかのジョブをキューに追加してみて下さい（この段階では、ワーカは起動しておかないで下さい）。

　jobsテーブルの内容を確認すると、キューに保管された情報がレコードとして追加されていることがわかります。その「**queue**」フィールドにキューの名前が設定されており、これによって分類されていることがわかるでしょう。**図4-8**は、/hello/1～/hello/5にアクセスした（つまりPersonのid = 1～5についてジョブがキューに登録された）状態です。oddのジョブが3つ、evenのジョブが2つ、キューに登録されています。

　そして、いくつかのジョブがキューに蓄えられたら、次のようにワーカを実行します。

```
php artisan queue:work --stop-when-empty --queue=odd
```

図4-9：oddキューだけをまとめて実行する。

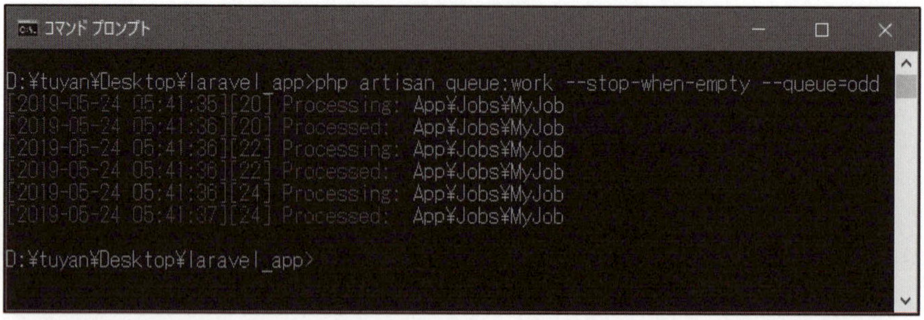

```
D:\tuyan\Desktop\laravel_app>php artisan queue:work --stop-when-empty --queue=odd
[2019-05-24 05:41:35][20] Processing: App\Jobs\MyJob
[2019-05-24 05:41:36][20] Processed:  App\Jobs\MyJob
[2019-05-24 05:41:36][22] Processing: App\Jobs\MyJob
[2019-05-24 05:41:36][22] Processed:  App\Jobs\MyJob
[2019-05-24 05:41:36][24] Processing: App\Jobs\MyJob
[2019-05-24 05:41:37][24] Processed:  App\Jobs\MyJob

D:\tuyan\Desktop\laravel_app>
```

　これで、oddキューのジョブだけがまとめて実行されます。jobsテーブルの内容を確認すると、「**queue**」フィールドの値がoddのものだけ消えているはずです。**図4-8**を例に

取ると、Personのidが1〜5についてジョブがキューに保管されていますから、そのうち、oddのもの（Personのidが1、3、5のジョブ）が実行されるわけです。

実行後、/helloにアクセスして表示を確認してみて下さい。キューに溜まっていたジョブからoddキューだけが実行され、対応する奇数のid番号のレコードだけが変更されているのがわかるでしょう。

▌**図4-10**：/helloにアクセスすると、oddキューのジョブだけが実行され、idが奇数のnameだけ変更されているのがわかる。図はID＝1、3、5のレコードに対するoddキューのジョブが実行されたところ。

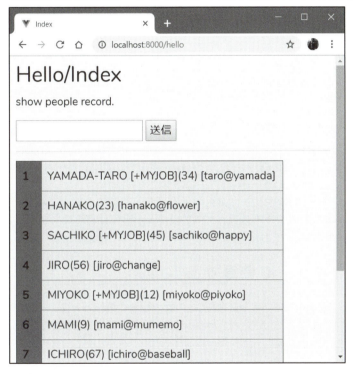

表示を確認したら、jobsデータベーステーブルの内容をチェックしてみて下さい。queueフィールドが「**'odd'**」のレコードはすべて消化され、「**'even'**」だけが残されているのがわかります。

図4-11：jobsには、queueフィールドが「even」のレコードだけ残される。

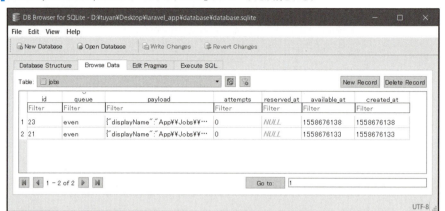

名前付きキューの実行

名前を付けてキューにジョブを追加した場合、ただ「**php artisan queue:work**」でワーカを実行しただけでは、そのジョブは実行されないので注意が必要です。**--queue**で名前を指定して実行しないといけないのです。

もし、実行するキューに常に名前を指定しているなら、それらの名前をまとめて**--queue**に指定することで、すべてのキューを実行することができます。例えば、「**--queue=a,b,c**」とすれば、a、b、cのキューすべてが実行されます。

クロージャをキューに登録する

ジョブを利用して非同期処理をキューに登録する機能は、決まった処理を定期的に呼び出す場合に効果的です。が、必要に応じて必要な処理を組み込む場合は、あらかじめジョブクラスを定義しておく形ではなく、もっと柔軟にキューを利用できる方がよいでしょう。

その点、キューには、ジョブだけでなく、クロージャを登録することもできるのです。クロージャに実行すべき処理を用意しておき、それをキューにディスパッチすれば、もっとダイナミックに、必要に応じて処理を追加できるようになります。これには「**dispatch**」関数を使います。

```
dispatch( クロージャ );
```

クロージャには、ジョブとして実行する処理を用意しておきます。こちらのほうが、わざわざジョブクラスを作成してサービスプロバイダで登録して……などといった手間もかからず、便利かもしれません。

送信したフォームを使ってディスパッチする

では、実際に使ってみましょう。毎回同じサンプルというのもつまらないので、今回はフォームを送信してディスパッチを実行してみます。まず、/resources/views/hello/index.blade.phpに次のような形でフォームを用意しておきます。

4-1 キューとジョブ

リスト4-9

```
<form action="/hello" method="post">
    @csrf
    ID: <input type="text" id="id" name="id">
    <input type="submit">
</form>
```

そして、HelloControllerクラスのindexとsendメソッドを次のように修正しておきます。

リスト4-10

```
// use Illuminate\Support\Facades\Storage; 追加

public function index()
{
    $msg = 'show people record.';
    $result = Person::get();
    $data = [
        'input' => '',
        'msg' => $msg,
        'data' => $result,
    ];
    return view('hello.index', $data);
}

public function send(Request $request)
{
    $id = $request->input('id');
    $person = Person::find($id);

    dispatch(function() use ($person)
    {
        Storage::append('person_access_log.txt',
            $person->all_data);
    });
    return redirect()->route('hello');
}
```

これで、GETアクセスの処理をindexで、POST時の処理をsendでそれぞれ処理するようにできました。後は/routes/web.phpに次のようにルート情報を用意しておくだけです。

リスト4-11

```
Route::get('/hello', 'HelloController@index')->name('hello');
Route::post('/hello', 'HelloController@send');
```

199

/helloにアクセスし、入力フィールドにid値を記入して送信すると、ディスパッチが実行され、また/helloに戻ります。ディスパッチされた処理により、/storage/app/person_access_log.txtにアクセスしたPersonの情報が書き出されていきます。

図4-12：フォームにidを書いて送信すると、person_access_log.txtにPersonの内容が書き出されていく。

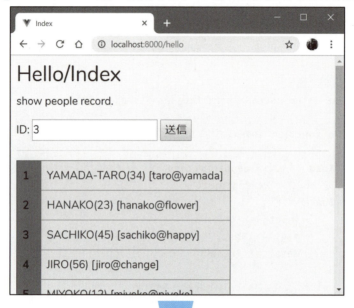

ここでは、sendメソッドで送信された値を元にPersonインスタンスを取得し、次のようにディスパッチしています。

```
dispatch(function() use ($person)
{
    Storage::append('person_access_log.txt',
        $person->all_data;
});
```

function() use ($person)で$personを渡すようにしてクロージャを実行しています。ここでは、**Storage::append**で**person_access_log.txt**にPersonの情報を記述しています。なお、ここでは**リスト3-35**でPersonクラスに追記した**getAllDataAttribute**メソッドを使い、**all_data**プロパティでPersonのデータを取り出しています。

クロージャを利用したディスパッチは、特定のアクションでちょっとした処理を追加する場合に役立ちます。ただし、複数のコントローラーなどで同じ処理をディスパッチする必要がある場合は、やはりジョブクラスをサービスプロバイダに登録して処理するほうが、最終的にはわかりやすくて効率的でしょう。状況に合わせて使い分けるようにしましょう。

4-2 イベントの利用

イベントとは？

プログラム内で何らかの操作を行ったとき、それに対応する処理を実行する仕組みとして、多くのアプリケーションでは「**イベント**」というシステムが用意されています。

例えばPCやスマートフォンのアプリでは、ユーザーが操作すると、それに対応するイベントが発行され、そのイベント用に組み込まれた処理が実行されます。ボタンをクリックすると何かの処理が実行されるのも、このイベントの仕組を利用しているわけです。

このイベントという仕組みは、Laravelにも実装されています。イベントを発行することで、そのイベントを受け取る側の処理を呼び出し、実行させることができるようになっているのです。

イベントとイベントリスナー

イベントの仕組みを支えているのが、「**イベント**」と「**イベントリスナー**」です。

イベント

これ自体は、必要な情報をひとまとめにしたオブジェクトです。例えばボタンをクリックしたときのイベントなら、ボタンやクリックに関する情報をまとめたものが「**イベントオブジェクト**」として用意されるわけです。

何かのイベントを作ろうとしたら、そのイベントでどういう情報が必要かを考え、それをイベントのクラスとしてまとめます。イベントを発行すると、このイベントクラスのインスタンスが送られます。

イベントリスナー

発生したイベントを受け取ります。リスナーという名称の通り、イベントの発生を監

視し、発生するとリスナーに用意されている処理が実行されます。リスナーは、イベントの種類ごとに作成し、登録します。

イベントを利用するには、イベントクラスと、それに対応するイベントリスナークラスを作成し、それらを登録しておきます。そして、必要に応じてイベントを発行すれば、そのイベントを受け取るイベントリスナーの処理が実行される、という仕組みになっているのです。

EventServiceProviderについて

イベントを利用するためには、イベントクラスとイベントリスナークラスを作成しなければいけません。手作業でスクリプトファイルを書いていってもいいのですが、もっと簡単な方法があります。それは、**EventServiceProvider**を利用するのです。

EventServiceProviderは、イベントを管理する専用のサービスプロバイダです。これは、「**app**」フォルダ内の「**Providers**」フォルダの中にEventServiceProvider.phpとして用意されています。

このファイルを開くと、次のようなスクリプトが記述されています（コメント類は省略）。

リスト4-12

```php
<?php
namespace App\Providers;

use Illuminate\Support\Facades\Event;
use Illuminate\Auth\Events\Registered;
use Illuminate\Auth\Listeners\SendEmailVerificationNotification;
use Illuminate\Foundation\Support\Providers\EventServiceProvider
    as ServiceProvider;

class EventServiceProvider extends ServiceProvider
{
    protected $listen = [
        Registered::class => [
            SendEmailVerificationNotification::class,
        ],
    ];

    public function boot()
    {
        parent::boot();
        //
    }
}
```

EventServiceProviderは、**ServiceProvider**を継承して作成されています。一般的なサービスプロバイダと同様、**boot**メソッドが用意されており、ここで必要な処理を用意します。

が、これとは別に、EventServiceProvider特有の重要な要素が記述されています。それが、**$listen**というプロパティです。これは、イベントの**リッスン**(イベントが発生したら、対応するリスナーに送ること)の設定をまとめています。連想配列になっており、「**イベントクラス => イベントリスナークラス**」という形で値を用意していきます。デフォルトでは、サンプルとして**Registered**というイベントの設定が書かれています。

ここに、独自のイベントクラスとイベントリスナークラスの情報を追記すれば、それを元にクラスを生成することができるのです。

PersonEvent を登録する

では、サンプルのイベントを登録しましょう。ここでは「**PersonEvent**」というイベントと、「**PersonEventListener**」というイベントリスナーを登録します。EventServiceProvider.php(**リスト4-12**)の$listenの内容を次のように修正して下さい。

リスト4-13

```
protected $listen = [
    Registered::class => [
        SendEmailVerificationNotification::class,
    ],
    'App\Events\PersonEvent' => [
        'App\Listeners\PersonEventListener',
    ],
];
```

PersonEventは、**App\Events**名前空間にあるものとしています。またPersonEventListenerは、**App\Listeners**名前空間にある前提で説明を行います。これらは、イベントとイベントリスナーの基本となる名前空間で、これらを作成するときは常にこの名前空間に配置します。

では、記述したらコマンドプロンプトまたはターミナルから次のコマンドを実行して下さい。

```
php artisan event:generate
```

これで、$listenに登録した情報を元に、イベントとイベントリスナーのスクリプトが自動生成されます。

PersonEventについて

まず、PersonEventから確認しましょう。/app/Events/PersonEvent.phpを開くと、次のように記述されています(コメントは省略)。

Chapter 4 キュー・ジョブ・イベント・スケジューラ

リスト4-14

```php
<?php
namespace App\Events;

use Illuminate\Broadcasting\Channel;
use Illuminate\Queue\SerializesModels;
use Illuminate\Broadcasting\PrivateChannel;
use Illuminate\Broadcasting\PresenceChannel;
use Illuminate\Foundation\Events\Dispatchable;
use Illuminate\Broadcasting\InteractsWithSockets;
use Illuminate\Contracts\Broadcasting\ShouldBroadcast;

class PersonEvent
{
    use Dispatchable, InteractsWithSockets, SerializesModels;

    public function __construct()
    {
        //
    }

    public function broadcastOn()
    {
        return new PrivateChannel('channel-name');
    }
}
```

　ここでは、特に使っていないトレイトやそれに付随するものなどが最初からuseされているため、非常にわかりにくい感じになっていますが、実は本当に必要なのは**コンストラクタ**だけです。後のものは特に必要ないのです。

　では、PersonEventを修正しましょう。次のように変更して下さい。

リスト4-15

```php
<?php
namespace App\Events;

use Illuminate\Queue\SerializesModels;

class PersonEvent
{
    use SerializesModels;

    public $person;
```

204

```
    public function __construct(Person $person)
    {
        $this->person = $person;
    }
}
```

　非常にシンプルになりました。**SerializesModels**というトレイトだけをuseしています。そして、コンストラクタに**Person**インスタンスを引数として設定し、これを**$person**に保管するようにしてあります。それ以外には何もありません。

　イベントクラスというのは、そのイベントに関する情報を保持して渡す役割を果たします。つまり、必要なのは「**値**」であり、処理などを用意することはありません。コンストラクタに必要な引数を渡して保管するだけで、それ以外のものは必要ないのです。

PersonEventListenerについて

　続いて、イベントリスナークラスです。「**app**」フォルダ内の「**Listeners**」フォルダの中に、**PersonEventListener.php**という名前でスクリプトが作成されています。これを開くと、次のように記述されています。

リスト4-16

```php
<?php
namespace App\Listeners;

use App\Events\PersonEvent;
use Illuminate\Queue\InteractsWithQueue;
use Illuminate\Contracts\Queue\ShouldQueue;

class PersonEventListener
{
    public function __construct()
    {
        //
    }

    public function handle(PersonEvent $event)
    {
        //
    }
}
```

　これも、非常にシンプルな形をしています。コンストラクタと**handle**というメソッドだけが用意されています。handleでは、PersonEventインスタンスが引数として渡されています。このhandleが、イベントの発生により呼び出される処理を記述するメソッド

Chapter **4** キュー・ジョブ・イベント・スケジューラ

です。

　では、これも修正してスクリプトを完成させましょう。

リスト4-17

```
// use App\Person; 追加
// use Illuminate\Support\Facades\Storage; 追加

class PersonEventListener
{

    public function __construct()
    {
        //
    }

    public function handle(PersonEvent $event)
    {
        Storage::append('person_access_log.txt',
            '[PersonEvent] ' . now() . ' ' .
            $event->person->all_data);
    }
}
```

　handleメソッドに簡単な処理を追加しました。**Storage::append**を使い、**person_access_log.txt**にテキストを出力しています。ごく簡単な処理ですが、イベントが発行され、イベントリスナーが呼び出されたかどうか、person_access_log.txtを見れば確認できるようになります。

　handleメソッドでは、**PersonEvent**が渡されます。ここでは、**$event->person**というようにPersonEventから**Person**インスタンスを取り出し、その内容を書き出しています。

PersonEventを発行する

　これで、イベントとイベントリスナーが用意できました。では、実際にイベントを発行してみましょう。先ほど、HelloControllerのindexとsendでフォーム送信の処理を作りましたから、これをそのまま再利用します。

　HelloController@sendを次のように書き換えて下さい。

リスト4-18

```
// use App\Events\PersonEvent; 追加

public function send(Request $request)
{
    $id = $request->input('id');
```

206

```
    $person = Person::find($id);

    event(new PersonEvent($person));
    $data = [
        'input' => '',
        'msg' => 'id='. $id,
        'data' => [$person],
    ];
    return view('hello.index', $data);
}
```

修正したら、/helloにアクセスしてフォーム送信をしてみましょう。何度かidを入力して送信をしたら、person_access_log.txtファイルを開いてみて下さい。**[PersonEvent]**……という形で、アクセスした日時とPersonインスタンスの情報が書き出されているのが、確認できます。確かにPersonEventの発行により、PersonEventListenerの処理が実行されているのがわかるでしょう。

図4-13：person_access_log.txtを確認すると、PersonEventListenerで実行された情報が追記されているのがわかる。

```
person_access_log.txt - メモ帳                              ─   □   ×
ファイル(F) 編集(E) 書式(O) 表示(V) ヘルプ(H)
YAMADA-TARO(34) [taro@yamada]
HANAKO(23) [hanako@flower]
SACHIKO(45) [sachiko@happy]
AMI(39) [ami@co]
MIYOKO(12) [miyoko@piyoko]
MAMI(9) [mami@mumemo]
YAMADA-TARO(34) [taro@yamada]
HANAKO(23) [hanako@flower]
[PersonEvent] 2019-05-24 08:22:33 MAMI(9) [mami@mumemo]
[PersonEvent] 2019-05-24 08:24:26 MIYOKO(12) [miyoko@piyoko]
[PersonEvent] 2019-05-24 09:35:43 HANAKO(23) [hanako@flower]
```

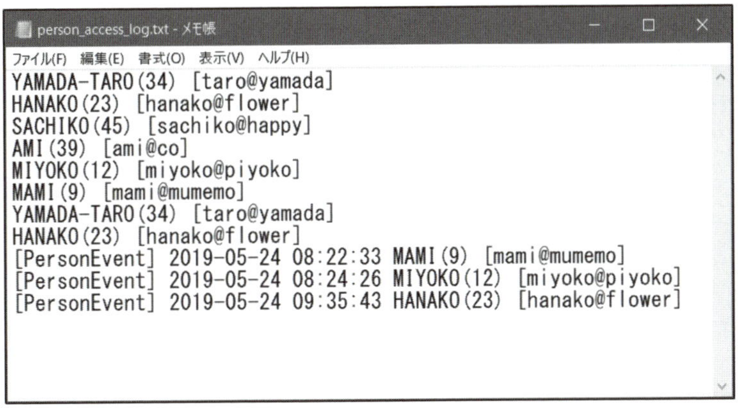

ここでは、イベントの発行を「**event**」関数で行っています。これは次のように利用します。

```
event( イベント );
```

引数にイベントクラスのインスタンスを渡して実行することで、そのイベントが発行されます。ここでは次のように実行していました。

```
event(new PersonEvent($person));
```

PersonEventの引数にPersonインスタンスを渡しています。これで、「**Personインスタンスを保持したPersonEventインスタンス**」が作成され、それがevent関数によって発行

Chapter 4 キュー・ジョブ・イベント・スケジューラ

されることで、PersonEventListenerに渡され、そのhandleメソッドで処理が行われた、というわけです。

　「イベントクラスのインスタンス作成→イベントの発行→イベントリスナーのhandleでイベントクラスを受け取る」という一連の流れがわかったでしょうか。

購読について

　イベントの登録と発行の基本は、だいたいわかりました。これまで、イベント関係は、EventServiceProviderクラスの$listenにイベントとリスナーを登録していました。こうしたやり方のほかに、**「購読」**（サブスクライブ）と呼ばれ得る利用の仕方もあります。

　購読は、イベントとリスナーのセットを必要に応じて登録しておきます。これはクラスとして作成されており、クラス内に複数のイベントリスナーを登録しておくことができます。このサブスクライブをEventServiceProviderで登録することで、複数のイベントの利用をまとめてON/OFFできます。
　購読は、次のような形でクラスを作成して行います。

■購読クラスの基本

```php
<?php
namespace App\Listeners;

class クラス名
{
    public function subscribe($events)
        ……登録……
    }
}
```

　購読クラスは、**subscribe**というメソッドを1つ持っています。これは、引数に**$events**が渡されます。これを利用し、イベントのリッスンをメソッド内に用意することで、必要なイベントの購読を行えます。
　$eventsには、イベントのDispatcherクラスのインスタンスが渡されます。この中の「**listen**」メソッドを使うことで、イベントのリッスンを行えます。

■イベントのリッスン

```
$events->listen( イベントクラス ,  イベントリスナー );
```

　第1引数にはイベントクラスを、第2引数にはイベントリスナーのハンドラとなるメソッドを指定します。これにより、指定した種類のイベントが発生すると、指定のイベントリスナーの**ハンドラ**（handleメソッド）が実行されます。

購読クラスを作る

　では、実際の利用例を挙げましょう。

208

まず、**/app/Providers/EventServiceProvider.php**を開き、$listen変数に代入している配列から、PersonEventの値を削除して下さい。そして実際に/helloからid番号を送信し、person_access_log.txtの内容が更新されないことを確認しておきましょう。

イベントが動作しないのを確認したら、購読クラスを作ります。「**app**」内の「**Listeners**」フォルダの中に、「**MyEventSubscriver.php**」という名前でスクリプトファイルを用意して下さい。そして次のように内容を記述します。

リスト4-19

```php
<?php
namespace App\Listeners;

class MyEventSubscriber
{
    public function subscribe($events)
    {
        $events->listen(
            'App\Events\PersonEvent',
            'App\Listeners\PersonEventListener@handle'
        );
    }
}
```

ここでは、subscribeメソッドの中で、PersonEventにPersonEventListenerのhandleメソッドをハンドラとして設定し、イベントをリッスンしています。このlistenメソッドにより、PersonEventが発生したら、PersonEventListenerのhandleメソッドが実行されるようになります。

購読クラスを登録する

では、この購読クラスを登録しましょう。これは、**/app/Providers/EventService Provider.php**で行います。EventServiceProviderクラスに、次のようなプロパティを追記します。

リスト4-20

```php
protected $subscribe = [
    'App\Listeners\MyEventSubscriber',
];
```

$subscribeが、購読クラスを登録するためのプロパティです。これは配列になっており、ここに利用する購読クラスを記述していきます。

ここでMyEventSubscriberクラスを登録すれば、これが読み込まれ、MyEventSubscriberに記述されているsucscribeによって、イベントのハンドラ登録が行われます。

Chapter 4 キュー・ジョブ・イベント・スケジューラ

実際に/helloにアクセスし、フォーム送信をして、PersonEventが動作するか確認してみて下さい。/storage/app/person_access_log.txtにアクセス情報が出力されれば、PersonEventが機能していることが確認できます。

イベントディスカバリについて

イベント関連は、$listenを使うにしろ$subscribeを使うにしろ、いずれにしてもどこかでイベントとリスナーを登録する必要がありました。それにより、明示的に「**このイベントをリッスンして処理を実行して下さい**」ということを示す必要がありました。

が、イベント関係が増えてくると、1つひとつ管理していくのも大変になります。そこでLaravelでは、ver. 5.8.9より「**イベントディスカバリ**」という機能を用意しました。

これは、作成したイベントとイベントリスナーを検索して自動的に登録する機能です。利用は非常に簡単で、/app/Providers/EventServiceProvider.phpを開き、**EventServiceProvider**クラスに次のメソッドを追記するだけです。

リスト4-21

```
public function shouldDiscoverEvents()
{
    return true;
}
```

この**shouldDiscoverEvents**メソッドが、イベントディスカバリの設定を行います。これは真偽値を返すようになっており、trueを返すとイベントディスカバリがONになります。falseだとOFFになります。

これを記述し、イベントディスカバリをONにしたなら、EventServiceProviderに記述した$listenや$subscribeをすべて削除しましょう。そして、/helloにアクセスしてフォームを送信し、PersonEventが動作するか確認して下さい。EventServiceProviderにイベント登録の記述が一切なくともPersonEventがきちんと機能していれば、イベントディスカバリによるイベントの登録が正しく行われていることが確認できます。

イベントディスカバリは諸刃の剣

このイベントディスカバリは、面倒なイベントの登録作業を完全に取り除いてくれるため、一見すると非常に便利な気もします。が、「**Events**」フォルダと「**Listeners**」クラスにスクリプトを作成すると全て勝手に登録してしまうため、「**とりあえず今は使わない**」といったイベントもすべて動作するようになってしまいます。

「**自動で全て登録する**」のは便利なようですが、必要に応じて手作業で登録をしたほうが安心できる場合も多い、ということを忘れないでおきましょう。

210

キューを利用してイベントを発行する

イベントは、キューを利用して発行することもできます。これは非常に簡単で、イベントに**ShouldQueue**インターフェイスを追加するだけです。

作成した/app/Listeners/PersonEventListener.phpを開き、**PersonEventListener**クラスの宣言部分を次のように修正してみて下さい。

リスト4-22
```
// use Illuminate\Contracts\Queue\ShouldQueue; 追加

class PersonEventListener implements ShouldQueue
{
    ……略……
}
```

これで、PersonEventが発生すると、PersonEventListenerの実行をジョブとしてキューに登録するようになります。キューを利用するので、(先にデータベースを使ってキューを管理するように設定しているため)ワーカが起動していないとイベントリスナーのハンドラは実行されなくなります。

ワーカが起動していないと、データベースのjobsテーブルに、発生したイベントの情報が追加されることになります。ワーカにより、登録されたイベントリスナーのハンドラが実行されるようになるわけです。従って、ワーカが起動していないと、イベントが発生しても何も起こりません。発生したイベント情報はデータベースに蓄えられ、次にワーカが起動した際にまとめて実行されることになります。

図4-14：jobsテーブルに、イベントリスナーの情報が保存されるようになる。

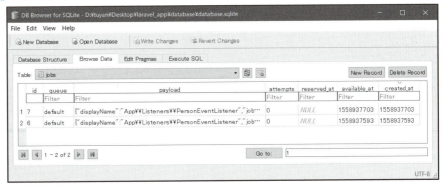

ジョブか？ イベントか？

イベントにShouldQueueインターフェイスを付けると、次第にジョブとイベントの境界が曖昧になってくるのではないでしょうか。ジョブとイベントは、一体何が違うのか？と疑問に感じるかもしれません。

Chapter 4 キュー・ジョブ・イベント・スケジューラ

両者のもっとも大きな違いは、「**ジョブがそれ自体で処理を行うのに対し、イベントはリスナーに処理を委任する**」という点です。イベントは、その発生と具体的な実行が完全に分かれており、しかもそれらは必要に応じて組み合わせていくことができます。

PersonEventのイベントリスナーは、PersonEventListenerだけとは限りません。ほかにいくつものリスナーを用意しておき、必要に応じて最適なリスナーのハンドラを実行するようにできます。単純に、必要なジョブをキューに登録するのとはわけが違うのです。

また、サブスクライブのように、必要な一連のイベントをまとめて購読するなど、イベント関係はイベントの発生とハンドラ実行の設定がいろいろと用意されています。より柔軟に処理を呼び出せるようになっているのがわかるでしょう。

ジョブは、単純に「**必要な処理を必要なタイミングで実行させるようキューに登録する**」だけのものであり、それが発生するタイミングと実行する処理をいろいろと組み合わせていかなければいけないときは、基本的にイベントを使う、と考えましょう。

4-3 タスクとスケジューラ

タスクを実行する

Webアプリケーションでは、Webへのアクセスによる処理とは別に、一定間隔ごとに実行する処理というのがあります。

例えば、夜中にその日のジョブを整理してメールで送信したり、一定時間経過した不要なデータを削除したり、といった処理は、Webアクセスとは別に実行する必要があります。

こうした定期的に実行する処理は、WebサーバーのホストでCron（UNIX系OSで使われている常駐プログラム）を使って実行させるのが一般的でしょう。Cronは確かに便利ですが、実行する処理が1つだけでなく、複数あると、1つひとつCronで実行させ、タスクを管理するのが面倒になります。実行する処理の内容が変わったり、タスクが増減したりすると、そのたびにCronのタスクを停止したり内容を修正したりしなければいけません。またWebアプリケーションと連動するような場合、そのためのバッチなども書かなければいけません。

しかし、タスクの管理を行う仕組みが、Laravelには用意されています。それが「**スケジューラ**」です。

スケジューラは、コマンドの実行からジョブの発行、Webアプリケーション内での処理の実行など、さまざまな処理を管理します。この場合、Cronでのタスク実行は、ただ

212

4-3 タスクとスケジューラ

Laravelのスケジューラを1つ実行するだけです。後は、スケジューラ側で必要な処理を作成すればいいのです。

/app/Console/Kernel.phpについて

スケジューラは、**/app/Console/Kernel.php**を使います。これは、デフォルトで次のようなスクリプトが記述されています(コメントは省略)。

リスト4-23

```php
<?php
namespace App\Console;

use Illuminate\Console\Scheduling\Schedule;
use Illuminate\Foundation\Console\Kernel as ConsoleKernel;

class Kernel extends ConsoleKernel
{
    protected $commands = [
        //
    ];

    protected function schedule(Schedule $schedule)
    {
        // $schedule->command('inspire')
        //           ->hourly();
    }

    protected function commands()
    {
        $this->load(__DIR__.'/Commands');

        require base_path('routes/console.php');
    }
}
```

$commandsというプロパティと、**schedule**、**commands**といったメソッドが用意されています。これらの内、スケジューラに関するのは「**shedule**」メソッドです(そのほかのものについては**第7章**で説明します)。

sheduleメソッドでは、**Schedule**というクラスのインスタンスが引数に渡されています。これは、Illuminate\Console\Scheduling名前空間に用意されているクラスで、スケジューラから必要な処理を作成し、Cron時に実行させます。このScheduleを使って各種のタスクを登録しておけば、面倒なタスク管理をすることもなく、様々な処理を実行させることができます。

213

Chapter 4 キュー・ジョブ・イベント・スケジューラ

Scheduleクラスの「コマンドの実行」：execとcommandメソッド

Scheduleクラスには、さまざまなメソッドが用意されています。まずは基本として「**コマンドを実行する**」ことからやってみましょう。

コマンドの実行は、2つのメソッドで構成されます。「**exec**」と「**command**」です。まずは、一般的なコマンドを実行する「**exec**」から使ってみましょう。execは、次のように利用します。

```
$schedule->exec( コマンド );
```

引数に実行するコマンドをテキストで指定すれば、それが実行できます。非常に単純ですね。execは、コマンドプロンプトまたはターミナルから実行するタイプのコマンド全般を利用するのに用いられます。

バッチファイルを用意する

では、実際に簡単なサンプルを作成してみましょう。まずは、Laravelプロジェクトのルートにバッチファイル（**シェルファイル**）を作成しておきます。ここではごく単純なものとして、現在の日時をテキストファイルに書き出すサンプルを用意しておきます。

リスト4-24——mycmd.bat(Windowsの場合)
```
echo [%date% %time%] This is MyCmd.bat. >> mycmd_log.txt
```

リスト4-25——mycmd.sh(macOSの場合)
```
#!/bin/sh
echo "[$(date)] This is MyCmd.sh." >> mycmd_log.txt
```

Note

あらかじめ、chmod 755 mycmd.shを実行しておきます。

ここでは、echoコマンドを使って、「**[日時] This is MyCmd……**」といったメッセージをmycmd_log.txtファイルに書き出しています。

schedule メソッドを修正する

このバッチファイルをスケジューラから実行させましょう。Kernelクラスのscheduleメソッドを次のように修正します。

リスト4-26——Windowsの場合
```
protected function schedule(Schedule $schedule)
{
    $schedule->exec('mycmd');
}
```

214

リスト4-27——macOSの場合

```
protected function schedule(Schedule $schedule)
{
    $schedule->exec('./mycmd.sh');
}
```

これで、スケジューラからmycmdを実行する仕組みができました。後はこれを実行するだけです。

artisan schedule:run を実行する

では、コマンドプロンプトまたはターミナルから、次のようにartisanコマンドを実行して下さい。

```
php artisan schedule:run
```

artisan schedule:runが、スケジューラを実行するコマンドです。これで「**Running scheduled command:mycmd**」というように、実行しているコマンドが表示されます。実行すると、バッチファイルと同じ場所に「**mycmd_log.txt**」というファイルが作成され、そこに実行時の日時とメッセージが書き出されます。実行後、作成されたmycmd_log.txtを開いて書き出されているテキストを確認しましょう。

図4-15：php artisan schedule:runでスケジューラを実行する。

```
● ● ●              📁 laravel_ap — -bash — 80×6
Tuyano-MacBook:Desktop tuyano$ cd laravel_ap/
Tuyano-MacBook:laravel_ap tuyano$ php artisan schedule:run
Running scheduled command: ./mycmd.sh > '/dev/null' 2>&1
Tuyano-MacBook:laravel_ap tuyano$ ▊
```

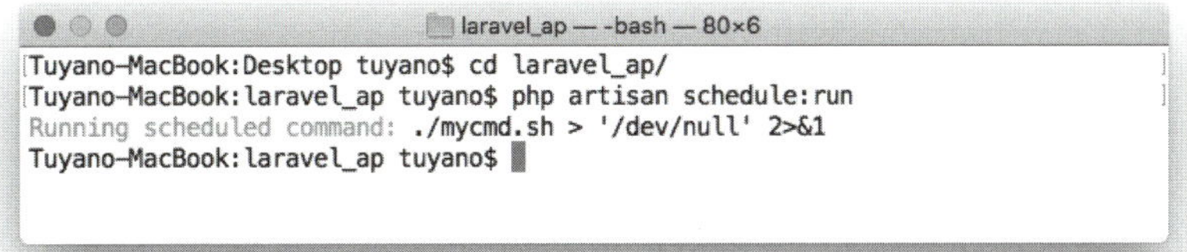

Cron への登録について

これで、Scheduleクラスを使って作成した処理を、コマンドラインから実行する基本的な手順がわかりました。

実際の利用には、php artisan schedule:runをCronとしてタスク登録すれば、定期的にスケジューラを実行することが可能になります。Cronによる実行は、これ1つだけです。実際に実行する内容は、Illuminate\Foundation\Console\Kernelクラスのscheduleメソッドの中に用意すればいいのです。ここに必要なだけ処理を記述すれば、それらがすべて実行されるようになります。

なお、実際にCronなどで実行させる際には、「**php artisan schedule:run 1>> NUL 2>&1**」（Windows）あるいは「**php artisan schedule:run 1>> /dev/null 2>&1**」（macOS、Linux等）という形でコマンドを登録しておくのが一般的です。

Artisanコマンドを実行する「command」メソッド

Laravelでは、Artisanコマンドを使ってWebアプリケーションの様々な処理を行います。このArtisanコマンドの実行は、Scheduleクラスではexecとは別に「**command**」というメソッドとして用意されています。

```
$schedule->command( コマンド );
```

使い方はexecとほぼ同じで、Artisanコマンドをテキストとして引数に指定します。注意したいのは、ここで指定するのは、「**php artisan ○○**」の「**○○**」以降である、という点です。「**php artisan**」の部分は記述しません。

溜まったキューを実行する

では、これも簡単なサンプルを作成してみましょう。/app/Console/Kernel.phpを開き、Kernelクラスのscheduleメソッドを次のように書き換えて下さい。

リスト4-28
```
protected function schedule(Schedule $schedule)
{
    $schedule->command('queue:work --stop-when-empty');
}
```

これは、**artisan queue:work**コマンドを実行するサンプルです。先にジョブのところで説明しましたが、キューに溜まっているジョブをすべて実行します。修正したら、**php artisan schedule:run**でスケジューラを実行し、動作を確認しましょう。

このように、Artisanコマンドもscheduleメソッド内から簡単に呼び出して実行することができます。

図4-16：schedule:runすると、スケジューラからqueue:work --stop-when-emptyが実行される。

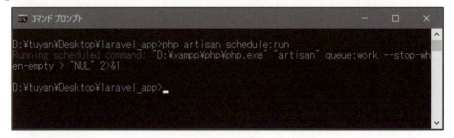

クロージャで処理を実行する

Webアプリケーション内の処理を行うには、いくつか方法があります。1つは、クロージャを使って処理を実行させるのです。これは、次のように実行します。

```
$schedule->call( クロージャ );
```

callは、引数に指定したクロージャを実行します。このクロージャ内に、具体的に実行する処理を記述しておくのです。

では、簡単な利用例を挙げておきます。ここではPersonモデルクラスと、先に「**4-1 キューとジョブ**」で作成したジョブクラス（MyJob）を利用して、ランダムにPersonを取得し、MyJobを実行するタスクを作ってみます。/app/Console/Kernel.phpで、Kernelクラスのscheduleメソッドを次のように修正して下さい。

リスト4-29

```
// use App\Person; 追加
// use App\Jobs\MyJob; 追加

protected function schedule(Schedule $schedule)
{
    $count = Person::all()->count();
    $id = rand(0, $count) + 1;
    $schedule->call(function() use ($id)
    {
        $person = Person::find($id);
        MyJob::dispatch($person);
    });
}
```

修正したら、**artisan schedule:run**でスケジュールを実行して下さい。その後、**artisan queue:work**でキューのジョブを実行させてみると、確かにMyJobジョブが実行されます。artisan schedule:runにより、MyJobのジョブが追加されているのが確認できるでしょう。

図4-17：artisan schedule:run実行後、artisan queue:workでキューに溜まった処理を実行させる。artisan schedule:runでキューにジョブが追加されていたことがわかる。

ここでは、callメソッドの引数に次のようなクロージャを用意してあります。

```
function() use ($id)
{
    $person = Person::find($id);
```

Chapter 4 キュー・ジョブ・イベント・スケジューラ

```
        MyJob::dispatch($person);
}
```

useを使い、ランダムに用意した$idを渡し、Person::findでインスタンスを取得します。それを引数に、MyJob::dispatchでディスパッチします。Eloquentとジョブのディスパッチが頭に入っていれば、特に難しいものではありませんね。

callで必要な処理を実行する場合は、もちろん実行する処理をクロージャ内に詳しく記述していってもいいのですが、あらかじめジョブとして実行する処理を用意しておくと便利です。このように、クロージャ部分はジョブをディスパッチする処理だけ記述すればいいので、scheduleメソッドもわかりやすくなります。特に、複数の処理をscheduleに用意したい場合は、なるべくメソッド内をシンプルにしたほうが良いでしょう。

invoke実装クラスをcallする

callは、基本的にクロージャ（関数）を指定して実行しますが、実をいえば「**オブジェクト**」を引数に指定することも可能です。

PHPのクラスには、「**invoke**」と呼ばれる機能があります。「**__invoke**」というマジックメソッドをクラスに実装することで、そのクラスのインスタンスが、関数などのように実行可能になるのです。

何らかの処理を行うためにクラスを定義したとき、そこに__invokeメソッドを実装することで、インスタンスそのものをcallで実行させることができるようになります。これは、覚えておくといろいろと役立つ使い方でしょう。

ScheduleObj クラスの定義

では、実際に試してみましょう。まず、簡単なinvoke実装クラスを作成します。これは新たなスクリプトファイルを用意して記述してもいいですし、/app/Console/Kernel.php内に追記しておいてもいいでしょう。

リスト4-30

```
// use App\Person; 追加
// use App\Jobs\MyJob; 追加
// use Illuminate\Support\Facades\Storage; 追加

class ScheduleObj
{
    private $person;

    public function __construct($id)
    {
        $this->person = Person::find($id);
    }
```

218

4-3 タスクとスケジューラ

```
    public function __invoke()
    {
        Storage::append('person_access_log.txt',
            $this->person->all_data);
        MyJob::dispatch($this->person);
        return 'true';
    }
}
```

　コンストラクタでid番号を渡すと、そのPersonインスタンスを取得し、__invokeで
person_access_log.txtファイルにその内容を書き出します。そしてMyJobをディスパッ
チします。

ScheduleObj をスケジュールする

　では、作成したScheduleObjクラスをスケジュールで実行させてみましょう。/app/
Console/Kernel.phpを開き、Kernel@scheduleメソッドを次のように修正します。

リスト4-31

```
// use App\Person; 追加
// use ScheduleObj; 追加

protected function schedule(Schedule $schedule)
{
    $count = Person::all()->count();
    $id = rand(0, $count) + 1;
    $obj = new ScheduleObj($id);
    $schedule->call($obj);
}
```

　実行すると、ランダムにid番号を選び、それを引数に指定して**new ScheduleObj**し
てインスタンスを作成します。そしてこのインスタンスをcallで実行します。artisan
schedule:runを実行すると、'person_access_log.txtにPersonの内容が出力され、更に
キューにMyJobが追加されるのが確認できます。

ジョブをinvoke化する

　ここでは、シンプルなクラスに__invokeを用意しただけですが、invokeしたクラスが
callできるということは、様々なクラスを直接callできるようになる、ということでもあ
ります。

　一例として、先に作成したジョブクラス「**MyJob**」をinvokeクラスにしてみましょう。
/app/Jobs/MyJob.phpを開き、次のようにMyJobクラスを書き換えます。

219

Chapter 4 キュー・ジョブ・イベント・スケジューラ

リスト4-32

```php
// use App\Person; 追加
// use Illuminate\Support\Facades\Storage; 追加

class MyJob implements ShouldQueue
{
    use Dispatchable, InteractsWithQueue, Queueable,
        SerializesModels;

    protected $person;

    public function getPersonId()
    {
        return $this->person->id;
    }

    public function __construct($id)
    {
        $this->person = Person::find($id)->first();
    }

    public function __invoke()
    {
        $this->handle();
    }

    public function handle()
    {
        $this->doJob();
    }

    public function doJob()
    {
        $sufix = ' [+MYJOB]';
        if (strpos($this->person->name, $sufix))
        {
            $this->person->name = str_replace( $sufix, '',
                $this->person->name);
        } else {
            $this->person->name .= $sufix;
        }
        $this->person->save();

        Storage::append('person_access_log.txt',
```

220

```
                          $this->person->all_data);
    }
}
```

今回は、より利用しやすくするため、コンストラクタでid番号を渡すだけでその
Personインスタンスを修正するようにしました。コンストラクタで、引数の$idを元に
Personインスタンスを取得し、$personプロパティに保管します。そして、__invokeで
もhandleでも、メソッド内からdoJobメソッドを呼び出すようにしてあります。実際の
処理は、このdoJobで行っています。実行している処理そのものは先ほどScheduleObjク
ラスに用意したものと同じですからわかるでしょう。

スケジューラから MyJob を実行する

では、修正したMyJobをスケジューラから実行してみましょう。callで呼び出しますが、
ここでは2通りの呼び出し方が可能になっています。

リスト4-33
```
protected function schedule(Schedule $schedule)
{
    $count = Person::all()->count();
    $id = rand(0, $count) + 1;

    /* インスタンス実行
    $schedule->call(new MyJob($id)); */

    /* ディスパッチする
    $schedule->call(function() use($id)
    {
        MyJob::dispatch($id);
    }); */
}
```

呼び出している部分は、いずれもコメントアウトしてあります。いずれもcall
で呼び出していますが、**new MyJob($id)を引数指定する方法**と、**クロージャ内で
MyJob::dispatch($id);を実行する方法**が用意されています。

どちらでも、実行される処理は全く同じです。ただし挙動は微妙に異なり、クロージャ
内でディスパッチした場合は、ジョブがキューに追加され、ワーカにより実行されるの
に対し、インスタンスを実行した場合はキューは使われず直接PersonとStorageの機能
が実行されます(つまりキューにMyJobは追加されません)。**call(new MyJob($id));**では
MyJobをディスパッチしていないので、キューには登録されず、処理だけが直接実行さ
れるわけです。

見ればわかるように、call(new MyJob($id));のほうが使い方も簡単ですし、キューも
利用せず手軽に実行できます。

Chapter 4 キュー・ジョブ・イベント・スケジューラ

逆に、クロージャ内から**MyJob::dispatch($id);**する方法は、ほかのジョブやイベントと同じようにキューを使って管理します。

「**キューで管理すべきか？**」によって、どちらの方法を使うかを決めればいいでしょう。

jobメソッドによるジョブ実行

実行する処理が、「**ただジョブをディスパッチするだけ**」という場合は、callよりももっと便利なメソッドがあります。それは「**job**」メソッドを使うのです。

```
$schedule->job( ジョブ , キュー );
```

引数に、ジョブクラスのインスタンスを指定することで、そのジョブをディスパッチして実行します。第2引数には、追加するキューの名前をstringで指定できます。これは必要なければ省略できます。その場合は、デフォルトのキューに追加されます。

では、これも利用例を見ましょう。MyJobを実行するscheduleメソッドを次に挙げておきます。

リスト4-34

```
protected function schedule(Schedule $schedule)
{
    $count = Person::all()->count();
    $id = rand(0, $count) + 1;
    $schedule->job(new MyJob($id));
}
```

job(new MyJob($id));だけでジョブが実行できるようになりました。単純にジョブを実行するだけなら、callよりこのjobを利用したほうが良いでしょう。

222

Chapter **5**

フロントエンドとの連携

多くのWebアプリケーションでは、フロントエンドフレームワークを導入しています。ここではVue.js、React、Angularについて、Laravelで利用する手順と基本的な使い方について説明します。

PHPフレームワーク Laravel実践開発

Chapter 5 フロントエンドとの連携

5-1 Vue.jsを利用する

Vue.jsのセットアップ

現在のWebアプリでは、サーバーサイドだけでなく、フロントエンドでのフレームワーク利用も当たり前に行われるようになっています。こうしたフロントエンドフレームワークをLaravelアプリケーションから利用することも多いでしょう。フロントエンドフレームワークのLaravelアプリケーションへの組み込みと利用について考えていきましょう。

まずは、Vue.jsからです。Vue.jsは、AngularJSの開発チームの一員であったEvan You氏によって開発されたオープンソースのフロントエンドフレームワークです。個人レベルで作られたものでありながら、ReactやAngularなどに並ぶ支持を得ており、日本においても広く普及しているフロントエンドフレームワークの1つといえるでしょう。

Vue.jsに限らず、ReactやAngularなどのフロントエンドフレームワークを利用した開発を行う場合、「**Node.js**」を用意しておく必要があります。Laravelでフロントエンドフレームワークを利用するには、Node.jsのパッケージ管理ツール（**npm**）を使って必要なソフトウェアを管理します。従って、事前にNode.jsをインストールしておいて下さい。

■ Vue.js 開発の準備

Vue.jsのセットアップは、非常に簡単です。なぜなら、Laravelのプロジェクトでは、デフォルトでVue.js利用のための設定が済んでいるからです。

Laravelプロジェクトのルートには「**package.json**」ファイルが標準で用意されています。これは、npm（Node.jsに用意されているパッケージ管理ツール）によるパッケージ情報を記述したファイルで、プロジェクトで利用するパッケージ等の情報がすべてここに記述されています。これを開くと、標準で次のような内容が記述されています（細かなバージョン番号などは異なる場合があります）。

リスト5-1

```
{
    "private": true,
    "scripts": {
        ……略……
    },
    "devDependencies": {
        "axios": "^0.18",
        "bootstrap": "^4.0.0",
        "cross-env": "^5.1",
        "jquery": "^3.2",
        "laravel-mix": "^4.0.7",
        "lodash": "^4.17.5",
```

224

```
        "popper.js": "^1.12",
        "resolve-url-loader": "^2.3.1",
        "sass": "^1.15.2",
        "sass-loader": "^7.1.0",
        "vue": "^2.5.17",
        "vue-template-compiler": "^2.6.10"
    }
}
```

　devDependenciesに、プロジェクトで使われれるパッケージがまとめられています。
ここで、**"vue"**と**"vue-template-compiler"**というパッケージが見えるでしょう。これら
がVue.js利用のパッケージです。このほか、bootstrapやjqueryなど広く使われているラ
イブラリ類も最初から用意されていることがわかります。

パッケージをインストールする

　これらのパッケージは、まだ組み込まれてはいません。実際に利用する場合は、コマン
ドでインストールを行います。コマンドプロンプトまたはターミナルを起動し、カレント
ディレクトリをLaravelのプロジェクト内に移動してから、次のように実行して下さい。

```
npm install
```

図5-1：npm installで必要なパッケージがインストールされる。

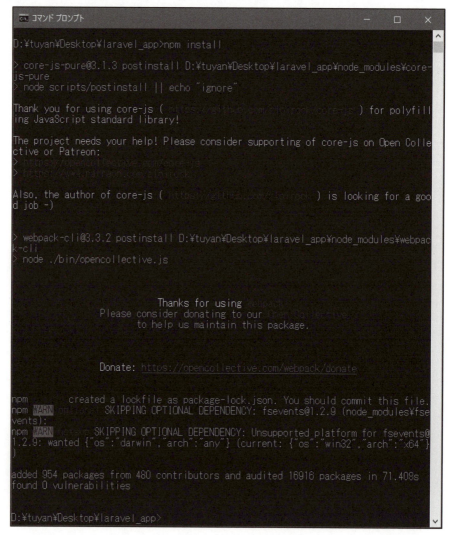

　これで、package.jsonに記述されたパッケージ類がすべてインストールされます。インストールには意外に時間がかかるので、すべて完了するまで待ちましょう。

プロジェクトをビルドする

　インストールしただけでは、まだVue.jsは動作しません。実際にVue.jsを使えるようにするためには、ビルド作業が必要になります。
　コマンドプロンプトまたはターミナルから次のコマンドを実行して下さい。

```
npm run dev
```

図5-2：npm run devでビルドする。

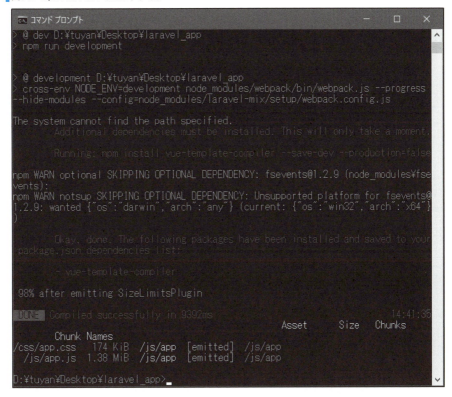

　これでプロジェクトのビルドが実行されます。ビルドでは、スタイルシートとスクリプトを単一ファイルにまとめて最適化し、**/public/js/app.js**と**/public/css/app.css**に出力をします。この2つのファイルをロードすれば、Vue.jsの機能が使えるようになる、というわけです。

　このビルド作業には、**Webpack**という技術が利用されています。Webpackによりスクリプトやスタイルシートなどがすべて1つにまとめられ、それを読み込むことで、すべてが使えるようになります。

コンポーネントを利用する

　Vue.jsは、**コンポーネント**としてプログラムを作成します。Laravelのプロジェクトには、標準で「**ExampleComponent**」というVue.jsのコンポーネントが用意されています。これは、**/resources/js/components/ExampleComponent.vue**というファイルとして用意されています。

　Vue.jsのコンポーネントは、このサンプルのように/resources/js/components/というフォルダに配置します。ここに用意することで、コンポーネントが自動的に認識され、使えるようになります。

Chapter 5 フロントエンドとの連携

index.blade.php でコンポーネントを利用する

では、サンプルに用意されているコンポーネントを利用してみます。ここでは、HelloControllerで利用しているindex.blade.phpを使うことにしましょう。

/resources/views/hello/index.blade.phpを開き、次のように内容を書き換えて下さい。

リスト5-2

```
<!doctype html>
<html lang="ja">
<head>
    <title>Index</title>
    <link href="{{ mix('css/app.css') }}"
        rel="stylesheet" type="text/css">
    <meta name="csrf-token" content="{{ csrf_token() }}">
</head>
<body style="padding:10px;">
    <h1>Hello/Index</h1>
    <p>{{$msg}}</p>

    <div id="app">
        <example-component></example-component>
    </div>
    <script src="{{ mix('js/app.js') }}"></script>

</body>
</html>
```

HTML をチェックする

ここでは、いくつかチェックすべきポイントがあります。順に説明をしていきましょう。

CSSの読み込み

```
<link href="{{ mix('css/app.css') }}" rel="stylesheet" type="text/
css">
```

ヘッダー部分では、CSSファイルを読み込むための**\<link\>**が用意されています。ここでは、hrefに**{{ mix('css/app.css') }}**と設定をしています。これは重要です。

Vue.jsを追加したプロジェクトでは、CSSファイルは2箇所に配置されることになります。**/resources/css/**と**/public/css/**です。この両方の階層にある同名のファイルを合わせて読み込むために、mixが使われています。**mix(パス)**とすることで、必要なCSSファイルを1つにまとめて読み込むようになります。

CSRFトークンの挿入

```
<meta name="csrf-token" content="{{ csrf_token() }}">
```

LaravelでVue.jsを利用する場合、CSRFトークンを追加することが推奨されています。これはそのためのタグです。単に指定のページにGETアクセスするだけなら、なくとも問題はありませんが、JavaScriptのコンソールなどでは、警告が出力されるのが確認できます。特に理由がない限り、追記しておきましょう。

■Vue.jsのコンテナ

```
<div id="app">
    ……略……
</div>
```

Vue.jsのコンポーネントは、**id="app"**を設定したVue.jsのコンテナタグ内に組み込まれます。この**<div id="app">**がコンテナとなる部分です。

■コンポーネントタグ

```
<example-component></example-component>
```

ExampleComponentを組み込んでいる部分です。Vue.jsでは、コンポーネントはタグとして記述できます。この**<example-component>**タグで、サンプルのExampleComponentコンポーネントが組み込まれます。

■スクリプトのロード

```
<script src="{{ mix('js/app.js') }}"></script>
```

最後にある**<script>**タグで、スクリプトを読み込んでいます。これは、必ず**コンテナタグの後**に記述して下さい。コンテナタグより前に書くと実行に失敗します。

また**src**では、スタイルシートと同様、**mix**を使ってapp.jsをロードします。スクリプトファイルも、/resources/js/と/public/js/に分かれているので、ビルドによりこれらをひとまとめにしたものを読み込むようにします。

ExampleComponent をチェックする

では、<example-component>でHTMLに埋め込んでいるExampleComponentコンポーネントはどのようになっているのでしょうか。

/resources/js/components/ExampleCommponent.vueの内容をざっと確認しておきましょう。

リスト5-3

```
<template>
    <div class="container">
        <div class="row justify-content-center">
            <div class="col-md-8">
                <div class="card">
                    <div class="card-header">Example
                        Component</div>
```

Chapter 5　フロントエンドとの連携

```
                    <div class="card-body">
                            I'm an example component.
                    </div>
                </div>
            </div>
        </div>
    </div>
</template>

<script>
    export default {
        mounted() {
            console.log('Component mounted.')
        }
    }
</script>
```

　Vue.jsのコンポーネントは大きく2つの部分で構成されます。

　1つは、コンポーネントとしての表示を構築するテンプレート部分です。これは、**<template>**タグの中に、HTMLタグを使って内容を記述します。

　もう1つは、コンポーネント用のスクリプトです。これは、**export default {……}**という形で記述されています。この中に、用途に応じてメソッドを用意しています。デフォルトでは、**mounted**というメソッドが用意されており、これはコンポーネントをマウントした際に実行される初期化処理です。

　「<template>内に表示の内容を記述し、<script>タグに必要な処理を追加する」ことで、Vue.jsのコンポーネントが作成されるのです。

コントローラーを修正する

　最後に、コントローラーを修正しておきます。HelloController@indexメソッドを次のように修正して下さい。

リスト5-4

```
public function index()
{
    $data = [
        'msg' => 'This is Vue.js application.',
    ];
    return view('hello.index', $data);
}
```

　既に/helloのルート情報は/routes/web.phpに記述されているはずですが、もしまだ記述していない場合は、次のようにルート情報を追記しておきます。

230

リスト5-5
```
Route::get('/hello', 'HelloController@index');
```

プログラムの実行

アプリケーションの動作確認は、まず**npm run dev**でビルドし、それから**php artisan serve**を実行してアクセスし、動作を確認します。事前にビルドする必要がある、という点を忘れてはいけません。

が、サーバー起動時に次のコマンドも実行しておくと更に便利でしょう。

```
npm run watch
```

run watchは、スタイルシートとスクリプトファイルを監視し、これらが更新されるとその場でビルドして、これらの内容を更新します。

これを実行していれば、スクリプトを書き換えた際も自動で更新されます。いちいち「**サーバー停止→ビルド→サーバー実行**」と作業をする必要はありません。

実行手順がわかったら、実際に/helloにアクセスをして表示を確認しておきましょう。画面に「**Example Component**」と表示された四角いエリアが現れます。これが、ExampleComponentによる表示です。

図5-3：/helloにアクセスし、表示を確認する。

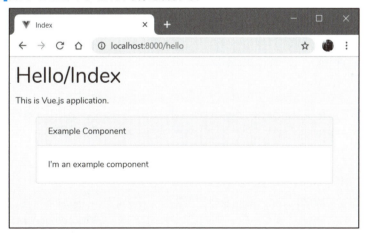

コンポーネントを作成する

Vue.jsの動作が確認できたところで、Vue.jsの開発の基本として「**コンポーネントの作成**」を行ってみましょう。

コンポーネントは、先に述べたように/resources/js/components/内に**.vue**ファイルとして配置をします。では、ここに「**MyComponent.vue**」という名前でファイルを用意しましょう。そして次のように記述をします。

Chapter 5　フロントエンドとの連携

リスト5-6

```
<template>
    <div class="container">
        <p>{{msg}}</p>
        <hr>
        <input type="text" v-model="name">
        <button v-on:click="doAction">click</button>
    </div>
</template>

<script>
export default {
    data:function(){
        return {
            msg:'please your name:',
            name:'',
        };
    },
    methods:{
        doAction:function(){
            this.msg = 'Hello, ' + this.name + '!!';
        }
    }
}
</script>
```

　ここでは、**{{msg}}** で変数を埋め込み、**v-model="name"** で入力フィールドの値にモデルを設定し、**on:click="doAction"** でボタンにdoActionメソッドを設定してあります。MyComponentコンポーネントの内容やdoActionメソッドの処理について<script>タグで用意しています。この辺りはVue.jsの基本ですね。

コンポーネントの登録

　作成されたMyComponentを登録します。/resources/js/app.jsを開き、適当なところに次の文を追記します。ExampleComponentを登録する **Vue.component文** が記述されているので、その前後辺りでいいでしょう。

リスト5-7

```
Vue.component('my-component', require('./components/MyComponent.
    vue').default);
```

コンポーネントの組み込み

　最後に、作成したMyComponentをindex.blade.phpに組み込みます。先に記述した **<div id="app">** タグの部分を次のように修正しておきます。

232

リスト5-8
```
<div id="app">
    <my-component></my-component>
</div>
```

図5-4：作成したMyComponentを使う。名前を書いてボタンを押すとメッセージが表示される。

すべての修正ができたら、/helloにアクセスして動作を確認します。入力フィールドに名前を書いてボタンをクリックすると、メッセージが表示されます。Vue.jsのコンポーネントが問題なく機能していることが確認できるでしょう。

Vue.jsのコンポーネントの利用は、いくつかのポイントを押さえておけば、比較的簡単に行えます。

- コンポーネントのファイルは、/resources/js/components/内に.vueファイルとして作成する。
- 作成したコンポーネントは、/resources/app.js内でVue.componentメソッドを使って登録する。
- コンポーネントの利用は、HTML内にコンポーネントに対応するタグを記述して行う。

これだけ理解していれば、Laravelの中でVue.jsのコンポーネントを作成し利用するのはそう難しくはありません。

axiosでJSONデータを取得する

Laravelでは、複数のページを作成・送信して表示を行います。が、Vue.jsは、基本的に現在のページで完結する形で動作します。

例えば必要なデータをサーバーから受け取る場合も、従来はフォーム送信やパラメータを付けてアクセスすることで情報を渡し、取得したデータを使ってページ全体をレンダリングしました。

しかし、Vue.jsでは、ページ全体を送信してリロードすることはありません。従ってデー

Chapter 5　フロントエンドとの連携

タなどが必要な場合は、ページ内からAjaxなどを使い、サーバーにアクセスしてデータを受け取ることになります。

　サーバー側では、必要に応じてJSONデータなどを出力するアクションを用意しておき、クライアント側からAjaxでアクションにアクセスしてデータを受け取る、という形になるでしょう。

　Vue.jsの場合、こうしたAjaxによるデータアクセスには「**axios**」を利用するのが便利です。axiosはオープンソースのHTTPクライアントです。非同期でのサーバーアクセスを非常に使いやすい形で実現します。XMLHttpRequestなどを直接使うよりはるかに便利です。

　このaxiosは、Laravelのpackage.jsonに標準で記述されており、npm installした際に既にプロジェクトに組み込まれています。ですから別途インストールなどの作業をする必要はありません。

json メソッドについて

　では、実際に試してみましょう。先にHelloControllerにjsonというメソッドを作成しました（**リスト3-44**）。これはPersonのデータをJSON形式のテキストで出力するもので、次のようになっています。

> リスト5-9

```php
public function json($id = -1)
{
    if ($id == -1)
    {
        return Person::get()->toJson();
    }
    else
    {
        return Person::find($id)->toJson();
    }
}
```

　idパラメータがあればそのidのPersonをJSON形式で出力し、そうでない場合は全Personを出力する、というものですね。これらは/routes/web.phpで次のような形でルーティングされています。

> リスト5-10

```php
Route::get('/hello/json', 'HelloController@json');
Route::get('/hello/json/{id}', 'HelloController@json');
```

　では、このHelloController@jsonを利用するコンポーネントを作成しましょう。先ほどのMyComponentを再利用します。/resources/js/components/MyComponent.vue（**リスト5-6**）を開き、次のように書き換えて下さい。

234

リスト5-11

```html
<template>
    <div class="container">
        <p>{{msg}}</p>
        <hr>
        <ul>
            <li v-for="(person,key) in people">
                {{person.id}}: {{person.name}}
                    [{{person.mail}}] ({{person.age}})
            </li>
        </ul>
    </div>
</template>

<script>
const axios = require('axios');
export default {
    mounted () {
        axios.get('/hello/json')
            .then(response =>{
                this.people = response.data;
                this.msg = 'get data!';
            });
    },
    data:function(){
        return {
            msg:'wait...',
            name:'',
            people:[],
        };
    },
    methods:{
        doAction:function(){
            this.msg = 'Hello, ' + this.name + '!!';
        }
    },
}
</script>
```

図5-5:/helloにアクセスすると、非同期でpeopleテーブルのデータを取得し、リストにまとめて表示する。

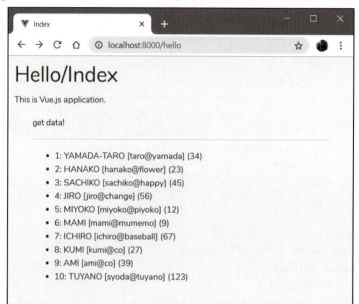

修正したら/helloにアクセスしてみて下さい。画面が表示されると、一瞬遅れてpeopleテーブルの内容がリスト表示されます。非同期でサーバーにアクセスしているため、アクセスと同時には表示されません。

axios の利用について

では、axiosの利用について簡単に説明しておきましょう。ここでは、スクリプトの**mounted**に処理を用意してあります。mountedは、コンポーネントがマウントされる際に実行され、初期化処理などが用意されます。アクセスしたとき、自動的にデータを取得するようにしてあります。

axiosは、次のような形で実行しています。

```
axios.get('/hello/json').then(response =>{……});
```

getは、引数に指定したアドレスにGETアクセスをします。ここでは、先に作成した/hello/jsonにアクセスをしています。これにより、peopleテーブルの内容がJSONデータの形式で取得できます。

アクセス後の処理はthenのクロージャで処理されます。クロージャの引数には、サーバーからのレスポンス情報を管理するresponseオブジェクトが渡されます。ここからdataを取り出せば、サーバーから送信されたコンテンツが得られます。JSONデータの場合、そのままJavaScriptオブジェクトとして取り出すことができます。

取り出したデータは、peopleに保管しています。これはテンプレートで次のように利用されます。

```
<li v-for="(person,key) in people">
    ……personを使って表示を作成……
</li>
```

v-forを利用し、peopleから順に値を取り出して繰り返し処理をします。後は、取り出した値（person）から必要に応じて値を書き出していくだけです。

Laravel 側はアクションを書くだけ

ざっと流れを見ればわかりますが、実をいえばフロントエンドフレームワークを使ったからといって、Laravelの開発の方法が変わるわけではありません。

フロントエンドフレームワークが使われるのは、ビューテンプレートの中だけです。フロントエンドフレームワークのコードから、Laravelの機能に直接アクセスできるわけではありません。フロントエンドは基本的にJavaScriptであり、Laravelのサービスを記述できたりは、しないのです。できるのは、ただ必要に応じてサーバー側にアクセスすることだけです。

Laravelとしては、必要に応じてデータを受け取ったり出力したりするアクションを書いていくだけです。感覚的にはRESTfulなサービスを作成しているのとあまり変わらないでしょう。

- **・Laravel側は、データの取得と出力の処理を書くだけ**
- **・フロントエンドはサーバーへのアクセスを書くだけ**

この2つが組み合わせられているだけなのだ、ということを頭に入れておけば、両者の連携はそう難しいものではないでしょう。

5-2 Reactの利用

React利用のセットアップ

現在、フロントエンドフレームワークの中でもっとも注目度が高いものは、なんといっても「**React**」でしょう。Reactは、Facebookが中心となって開発を進めているオープンソースのフロントエンドフレームワークです。現在では、Reactをベースにしたスマートフォン向けのReact Nativeもあり、Webからスマートフォンまで、幅広い開発で用いられています。

このReactも、Vue.jsと同様、Laravelでは標準でサポートされています。ただし、Vue.jsがデフォルトでセットアップされているのに対し、Reactを使うためには明示的に設定変更をする必要があります。

プリセットを変更する

ReactをLaravelプロジェクトで利用する場合は、まず「**プリセットの変更**」という作業をする必要があります。プリセットは、Laravelプロジェクトにデフォルトで作成されているフロントエンド関係のファイル（スクリプトファイルやスタイルシートファイルなど）をReact用に変更し、JavaScriptパッケージの設定（package.json）の内容を書き換えます。

これは、コマンドを使って簡単に行えます。が、これを行うと、Vue.js関連のファイルなどが破損する危険があります（app.jsの内容など）。従って、既にVue.jsを利用している場合は、行わないほうがいいでしょう。プロジェクトを作成した直後に実行し、一からReactベースで開発を行うような場合に用いるものと考えて下さい。

では、コマンドプロンプトまたはターミナルでカレントディレクトリをLaravelプロジェクト内に移動した後、次のようにコマンドを実行して下さい。

```
php artisan preset react
```

図5-6：プリセットをReactに変更する。

これで、「**スカフォールド**」と呼ばれるデフォルトのスクリプトファイルやスタイルシートファイルがReact用のものに変わり、package.jsonファイルが変更されます。

パッケージをインストールする

続いて、React利用に必要なJavaScriptのパッケージをインストールします。これはnpmコマンドで行えます。次のようにコマンドを実行して下さい。

```
npm install
```

図5-7：npm installでパッケージ関係をすべてインストールする。

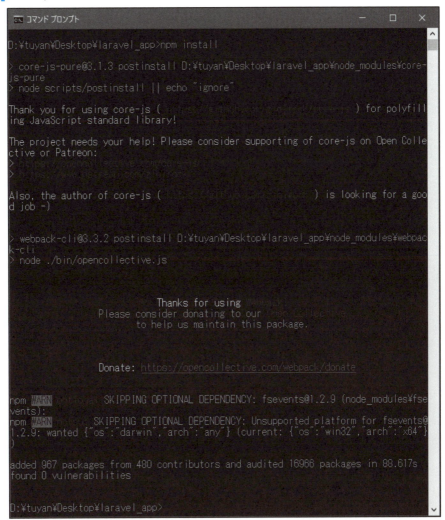

プロジェクトをビルドする

　これでインストールは完了です。ただし、Laravelアプリケーションを実行してReact利用の画面を表示するためには、もう1つ行っておく作業があります。それは、プロジェクトのビルドです。

　Reactも、Vue.jsと同様に**Webpack**を使ってスクリプトファイルやスタイルシートファイルを1つにまとめて最適化し、利用するようにファイルの変換処理をします。これは次のコマンドで行います。

```
npm run dev
```

図5-8：npm run devでビルドを実行する。

package.jsonについて

　プリセットをReactに変更すると、スクリプトファイルの変更などだけでなく、インストールするパッケージ類も修正されます。Laravelプロジェクトのルートにある「**package.json**」ファイルを開いて下さい。ここでJavaScript関連のパッケージが記述されています。ここでは次のような内容になっています（バージョン番号等は異なる可能性があります）。

リスト5-12
```
{
    "private": true,
    "scripts": {
        ……中略……
    },
    "devDependencies": {
        "@babel/preset-react": "^7.0.0",   // ☆
        "axios": "^0.18",
        "bootstrap": "^4.0.0",
        "cross-env": "^5.1",
        "jquery": "^3.2",
        "laravel-mix": "^4.0.7",
        "lodash": "^4.17.5",
        "popper.js": "^1.12",
        "react": "^16.2.0",   // ☆
        "react-dom": "^16.2.0",   // ☆
        "resolve-url-loader": "^2.3.1",
        "sass": "^1.15.2",
        "sass-loader": "^7.1.0",
        "vue-template-compiler": "^2.6.10"
    }
}
```

　プリセットの変更により、このpackage.jsonの内容も変わっています。ここでは、**"@babel/preset-react"**、**"react"**、**"react-dom"**が追加されているのがわかります。これらが、React利用に必要なパッケージです。

5-2　Reactの利用

Reactを利用する

　では、実際にReactを利用するように、プロジェクトを修正しましょう。ここでは、/helloにアクセスした際にReactのサンプルを表示するように修正します。

　まず、コントローラーからです。HelloController@indexを次のようにしておきます。これはVue.js利用の際に修正した内容です。

リスト5-13

```
public function index()
{
    $data = [
        'msg' => 'This is React application.',
    ];
    return view('hello.index', $data);
}
```

リスト5-14――/routes/web.phpに用意するルート情報

```
Route::get('/hello', 'HelloController@index');
```

index.blade.php を修正する

　続いて、ビューテンプレートを修正します。/resources/views/hello/index.blade.phpを次のように修正して下さい。

リスト5-15

```
<!doctype html>
<html lang="ja">
<head>
    <title>Index</title>
    <link href="{{ mix('css/app.css') }}"
        rel="stylesheet" type="text/css">
    <meta name="csrf-token" content="{{ csrf_token() }}">
</head>
<body style="padding:10px;">
    <h1>Hello/Index</h1>
    <p>{{$msg}}</p>

    <div id="example"></div>

    <script src="{{asset('/js/app.js')}}"></script>
</body>
</html>
```

241

Chapter **5** フロントエンドとの連携

■CSSファイルの読み込み

```
<link href="{{ mix('css/app.css') }}" rel="stylesheet"
    type="text/css">
```

スタイルシートのファイルは、デフォルトで**/public/css/app.css**と**/resources/
sass/app.sass**に記述されます(/app.sassは、Sassによる記述です)。これらをビルドし
てまとめたファイルを読み込むため、hrefには**mix('css/app.css')**という値が設定されま
す。これはVue.jsと同様で、ビルドにより1つにまとめられたものを読み込むのに用いら
れています。

■CSRFトークンの追加

```
<meta name="csrf-token" content="{{ csrf_token() }}">
```

これもVue.jsで使いました。SCRFトークンのタグです。React利用のアプリケーション
ではこのタグを用意しておきます。

■コンポーネント用タグ

```
<div id="example"></div>
```

これが、Reactを利用しているところです。Reactは、Vue.jsと同様に「**コンポーネント**」
と呼ばれる形でプログラムを作成します。これは、コンポーネントを設定しているタグ
です。**id="example"**とすることで、Exampleコンポーネントがこのタグに組み込まれる
ようになります(その理由は、この後で触れるExampleコンポーネントの説明でわかりま
す)。

■スクリプトの読み込み

```
<script src="{{asset('/js/app.js')}}"></script>
```

最後に、**app.js**スクリプトファイルを読み込みます。このスクリプトは、Reactのコン
ポーネント関係を記述した後で読み込む必要があります。その前に記述するとうまく動
作しないので注意して下さい。

アプリケーションを実行する

では、アプリケーションを実際に動かしてみましょう。コマンドプロンプトまたはター
ミナルから「**php artisan serve**」を実行して下さい。

これとは別に、コマンドプロンプトまたはターミナルで「**npm run watch**」コマンドで
ウォッチを実行しておきます。これにより、スクリプトやスタイルシートを修正すると
リアルタイムに再ビルドされ、最新の状態に更新されるようになります。

これらのコマンド実行を行ったら、/helloにアクセスをして下さい。画面に「**Example
Component**」と表示が現れます。これが、Reactによるコンポーネントの表示です。

242

図5-9：/helloにアクセスし、表示を確認する。

Exampleコンポーネントについて

　LaravelでプリセットをVue.jsからReactに変更すると、Exampleというコンポーネントがサンプルとして用意されます。ここでは、このサンプルを画面に表示をしていました。
　コンポーネントは、/resources/js/components/内にスクリプトファイルを配置します。これはVue.jsと同様です。デフォルトでは、ここに「**Example.js**」というスクリプトファイルが用意されています。これが、サンプルで利用したExampleコンポーネントです。

　このファイルを開くと、次のように記述されています。

リスト5-16

```
import React, { Component } from 'react';
import ReactDOM from 'react-dom';

export default class Example extends Component {
    render() {
        return (
            <div className="container">
                <div className="row justify-content-center">
                    <div className="col-md-8">
                        <div className="card">
                            <div className="card-header">
                                Example Component</div>

                            <div className="card-body">I'm an
                                example component!</div>
                        </div>
                    </div>
```

```
            </div>
        </div>
    );
    }
}


if (document.getElementById('example')) {
    ReactDOM.render(<Example />, document.
        getElementById('example'));
}
```

　これが、Reactのコンポーネントの内容です。これらはざっと3つの部分で構成されています。簡単に整理しておきましょう。

■モジュールのロード

```
import React, { Component } from 'react';
import ReactDOM from 'react-dom';
```

　React関連のモジュールをインポートします。ここではReact、Component、ReactDOMをインポートしています。

■コンポーネントクラスの定義

```
export default class Example extends Component {
    render() {
        return (……表示内容……);
    }
}
```

　Reactのコンポーネントは、Componentのサブクラスとして定義します。クラスには、**render**メソッドを必ず用意します。ここでreturnする値として用意したものが、コンポーネントに出力される表示内容になります。

■コンポーネントの組み込み

```
if (document.getElementById('example')) {
    ReactDOM.render(<Example />, document.
        getElementById('example'));
}
```

　最後にコンポーネントを特定のタグに組み込みます。ここでは、**id="example"**のタグを見つけ、そこにExampleクラスによるコンポーネントを組み込んでいます。**ReactDOM.render**は、id="example"にExampleコンポーネントをレンダリングしている処理です。この部分により、Exampleコンポーネントがレンダリングされ、表示されるようになっています。

5-2 Reactの利用

コンポーネントの組み込み

この/resources/js/components/内にあるExampleコンポーネントは、Reactにより読み込まれ、使えるようになります。このコンポーネントの読み込みは、**/resources/js/app.js**で行っています。このスクリプトファイルを開くと、このような文が記述されているのがわかります。

リスト5-17

```
require('./components/Example');
```

これにより、/resources/js/内にある/components/Example.jsが読み込まれ、Exampleコンポーネントが使えるようになっていたのです。

MyComponentを作る

Reactの基本的なファイル類の配置と働きがわかったところで、実際にコンポーネントを作成し、利用してみましょう。/resources/js/components/内に、新たに「**MyComponent.js**」というファイルを用意して下さい。そして次のように記述をします。

リスト5-18

```
import React, { Component } from 'react';
import ReactDOM from 'react-dom';

export default class MyComponent extends Component {
    constructor(props) {
        super(props);
        this.state = {
            num:0,
            msg:'ok',
        };
        this.doChange = this.doChange.bind(this);
    }

    doChange(event) {
        let n = event.target.value;
        this.setState((state)=>({
            num: n,
            msg: 'count: ' + n,
        }));
    }

    render() {
        return (
            <div className="container">
```

245

Chapter 5　フロントエンドとの連携

```
                <p>{this.state.msg}</p>
                <div>
                    <input type="number" id="num"
                        onChange={this.doChange} />
                </div>
            </div>
        );
    }
}

if (document.getElementById('mycomponent')) {
    ReactDOM.render(<MyComponent />, document.
        getElementById('mycomponent'));
}
```

これは、入力フィールドが1つあるだけのシンプルなコンポーネントです。**<input type="number">**にはonChange属性があり、doChangeメソッドにバインドされています。ここで入力フィールドの値を取得し、それを元にメッセージを表示しています。

コンポーネントを登録する

では、作成したコンポーネントを登録して使えるようにしましょう。**/resources/js/app.js**を開き、次の文を追記して下さい。これでMyComponentが利用できるようになります。

リスト5-19

```
require('./components/MyComponent');
```

MyComponent を使う

では、作成したMyComponentを使いましょう。/resources/views/hello/index.blade.phpを開き、<body>に記述した<div id="example">タグを次の形に修正します。

リスト5-20

```
<div id="mycomponent"></div>
```

これで完了です。/helloにアクセスし、入力フィールドに整数値を入力すると、すぐ上に「**count: ○○**」とメッセージが表示されます。MyComponentが機能していることが確認できるでしょう。

246

図5-10：入力フィールドに数字を入力すると、「count: ○○」とメッセージが表示される。

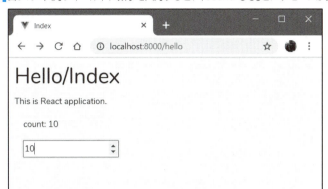

Reactのコンポーネントの作成と利用は、このようにいくつかの手順さえわかっていれば、簡単に行うことができます。

- コンポーネントは、/resources/js/components/内にスクリプトファイルを配置する。
- 作成したコンポーネントは、/resources/app.jsにrequire文を書いて登録する。
- コンポーネントの利用は、HTMLの中でタグを記述し、コンポーネントに割り当てられているidを指定する。使用するタグは一般に<div>などが用いられる。

これらがだいたい頭に入っていれば、LaravelでReactコンポーネントを利用するのはそう難しくはないでしょう。

クライアント＝サーバー通信について

Laravelから必要なデータをReactに受け渡すには、基本的にAjaxを利用したクライアント＝サーバー通信を行います。Laravelはサーバーサイドで動くプログラムですから、フロントエンドであるReactから直接その機能を呼び出すことはできません。

クライアント＝サーバー通信には、**axios**を利用します。これはVue.jsでも使いましたが、Laravelのpackage.jsonに標準で追加されているパッケージです。これを利用することで、比較的簡単にサーバーにアクセスし、必要なデータを受け取れます。

ここでは、HelloController@jsonを利用して、データを取得するサンプルを作成してみます（jsonメソッドの働きは、**リスト5-9**で確認して下さい）。HelloContoller@jsonは、「/hello/json/番号」という形でアクセスすると、そのidのPersonデータをJSON形式のテキストで返送します。これを利用して、特定のidのデータを表示するサンプルを作成します。

では、先ほど作ったMyComponent.js（**リスト5-18**）を次のように書き換えて下さい。

Chapter 5 フロントエンドとの連携

リスト5-21

```javascript
import React, { Component } from 'react';
import ReactDOM from 'react-dom';

export default class MyComponent extends Component {
    constructor(props) {
        super(props);
        this.state = {
            num:0,
            msg:'ok',
        };
        this.doChange = this.doChange.bind(this);
        this.doAction = this.doAction.bind(this);
    }

    doChange(event) {
        let n = event.target.value;
        this.setState((state)=>({
            num: n,
            person:null,
        }));
    }
    doAction(event) {
        this.setState((state)=>({
            msg:'wait...',
        }));
        axios.get('/hello/json/' + this.state.num)
            .then(response =>{
                let person = response.data;
                let msg = person.id + ':' + person.name
                    + ' [' + person.mail + '] ('
                    + person.age + ')';
                this.setState((state)=>({
                    person:person,
                    msg:msg
                }));
            });
    }

    render() {
        return (
            <div className="container">
                <p>{this.state.msg}</p>
                <div>
```

```
                    <input type="number" id="num"
                        onChange={this.doChange} />
                    <button onClick={this.doAction}>Click
                        </button>
            </div>
        </div>
    );
    }
}

if (document.getElementById('mycomponent')) {
    ReactDOM.render(<MyComponent />, document.
        getElementById('mycomponent'));
}
```

図5-11：入力フィールドにidを指定してボタンをクリックすると、そのidのデータが表示される。

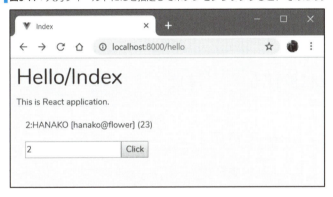

　修正したら、/helloにアクセスして動作を確認します。入力フィールドでidの値を入力し、ボタンをクリックすると、サーバーにアクセスし、peopleテーブルからそのidのレコードを受け取ってメッセージに表示します。

サーバーアクセスの流れ

　ここでは、ボタンに**onClick={this.doAction}**という形でdoActionメソッドを割り当て、この中でサーバーへアクセスをしています。axiosを使ったサーバーアクセスは次のように行っています。

```
axios.get('/hello/json/' + this.state.num)
    .then(response =>{
        let person = response.data;
        ……略……
```

　axios.getで、指定したアドレスにGETアクセスを行い、thenの引数に用意したクロージャでアクセス後の結果を受け取っています。引数のresponseからdataを取り出してい

ますが、これがサーバーから返された値（JSONデータ）になります。JSONの場合、これはJavaScriptオブジェクトに変換されているので、後はそこから必要な値を取り出し、処理するだけです。

クライアントとサーバーは別に設計する

基本的な考え方は、Vue.jsの場合とそれほど違いはありません。

・Laravel側は、サーバーでのデータの取得・送信を作成する
・React側は、サーバーへのアクセス処理を作成する

この2つの組み合わせでアプリケーションは動きます。
「**LaravelでReactを利用する**」ということから、どうしても「**Laravelの機能とReactをどう連携させるか**」といったことをイメージしてしまいがちですが、両者はそれぞれ独立して動いている、と考えて設計すると良いでしょう。

5-3 Angularの利用

LaravelはAngular未対応！

Angularは、Googleが開発するオープンソースのフレームワークです。**PWA**（Progressive Web Apps）開発を念頭に置いており、最近の「**Webもスマートフォンアプリも同じUI**」といった作りの開発を行う上で、非常に重要なプログラムとなってきています。

このAngularをLaravelアプリケーションで利用するには、Vue.jsやReactとは違ったアプローチが必要になります。
Vue.jsやReactは、Laravelで標準サポートされていました。package.jsonで最初からパッケージが用意されていたり、プリセットを設定することで必要なファイルが一通り用意されセットアップされました。

が、Angularは本書執筆時現在（2019年6月）、Laravelで正式にサポートされていません。従って、手作業で組み込みを行う必要があります。

Angular CLI について

Angularの開発を行うには、Node.jsのほか、**Angular CLI**というプログラムが必要になります。これはコマンドラインからインストールします。次のコマンドを実行して下さい。

```
npm install -g @angular/cli
```

これでAngular CLIがインストールされます。

Angular CLIは、「**ng**」というコマンドでAngular開発のための様々な操作を行います。

▌Angular プロジェクトの作成

Angularを利用するには、まずAngularのプロジェクトを作成する必要があります。これは、「**resources**」フォルダを利用します。

コマンドプロンプトまたはターミナルで「**resources**」フォルダにカレントディレクトリを移動し、次のように実行して下さい。実行後、いくつかの入力を行います。

```
ng new ngapp

? Would you like to add Angular routing? No
(Angular Routingの利用。デフォルトはNo。そのままEnterする)

? Which stylesheet format would you like to use? CSS    (.css )
(スタイルシートフォーマットの設定。デフォルトではCSS。デフォルトはCSS。そのままEnterする)
```

これで、「**resources**」フォルダの中に「**ngapp**」というプロジェクトが作成されます。この中にAngular関連のファイルが一通りまとめられています。

ここで実行したのは、「**ng new**」というコマンドです。これはAngular CLIのコマンドで、新しいプロジェクトを作成するのに使います。

図5-12：ng newコマンドでAngularプロジェクトを作成する。

Angular プロジェクトのビルド

　作成したngappプロジェクトをビルドします。「**ngapp**」フォルダ内にカレントディレクトリを移動し、次のコマンドを実行して下さい。これでAngularプロジェクトがビルドされます。

```
ng build
```

図5-13 : ng buildでAngularプロジェクトをビルドする。

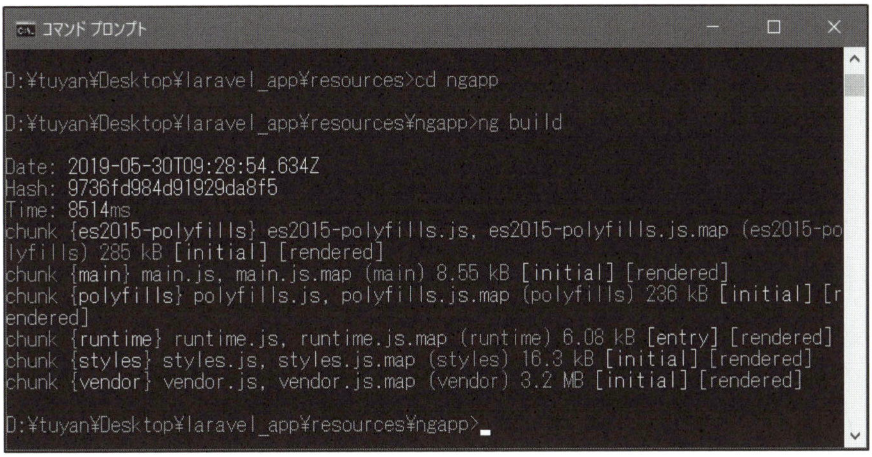

```
D:\tuyan\Desktop\laravel_app\resources>cd ngapp

D:\tuyan\Desktop\laravel_app\resources\ngapp>ng build

Date: 2019-05-30T09:28:54.634Z
Hash: 9736fd984d91929da8f5
Time: 8514ms
chunk {es2015-polyfills} es2015-polyfills.js, es2015-polyfills.js.map (es2015-po
lyfills) 285 kB [initial] [rendered]
chunk {main} main.js, main.js.map (main) 8.55 kB [initial] [rendered]
chunk {polyfills} polyfills.js, polyfills.js.map (polyfills) 236 kB [initial] [r
endered]
chunk {runtime} runtime.js, runtime.js.map (runtime) 6.08 kB [entry] [rendered]
chunk {styles} styles.js, styles.js.map (styles) 16.3 kB [initial] [rendered]
chunk {vendor} vendor.js, vendor.js.map (vendor) 3.2 MB [initial] [rendered]

D:\tuyan\Desktop\laravel_app\resources\ngapp>
```

webpack.mix.js を修正する

　Laravelプロジェクトのルート下にある「**webpack.mix.js**」ファイルを編集します。これを開いて、Vue.jsやReactのスクリプト（mix. 〜と書かれている文）を削除し、次の文を追記します。

リスト5-22

```
mix.js([
    'resources/ngapp/dist/ngapp/runtime.js',
    'resources/ngapp/dist/ngapp/vendor.js',
    'resources/ngapp/dist/ngapp/styles.js',
    'resources/ngapp/dist/ngapp/polyfills.js',
    'resources/ngapp/dist/ngapp/main.js'
 ], 'public/js/app.js');

mix.sass(
    'resources/sass/app.scss',
    'public/css/app.css'
);
```

　これは、**Webpack**でJavaScriptファイルとスタイルシートファイルを統合するための記述です。ここでは、「**resources**」フォルダ内に「**ngapp**」という名前でプロジェクトが作成されている前提で記述してあります。プロジェクト名が異なる場合は、それに合わせてファイルのパスを修正して下さい。

npm のインストールとビルドを行う

　これで修正はできました。後はnpmのパッケージをインストールし、ビルドすれば完了です。

Chapter 5 フロントエンドとの連携

カレントディレクトリを、Laravelプロジェクトのルートに移動して下さい。そして次のコマンドを実行します。

■パッケージをインストールする
```
npm install
```

■プロジェクトをビルドする
```
npm run dev
```

これで作業完了です。LaravelプロジェクトでAngularが使えるようになっているはずです。後は、ビューテンプレートを修正し、Angularのコンポーネントを組み込んで利用するだけです。

Angularコンポーネントを利用する

では、実際にAngularを使ってみましょう。Angularでは、デフォルトで**App**コンポーネントがサンプルとして用意されています。これを表示させてみます。

/resoureces/views/hello/index.blade.phpを開き、次のように修正をして下さい。

リスト5-23
```
<!doctype html>
<html lang="ja">
<head>
    <title>Index</title>
    <link href="{{mix('/css/app.css')}}"
            rel="stylesheet" type="text/css">
    <meta name="csrf-token" content="{{ csrf_token() }}">
</head>
<body style="padding:10px;">
    <h1>Hello/Index</h1>
    <p>{{$msg}}</p>

    <app-root></app-root>

    <script src="{{mix('/js/app.js')}}"></script>
</body>
</html>
```

HelloController@indexは基本的に**リスト5-13**のままですが、表示メッセージだけ少し修正しておきます。

リスト5-24
```
public function index(PowerMyService $service)
{
```

```
    $data = [
        'msg' => 'This is Angular application.',
    ];
    return view('hello.index', $data);
}
```

図5-14：/helloにアクセスするとAngularのコンポーネントが表示される。

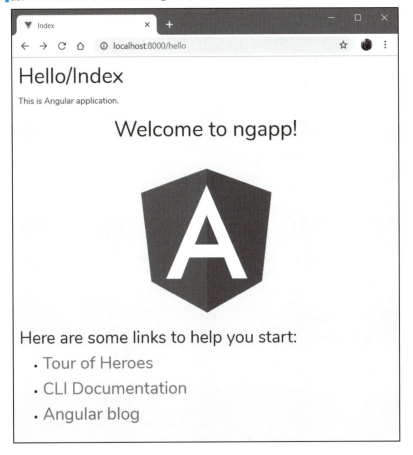

　修正したら、**php artisan serve**で動作確認して下さい。/helloにアクセスすると、Angularのロゴが表示された画面が現れます。これが、Appコンポーネントの表示です。ロゴが現れたら、Angularは正常に動いていることになります。

　ここでは、まずヘッダー部分にスタイルシートの読み込みタグを次のように用意しています。

```
<link href="{{mix('/css/app.css')}}" rel="stylesheet"
    type="text/css">
```

mix('/css/app.css') を指定して、スタイルシートファイルを読み込みます。この辺りはVue.jsやReactと同じです。

```
<app-root></app-root>
```

これが、Appコンポーネントを組み込んでいる部分です。Angularでは、コンポーネントはこのように独自のタグとしてHTMLソースコード内に記述して組み込みます。**app-root**というタグ名は、Appコンポーネントで設定されたものです。

```
<script src="{{mix('/js/app.js')}}"></script>
```

最後にスクリプトを読み込みます。これもVue.jsと同様、mixを使っています。このタグは、Angularのコンポーネントタグなどの後に用意します。<app-root>の前に記述するとうまく動きません。

AngularアプリとLaravelアプリのビルド

これで、一通りAngularが動くようにはなりました。以後は、Angular関係のスクリプトを修正したら、Angularプロジェクトをビルドし、それからLaravelアプリをビルドすればいいわけです。

ただし、Angularのプロジェクトは「**resources**」フォルダ内にあるため、いちいちカレントディレクトリを移動してコマンドを実行するなどしなければいけません。面倒なので、ビルド作業をまとめて行うコマンドをどこかに控えておきましょう。

■Windowsの場合

```
cd resources\ngapp\ & ng build & cd..\.. & npm run dev
```

■macOS/Linuxの場合

```
cd resources/ngapp/ & ng build ; cd../.. ; npm run dev
```

これで、一度コマンドを実行すれば、AngularとLaravelのビルドをまとめて行えるようになります。いちいち書くのが面倒という人はバッチファイルを書いてこれらを実行させれば良いでしょう。

Angularの開発手順について

Angularは、プロジェクトをビルドし、生成されたファイルを更にWebpackで一体化して、ようやく使えるようになります。

ですから、実際に生成され、読み込んでいるスクリプトなどを開いて中を調べようとしても、複雑怪奇でわからないでしょう。開発は、ビルドする前に用意されているファイルを編集して行います。

5-3 Angular の利用

Angularは「**resources**」フォルダ内にプロジェクトが用意されています（ここでは「**ngapp**」フォルダ）。ビルドによる生成物は、この中の「**dist**」というフォルダに保存されます。先にwebpack.mix.jsファイルにスクリプトを書き加えました（**リスト5-22**）が、これは「**dist**」内に生成されたスクリプトを指定し、Webpackで一体化していたわけです。

では、実際のプログラミングで編集していくファイル（すなわち、ビルドする前のもの）は？

これは、「**ngapp**」内の「**src**」フォルダにまとめられています。この中の「**app**」フォルダの中にコンポーネント関係のファイルがまとめてあります。「**app.component. ～**」という名前のファイルが4つ用意されていますが、これらによりAppコンポーネントが組み立てられていたのです。

実際の開発では、この「**app**」内にコンポーネントのファイルを作成し、それらを編集して作業していくことになります。そしてコンポーネントが完成したらAngularプロジェクトをビルドし、Laravel側のビューテンプレートにコンポーネントのタグを埋め込めば、それが利用できる、というわけです。

コンポーネントを作成する

では、実際に簡単なコンポーネント（My）を作成し、ビューテンプレートから利用するところまで行ってみましょう。

/resources/ngapp/にカレントディレクトリを移動し、次のコマンドを実行します。

```
ng generate component my
```

図5-15：ng generate componentでコンポーネントを作る。

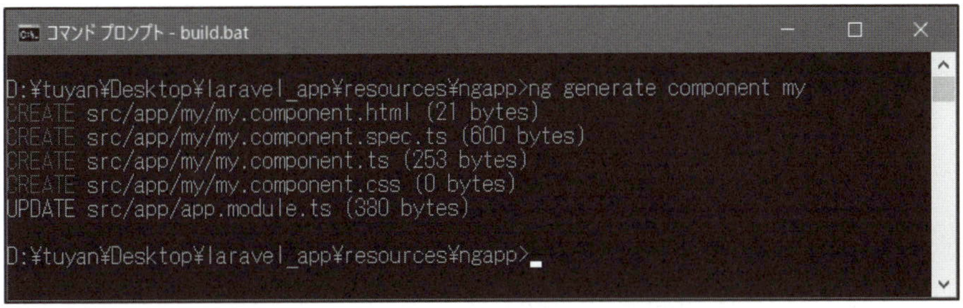

My コンポーネントのファイル構成

ng generate componentコマンドは、/src/app/内に「**my**」というフォルダを作成し、その中に必要なファイルを保存します。Myコンポーネントは、次の4つのファイルで構成されます。

257

my.component.ts	コンポーネントの本体プログラム
my.component.html	コンポーネントの表示用テンプレート
my.coponent.css	コンポーネントで使うスタイルシート
my.component.spec.ts	コンポーネント用のテストスクリプト

これらを編集してコンポーネントを作成していきます。では、ごくシンプルなコンポーネントを作っていきます。

app.module.ts の修正

今回のMyコンポーネントでは、**FormControl**や**リアクティブフォーム**の機能を利用します。また、デフォルトのAppコンポーネントに替わってMyコンポーネントが使われるようにしておく必要があります。そうしたAngularプロジェクトのモジュール設定を修正しておきましょう。

/resources/ngapp/src/app/内に「**app.module.ts**」というファイルが用意されています。これはAngularプロジェクトで使う各種のモジュールの設定などを記述していくファイルです。この内容を次のように修正します。

リスト5-25

```
import { BrowserModule } from '@angular/platform-browser';
import { NgModule } from '@angular/core';
import { FormsModule, ReactiveFormsModule } from '@angular/forms';

import { MyComponent } from './my/my.component';

@NgModule({
  declarations: [
    MyComponent
  ],
  imports: [
    BrowserModule,
    FormsModule,
    ReactiveFormsModule,
  ],
  providers: [],
  bootstrap: [MyComponent]
})
export class AppModule { }
```

ここでは、MyComponentのほか、**FormsModule**、**ReactiveFormsModule**といったモジュールをロードして利用できるようにしてあります。

5-3 Angular の利用

my.component.html

では、Myコンポーネントを作成しましょう。まずはテンプレートから作成します。**my.component.html**の内容を次のように修正して下さい。

リスト5-26

```
<div>
  <p>{{message}}</p>
  <input type="text" [formControl]="input" />
  <button (click)="doAction()">Click</button>
</div>
```

ここでは入力フィールドとボタンを用意しておきました。リアクティブフォームを使い、入力フィールドにFormControlを設定してあります。

my.component.ts

続いて、スクリプトの作成です。**my.component.ts**を開き、次のようにスクリプトを記述して下さい。

リスト5-27

```
import { Component, OnInit } from '@angular/core';
import { FormControl } from '@angular/forms';

@Component({
  selector: 'app-my',
  templateUrl: './my.component.html',
  styleUrls: ['./my.component.css']
})
export class MyComponent implements OnInit {

  message:string;
  input:FormControl;

  constructor() { }

  ngOnInit() {
    this.message = 'please input your name:';
    this.input = new FormControl('noname');
  }

  doAction() {
    this.message = 'Hello, ' + this.input.value + '!!';
  }
}
```

259

ここでは、メッセージを表示する**message**プロパティと、入力フィールドを管理する**input**というFormControlプロパティを用意してあります。また、ボタンをクリックしたときの処理として、doActionメソッドも用意してあります。

@Componentデコレータでは、**selector: 'app-my'**と指定してあり、これにより**<app-my>**というタグとしてMyコンポーネントが記述できるようにしています。

My コンポーネントの利用

では、Myコンポーネントを使いましょう。

/resources/views/hello/index.blade.phpを開き、その中に書かれていた<app-root></app-root>を次のように書き換えて下さい。

リスト5-28
```
<app-my></app-my>
```

これでMyコンポーネントが埋め込まれました。AngularプロジェクトとLaravelプロジェクトをビルドし、/helloにアクセスをして動作を確認しましょう。

図5-16：入力フィールドに名前を書いてボタンを押すとメッセージが表示される。

/helloにアクセスをすると、画面に入力フィールドとプッシュボタンが表示されます。これが、Myコンポーネントで作成したものです。フィールドに名前を書いてボタンをクリックすると、その上に「**Hello, ○○!!**」とメッセージが表示されます。

index.blade.phpには、<app-my>タグしか書かれてはいません。HelloControllerコントローラーにもMyコンポーネントに関する記述はありません。ただ、**ビューテンプレートにタグを書くだけで、自作のコンポーネントが使えるようになる**ことがわかるでしょう。

axiosでサーバー通信する

AngularとLaravelの間でやり取りをするには、Ajax通信を利用します。この点は、Vue.jsやReactと何ら変わりはありません。

Vue.jsやReactではaxiosを利用しましたので、Angularでもこれを利用してクライアント＝サーバー間のやり取りを行うことにします。axiosは、package.jsonに用意されているので、標準で使える状態となっています。

ここでも、axiosを使ってHelloController@jsonにアクセスし、JSONデータを取得する、というサンプルを作成してみます。

まず、**my.component.html**に記述した<input type="text">タグを「**type="number"**」に修正して下さい。

これで整数値のみが入力可能になります。type="text"のままでも利用はできますが、念のために変更しておきました。

my.component.ts を修正する

では、コンポーネントのプログラムを修正しましょう。my.component.tsを次のように修正して下さい。

リスト5-29

```
import { Component, OnInit } from '@angular/core';
import { FormControl } from '@angular/forms';
import axios from 'axios';

@Component({
  selector: 'app-my',
  templateUrl: './my.component.html',
  styleUrls: ['./my.component.css']
})
export class MyComponent implements OnInit {

  message:string;
  input:FormControl;

  constructor() { }

  ngOnInit() {
    this.message = 'please input your name:';
    this.input = new FormControl('noname');
  }

  doAction() {
    axios.get('/hello/json/' + this.input.value)
      .then(response =>{
          let person = response.data;
          let msg = person.id + ':' + person.name
              + ' [' + person.mail + '] ('
              + person.age + ')';
          this.message = msg;
      });
  }
}
```

図5-17：id番号を入力してボタンをクリックすると、その番号のデータを表示する。

　修正でがきたら、AngularプロジェクトのビルドとLaravelプロジェクトのビルドを行い、/helloにアクセスして動作を確認して下さい。入力フィールドにid番号を設定してボタンをクリックすると、peopleテーブルからそのid番号のレコードを取得し、メッセージとして表示します。

　ここでは、冒頭で次のようにしてaxiosをインポートしています。

```
import axios from 'axios';
```

　後は、axiosオブジェクトを使ってサーバーにアクセスするだけです。**axios.get**で指定のアドレスにアクセスし、アクセス完了後の処理をthenの引数のクロージャに用意します。axiosの基本的な使い方がわかれば、すぐに利用できるようになります。

　基本的なクライアント＝サーバー通信がわかれば、AngularとLaravelを連携して動かすことは、比較的簡単にできるようになるでしょう。

Chapter **6**

ユニットテスト

　LaravelにはMVC以外にもさまざまなプログラムが組み込まれており、それらをテストするのは大変です。ここではコントローラーとモデルの基本、そしてモックを使ったジョブ、イベント、キュー、サービスなどのテストについて説明します。

PHPフレームワーク Laravel実践開発

Chapter 6 ユニットテスト

6-1 コントローラーのテスト

Laravel開発とテスト

ある程度の規模の開発になると、「**テスト**」は非常に重要になります。どの程度の内容のテストを用意するか、どういうテストが必要か。そうしたことを考え、準備するだけでも相当な時間と労力がかかるでしょう。

Laravelでは、標準でさまざまな種類のテストが用意されています。それらの使い方を一通りマスターするだけで、基本的なテストは利用できるようになるでしょう。

▌基本の「ユニットテスト」

テストの基本は「**ユニットテスト**」でしょう。Laravelには、**PHPUnit**が標準で用意されています。これにより、すぐにでもユニットテストを行うことができるようになっています。ソフトウェアのインストールなどは不要です。

PHPUnitは、プログラム本体と設定ファイル（**phpunit.xml**）、そしてテスト用のスクリプトで構成されます。

プログラム本体	/vendor/bin内にphpunit本体プログラムがあります。
設定ファイル	プロジェクトのルートにphpunit.xmlファイルが用意されています。
スクリプト	「tests」フォルダ内に用意されています。「unit」「feature」と分かれており、それぞれにサンプルスクリプトがあります。

テストを行うには、①まず設定ファイルに必要な修正などを行い、②スクリプトを作成し、③そしてプログラム本体をコマンドラインから実行する、という流れになります。

設定ファイルphpunit.xmlについて

まず、設定ファイルからチェックをしておきましょう。プロジェクトのルートにあるphpunit.xmlには、標準で必要な設定が記述されています。

リスト6-1

```xml
<?xml version="1.0" encoding="UTF-8"?>
<phpunit ……略……>
    <testsuites>
        <testsuite name="Unit">
            <directory suffix="Test.php">./tests/Unit</directory>
        </testsuite>

        <testsuite name="Feature">
            <directory suffix="Test.php">./tests/Feature
```

```
                </directory>
            </testsuite>
        </testsuites>
        <filter>
            <whitelist processUncoveredFilesFromWhitelist="true">
                <directory suffix=".php">./app</directory>
            </whitelist>
        </filter>
        <php>
            ……<server/>タグを必要なだけ記述……
        </php>
</phpunit>
```

　\<testsuites\> には、テストスイートの設定が用意されています。**\<testsuite\>** タグを使い、UnitとFeatureの2つのテストスイートが登録されているのがわかります。また、それぞれのスイートには **\<directory\>** タグがありますが、ここで「**Test.php**」というsuffixが設定されています。これにより、「○○.Test.php」というファイルがテストのスクリプトとして認識されるようになっています。

　\<filter\> では、**\<whitelist\>** というタグが用意されており、ここにファイルの **ホワイトリスト**（受け入れるファイルのリスト）の設定が用意されます。これにより「**app**」フォルダ内のphpのスクリプトファイルがホワイトリストとして登録されます。

　これらは、デフォルトで基本的な設定が一通り用意されていますので、カスタマイズする必要はありません。独自にテストスイートを作成したいとか、テスト用のスクリプトファイルとして認識されるファイル名を変更したい、といった場合にはこれらを編集するとよいでしょう。

2つのテスト用スクリプト

　テストのスクリプトは「**tests**」フォルダにまとめられています。この中には、次の2つのフォルダが用意されています。

「Unit」フォルダ	ユニットテストの基本と言えるものです。ユニットテストはなるべく小さな単位でテストを行いますが、ここに用意されるスクリプトがそうしたテストを記述するためのものになります。
「Feature」フォルダ	これは、多数のオブジェクトが組み合わせられるようなテストを行います。

　両者は、はっきりと役割が分かれているというわけではなく、「**このように使い分けましょう**」といったものと考えると良いでしょう。実際、用意されているスクリプトの基本的な内容は、どちらも全く同じものを記述できます。Unitに書くべきことをFeatureに書いたからといってエラーにはなりません。

両者は基本的に同じものです。ただ、テストを記述する側のために、2つのテストスイートを用意してある、というだけです。

テストの実行

テストの実行は、**phpunit**コマンドを実行するだけです。コマンドプロンプトまたはターミナルから次のように実行をします。

■Windowsの場合
```
vendor\bin\phpunit
```

■macOSの場合
```
vendor/bin/phpunit
```

図6-1：phpunitコマンドを実行する。

実行すると、問題がなければ「**OK (2 tests, 2 assertions)**」と表示されます。警告やエラーなどがあれば、その内容が出力されます。結果が「**OK**」となっていれば問題ないと考えればいいでしょう。

/tests/Unit/ExampleTest.phpについて

では、スクリプトの内容を確認しましょう。まずは**/tests/Unit/ExampeTest.php**からです。これはデフォルトで次のように記述されています。

リスト6-2
```
<?php
namespace Tests\Unit;

use Tests\TestCase;
use Illuminate\Foundation\Testing\RefreshDatabase;

class ExampleTest extends TestCase
{
    public function testBasicTest()
```

```
    {
        $this->assertTrue(true);
    }
}
```

テストのスクリプトは、Tests名前空間の**TestCase**クラスを継承して作成します。テストクラスは、「〇〇Test」という名前を付けて作成します。

クラス内には**testBasictest**というメソッドが1つだけ用意されています。テスト用のメソッドには、このように「**test〇〇**」といった名前が付けられます。testで始まっていないメソッドは、テスト実行時に警告されます。

assertTrue について

testBasicTestメソッドには、次の文が1つだけ用意されています。これがテストを行っている部分です。

```
$this->assertTrue(true);
```

assertTrueは、引数の値がtrueかどうかをチェックするメソッドです。ユニットテストは、このようにTestCaseに用意されているチェック用のメソッドを使って各種の値や処理の結果を確認していきます。

こうしたassertメソッドには、多数が用意されています。これらのメソッドにより、値やオブジェクトの状態などをチェックしていくのがユニットテストの基本です。

/tests/Feature/ExampleTest.phpについて

もう1つの/tests/Feature/ExampleTest.phpについても見てみましょう。これも基本的なスクリプトの書き方は「**Unit**」フォルダにあったものと同じです。が、サンプルに用意されている内容は微妙に異なっています。

リスト6-3
```php
<?php
namespace Tests\Feature;

use Tests\TestCase;
use Illuminate\Foundation\Testing\RefreshDatabase;

class ExampleTest extends TestCase
{
    public function testBasicTest()
    {
        $response = $this->get('/');

        $response->assertStatus(200);
```

```
        }
}
```

ここでも**TestCase**クラスを継承した形でクラスが用意されており、**test○○**という名前でメソッドが用意されています。**assert**メソッド（assertStatus）でチェックをしている点は同じですが、行っている内容は違います。

```
$response = $this->get('/');
```

まず、これでルートにGETアクセスするレスポンスオブジェクトを取得しています。そしてそのオブジェクトの「**assertStatus**」を呼び出すことで、ステータスコードが200である（正常にアクセスできたことを示すコード番号）ことをチェックしています。

基本的にassertメソッドでチェックをしているという点では同じですが、こちらは「**指定のアドレスにアクセスし、その状況をチェックする**」といった非常に多くの要素が内包されている操作をチェックしています。「**Unit**」フォルダのスクリプトに比べると、より大きな機能についてチェックしているのがわかるでしょう。

もちろん、既に述べたように、これらは「**そうしなければならない**」というものではありません。ただ、このようにチェックの対象や内容などに応じてテストスイートを分けて整理することで、「**これを修正したからこのテストを再実行しよう**」といった、開発とテストの関係をよりわかりやすくまとめることができるでしょう。

コントローラーをテストする

PHPUnitにはさまざまなassertメソッドが用意されています。が、Laravelのような Webアプリケーションの場合、変数やオブジェクトの値などをチェックするだけ、ということはあまりないでしょう。

Laravelは、MVCアプリケーションであり、MVCのそれぞれの働きをチェックする必要があります。
まず最初に、「**コントローラー**」のテストから考えてみます。

コントローラーのテストというのは、すなわち「**ルートで設定したアドレスにアクセスをし、期待した通りの結果（レスポンス）が得られているか**」を確認するものです。Webアプリケーションでもっとも重要なのは、「**正常にアクセスできるか**」です。
これは、サンプルに既に用意されていましたね。「**assertStatus**」メソッドによるチェックをアレンジすることで作成していけます。このほか、同様のassertメソッドがいろいろと揃っています。

では、さまざまなアクセスを行ってテストしてみましょう。/tests/Feature/ ExampleTest.phpを開き、ExampleTest@testBasicTestメソッドを次のように修正して下さい。

リスト6-4

```php
public function testBasicTest()
{
    $this->get('/')->assertStatus(200);
    $this->get('/hello')->assertOk();
    $this->post('/hello')->assertOk();
    $this->get('/hello/1')->assertOk();
    $this->get('/hoge')->assertStatus(404);
    $this->get('/hello')->assertSeeText('Index');
    $this->get('/hello')->assertSee('<h1>');
    $this->get('/hello')->assertSeeInOrder
        (['<html','<head','<body','<h1>']);
    $this->get('/hello/json/1')->assertSeeText('YAMADA-TARO');
    $this->get('/hello/json/2')->assertExactJson(
        ['id'=>2, 'name'=>'HANAKO',
        'mail'=>'hanako@flower','age'=> '19',
        'created_at'=>'2019-05-16 02:10:10',
        'updated_at'=>'2019-05-16 02:10:10']);
}
```

図6-2：実行すると、すべてのテストが問題なく通過した。

修正できたらPHPUnitを実行してみましょう。問題なくテストが通過すれば、正常にアクセスが行えています。

アクセスによるテストの基本

アドレスを指定してアクセスし、テストを行う場合は、「**レスポンスを取得する**」「**そこからテストのメソッドを実行する**」という形で実施します。レスポンスの取得は、HTTPメソッドと同名のメソッドを$thisから呼び出して行います。

■Requestを取得する

```
$this->get( アドレス );
$this->post( アドレス );
$this->put( アドレス );
$this->delete( アドレス );
```

これらのメソッドは、レスポンスのオブジェクトを返します。といっても、Laravelのコントローラーで利用したResponseではありません。Illuminate\Foundation\Testing名前空間の「**TestResponse**」というクラスのインスタンスです。これはテスト用のレスポンスクラスです。このTestResponseは、テスト用スクリプトと同じくTestCaseを継承して作成されており、assertメソッドなどのテスト用メソッドもTestCaseと同様に揃っています。

テスト用メソッドについて

ここでは、TestResponseに用意されているさまざまなassertメソッドを使っています。ここで使ったものは、レスポンスのチェックで利用するもっとも基本的なものといえます。次に簡単に整理しておきましょう。

■ステータスのチェック

```
$this->get('/')->assertStatus(200);
```

これは既に使いました。レスポンスのステータスコードをチェックします。引数にはチェックするステータスコード番号を指定します。レスポンスのステータスコードが引数に指定したものと異なっていると、テストに失敗します。

■ステータスOKのチェック

```
$this->get('/hello')->assertOk();
```

正常にアクセスできたことを確認します。assertStatus(200)と同じもので、こちらのほうが引数もなく直感的に使えるでしょう。

■POSTのチェック

```
$this->post('/hello')->assertOk();
```

レスポンスはgetだけではありません。POSTアクセスのチェックも、postメソッドを使ってレスポンスを得ることで同様に行えます。

■パラメータを指定する

```
$this->get('/hello/1')->assertOk();
```

パラメータを利用する場合は、ダミーとしてパラメータを付けたアドレスを指定して、レスポンスを取得してステータスをチェックします。

■存在しないページのチェック

```
$this->get('/hoge')->assertStatus(404);
```

用意していないアドレスを指定し、ステータスコードが404（Not Found、未検出）かどうかをチェックします。不用意に「**存在しないはずのページにアクセスできてしまう**」といったことを確認できます。

6-1 コントローラーのテスト

■コンテンツに含まれるテキスト

```
$this->get('/hello')->assertSeeText('Index');
```

assertSeeTextは、引数に指定したテキストがレスポンスのコンテンツに含まれている
かどうかをチェックします。含まれていなければテストに失敗します。

■レスポンスに含まれるテキスト

```
$this->get('/hello')->assertSee('<h1>');
```

例えばHTMLタグなどは、コンテンツには含まれません(タグ自体は画面に表示されま
せん)。こうしたもののチェックには「**assertSee**」を使います。これで、レスポンスのコー
ド内に含まれるテキストの存在をチェックできます。

■用意したテキストが順に登場する

```
$this->get('/hello')->assertSeeInOrder(['<html','<head','<body',
    '<h1>']);
```

データの構造などをチェックするのに役立ちます。assertSeeInOrderは、引数の配列
にまとめたテキストが、その順序に従って登場することを確認します。値がなかったり、
順番が違っていたりするとテストに失敗します。

これと同様のメソッドに、コンテンツから配列のテキストをチェックする
「**assertSeeTextInOrder**」も用意されています。

■Ajaxへのアクセス

```
$this->get('/hello/json/1')->assertSeeText('YAMADA-TARO');
```

先に/hello/jsonでAjaxデータを返すサンプルを作りました。こうしたAjaxデータを出
力するものも、assertSeeTextでコンテンツをチェックすることができます。ここでは/
hello/json/1として、id=1のPersonの値が出力されているか確認をしています。

■Ajaxの内容チェック

```
$this->get('/hello/json/2')->assertExactJson(
        ['id'=>2, 'name'=>'HANAKO',
        'mail'=>'hanako@flower','age'=> '19']);
```

assertExactJsonは、レスポンスで返されるAjaxデータと、引数に用意した連想配列が
一致するかどうかをチェックします。ここでは、「**/hello/json/番号**」で指定のidのレコー
ドをAjaxで出力するという前提で記述してあります。指定のidのレコードに保管されて
いる全フィールドの値を配列にまとめたものを用意し、assertExactJsonでチェックをし、
同等のものと判断されればテストを通過します。

なお、ここでは/ajaxにアクセスした結果をチェックしていますが、用意したデータに
よって結果は異なります。それぞれのデータ内容に合わせて修正して下さい。

271

Chapter 6 ユニットテスト

6-2 モデルのテスト

テスト用データベースの準備

モデルのテストを行う場合、考えなければならないのが「**データベースをどうするか**」です。本番環境と同じデータベースを使うと、データが破壊される可能性もあります。やはりテスト用のデータベースを準備しておく必要があるでしょう。

そのためには、まずテスト用のデータベース設定を用意します。これは、データベースの設定が記述されている**/config/database.php**に用意します。この中の**'connections'**にデータベースの設定がまとめられています。ここにテスト用の設定を追加します。

リスト6-5

```
'testing' => [
    'driver' => ドライバの指定,
    'database' => データベース名,
    'host' => ホストの指定,
    'port' => ポート番号,
    'username' => 利用者名,
    'password' => パスワード,
    ……略……
],
```

細かな設定内容は、使用するデータベースに応じて用意して下さい。これで、testingという設定が用意されました。これをテスト用に利用すればいいわけです。

テスト用データベースを用意する

PHPUnitで、用意したtestingのデータベースを利用するように設定を用意しておきます。**phpunit.xml**の**\<php\>**タグ内に次のタグを追記します。

リスト6-6

```
<env name="DB_DATABASE" value="データベース名"/>
```

これで、PHPUnitでデータベースを利用する際、指定のデータベースが使われるようになります。

マイグレーションの用意

テスト用データベースに手作業でデータを入力してもいいのですが、**マイグレーション**と**シーディング**を利用したほうが遥かに簡単にデータベースの準備ができます。

272

まず、マイグレーションを作成しましょう。ここでは、peopleテーブル生成に関する
マイグレーションファイルを作成します。既にマイグレーションファイルが用意されて
いる場合は不要です。

コマンドプロンプトまたはターミナルから次のように実行します。

```
php artisan make:migration create_people_table
```

これで、**/database/migrations/xxx_create_people_table.php**ファイルが作成されま
す（xxxには任意の数字）。作成されたファイルを開き、マイグレーションの内容を記述
しておきます。

リスト6-7

```php
<?php
use Illuminate\Support\Facades\Schema;
use Illuminate\Database\Schema\Blueprint;
use Illuminate\Database\Migrations\Migration;

class CreatePeopleTable extends Migration
{
    public function up()
    {
        Schema::create('people', function (Blueprint $table) {
            $table->bigIncrements('id');
            $table->string('name');
            $table->string('mail');
            $table->integer('age');
            $table->timestamps();
        });
    }

    public function down()
    {
        Schema::dropIfExists('people');
    }
}
```

ここでは「**id**」「**name**」「**mail**」「**age**」といったフィールドを持つテーブルを作成する処理
を用意しています。**up**メソッドの**Schema::create**メソッドで、次のような形行っていま
す。

```
Schema::create('people', function (Blueprint $table) {
    ……$tableのメソッドでフィールドを設定……
});
```

Chapter **6** ユニットテスト

$tableに渡される**Blueprint**インスタンスのメソッドを使って、フィールドを用意していきます。テキスト値はstring、整数値はinteger、作成と更新のフィールドはtimestampsで自動生成されます。またidは、bigIncrementsを使うことで自動的に値が割り当てられます。

▎マイグレーションを適用する

スクリプトを記述したら、次のコマンドを実行してテスト環境にマイグレーションを適用します。

```
php artisan migrate:refresh --database=testing
```

最後の**--database=testing**を忘れないで下さい。これにより、database.phpに用意したtesting設定を使ってデータベースにアクセスし、マイグレーションを行います。

シーディングの用意

続いて、シーディングを作成しましょう。これも新たにシーディングのファイルを作成し、それを使って記述することにします。コマンドプロンプトまたはターミナルから実行して下さい。

```
php artisan make:seeder PeopleTableSeeder
```

これで、**/database/seeds/PeopleTableSeeder.php**が作成されます。このファイルを開き、中にシーディングの処理を記述します。

リスト6-8

```php
<?php
use Illuminate\Database\Seeder;

class PeopleTableSeeder extends Seeder
{
    public function run()
    {
        DB::table('people')->insert([
            'name' =>'YAMADA-TARO',
            'mail' => 'taro@yamada',
            'age' => 34,
        ]);

        ……必要なだけ記述……

    }
}
```

274

ここでは、'YAMADA-TARO'という名前のレコードを1つ作成しています。これを参考に、必要なだけダミーレコードの追加処理を用意しておきましょう。

■シーディングを呼び出す

記述できたら、これを**/database/seeds/DatabaseSeeder**から呼び出して実行されるようにしておきます。DatabaseSeeder.phpを次のように修正して下さい。

リスト6-9

```php
<?php
use Illuminate\Database\Seeder;

class DatabaseSeeder extends Seeder
{
    public function run()
    {
        $this->call( [PeopleTableSeeder::class] );
    }
}
```

runメソッドで、PeopleTableSeederの処理が実行されるようにしておきました。**$this->call**で、実行するシーダーのクラスを引数に指定すれば、それが実行されます。

■シーディングを実行する

では、作成されたシーディングのスクリプトを実行して、テスト用データベースのpeopleテーブルにレコードを追加しましょう。コマンドプロンプトまたはターミナルから次のように実行下さい。

```
php artisan db:seed --database=testing
```

これでpeopleテーブルにダミーレコードが追加されました。後は、これを元にデータベースのテストを行っていきます。

モデルのテストを行う

ではモデルのテストについて説明しましょう。モデルのテストには、

- 「指定のレコードが取り出せるか」をチェックする方法
- 「モデルのオブジェクトを作って操作してみる」という方法

が考えられます。

まずは、レコードを取り出してチェックするテストからです。これは次の2つのメソッドが基本となります。

Chapter 6 ユニットテスト

■データが存在することを確認

```
$this->assertDatabaseHas( テーブル名 , 連想配列 );
```

■データが存在しないことを確認

```
$this->assertDatabaseMissing( テーブル名 , 連想配列 );
```

これらは、第1引数で指定したテーブルに、第2引数のデータを保持するレコードが存在するかどうかをチェックします。つまり、これらは「**モデルのテスト**」というより、「**テーブル(レコード)のテスト**」といえるでしょう。

第2引数の連想配列には、フィールド名をキーとして値を用意します。これは、レコードに保管されている項目すべてを用意する必要はありません。チェックしたい項目だけを用意すれば、それだけをチェックします。ただし、プライマリキーとなるid値は必ず用意する必要があります。そのidをもとにレコードを取得し、値をチェックするので、id値が用意されていないとテストに失敗します。

people テーブルをテストする

では、実際の利用例を挙げておきましょう。「**Feature**」フォルダのExampleTest@testBasicTestメソッドを次のように書き換えて下さい。

なお、ここでは**$data**に指定したデータを持つレコードが、データベースに保管されているものとします。

リスト6-10

```
public function testBasicTest()
{
    $data = [
        'id' => 1,
        'name' => 'YAMADA-TARO',
        'mail' => 'taro@yamada',
        'age' => '34'
    ];
    $this->assertDatabaseHas('people',$data);
    // $data['id'] =2; //●
    $this->assertDatabaseMissing('people', $data);
}
```

276

図6-3：そのままテスト実行すると失敗する。●部分冒頭の//を削除するとテストに成功する。

これを実行すると、テストに失敗します。ここではデータを用意し、それを使って**assertDatabaseHas**と**assertDatabaseMissing**を実行しています。同じデータですから、どちらか片方が成功すれば、もう一方は必ず失敗することになります。

それを確認したら、●部分のコメントを実行するように冒頭の「//」を削除して再チェックして下さい。今度は問題なくテストを通過するでしょう。idを変更し、チェック対象のレコードが替わると、assertDatabaseMissingは問題なく通過するわけですね。

おそらく、テスト用データベースにはデータがない、という場合には、上記のテストは失敗するはずです。これは、id=1に指定のレコードが存在している前提で用意していますので、そうでない場合にはレコードが見つからないでしょう。

モデルを利用する

既にあるレコードを検索したり取り出したりしてチェックするだけでなく、テスト内でレコードを作成したり削除したりして動作を確認することも必要になるでしょう。

Eloquentのモデルクラスを用意しているならば、モデルクラスのインスタンスを作成し、保存することでテスト用のレコードを作成できます。それをもとに、assertDatabaseHasやassertDatabaseMissingでレコードのチェックを行っていけば、モデルが正しく機能しているかどうかを確認できます。

では、実際の利用例を挙げておきましょう。ExampleTest@testBasicTestメソッドを次のように書き換えておきます。

リスト6-11
```php
public function testBasicTest()
{
    $data = [
        'id' => 1,
        'name' => 'DUMMY',
        'mail' => 'dummy@mail',
        'age' => 0,
    ];
    $person = new Person();
    $person->fill($data)->save();
    $this->assertDatabaseHas('people',$data);

    $person->name = 'NOT-DUMMY';
    $person->save();
    $this->assertDatabaseMissing('people',$data);
    $data['name'] = 'NOT-DUMMY';
    $this->assertDatabaseHas('people',$data);

    $person->delete();
    $this->assertDatabaseMissing('people',$data);
}
```

図6-4：モデルを使ったテストを実行する。問題なくモデルの作成・更新・削除が行えればテストは通過する。

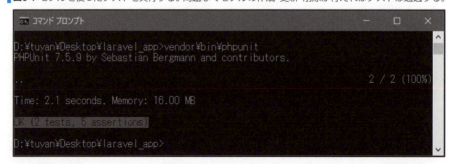

6-2 モデルのテスト

ここでは、モデルを使ったレコードの作成、値の更新、レコードの削除といった操作を行い、そのつどテストを行っています。全体の流れを整理しながらテストの内容を説明しましょう。

■モデルの作成

```
$person = new Person();
$person->fill($data)->save();
$this->assertDatabaseHas('people',$data);
```

newでPersonインスタンスを作成し、fillで連想配列$dataをモデルに割り当ててsaveします。そして、assertDatabaseHasで、$dataが保存されているかを確認します。問題なくレコードが保存されていれば、テストは通過します。

■モデルの更新

```
$person->name = 'NOT-DUMMY';
$person->save();
$this->assertDatabaseMissing('people',$data);
$data['name'] = 'NOT-DUMMY';
$this->assertDatabaseHas('people',$data);
```

nameの値を'NOT-DUMMY'に変更してsaveし、assertDatabaseMissingで$dataがpeopleテーブルに存在するかをチェックします。問題なくレコードが更新されていれば、レコードは検索されず、テストを通過します。$dataのnameを同じように変更してassertDatabaseHasすると、今度はレコードと$dataの内容が合致するのでレコードが見つかり、テストを通過します。

■モデルの削除

```
$person->delete();
$this->assertDatabaseMissing('people',$data);
```

モデルをdeleteで削除し、assertDatabaseMissingでレコードが見つからないことを確認します。問題なく削除できていればテストは通過します。

テーブルの初期化について

ここでは、テーブルにダミーレコードを作成して削除していますが、より複雑なテストを行うようになると、テーブルの内容を大幅に書き換えることも増えてきます。そうなると、テスト実行後に、テーブルを初期状態に戻すような作業が必要になってくるでしょう。

これは、テストクラスに**RefreshDatabase**を組み込むことで実現できます。ExampleTestクラス内に次の文を追記して下さい。

リスト6-12

```
// use Illuminate\Foundation\Testing\RefreshDatabase; を追記
```

279

```
use RefreshDatabase;
```

　これでテスト実行後、テーブルが自動的に初期状態に戻るようになります。これは、必ずテスト用のデータベースを利用するようにしてから記述して下さい。これを怠ると、本番環境のデータベースを初期化してしまう危険があります。念のため、本環境のデータベースもバックアップしておきましょう。

シードを利用する

　サンプルでは、あらかじめ連想配列でダミーデータを用意しておき、それを元にモデルを作成し、テーブルにレコードを保存しています。このやり方だと、大量のダミーレコードを作成するのはかなり面倒になります。
　use RefreshDatabase;を利用するとテーブルが初期状態に戻ってしまうため、登録しておいたシードのレコードも初期化され消えてしまいます。そこで、テスト実行前にシードを利用してダミーレコードを作成し、それからテストを行うようにしてみます。

リスト6-13
```
public function testBasicTest()
{
    $this->seed(DatabaseSeeder::class);
    $person = Person::find(1);
    $data = $person->toArray();

    $this->assertDatabaseHas('people', $data);

    $person->delete();
    $this->assertDatabaseMissing('people', $data);
}
```

　ここでは、シードを使ってダミーレコードを追加し、そこから値を取り出してテストを行っています。

```
$this->seed(DatabaseSeeder::class);
```

　これが、その部分です。**seed**で引数に**シーダークラス**（「**seeds**」フォルダに作成されているスクリプトに用意されている）を指定すると、そのクラスを実行してシーディング行います。これで、ダミーレコードが作成されているはずです。
　以後は、レコードを使ったテストの処理になります。まずid = 1のPersonインスタンスを取り出し、その内容を配列に取り出します。

```
$this->seed(DatabaseSeeder::class);
$person = Person::find(1);
$data = $person->toArray();
```

こうして用意した$dataを使い、assertDatabaseHasで値が存在するかチェックしています。findで取り出したレコードのデータですから、当然、値は存在するはずです。

```
$this->assertDatabaseHas('people', $data);
```

それからdeleteでPersonインスタンスを削除し、assertDatabaseMissingでなくなったことを確認しています。

```
$person->delete();
$this->assertDatabaseMissing('people', $data);
```

このように、seedメソッドでダミーレコードを組み込めれば、後はレコードを使ったさまざまなテストが行えるようになります。

6-3 ファクトリの利用

ファクトリを作成する

モデルを使ってダミーレコードを作成する場合、あらかじめ用意したデータを使ってレコードを生成するのがもっとも単純なやり方です。シーディングはそれに最適なものです。

が、これでは、決まりきった値をチェックすることになります。もっとランダムにレコードを生成してテストする必要がある場合、Laravelでは「**ファクトリ**」を作成して利用することができます。

ファクトリは、さまざまなデータを生成するクラスです。これを用意することで、テキストや数字などをランダムに生成し、それをもとにモデルを作成し、テーブルに追加できるようになります。これにより、毎回ランダムな内容のレコードを作成してテストを行えるようになります。

ファクトリはartisanコマンドを使って作成できます。ではコマンドプロンプトまたはターミナルから実行して下さい。

```
php artisan make:factory PersonFactory
```

これで、**/database/factories/PersonFactory.php**ファイルが作成されます。これを開くと、次のようなスクリプトが記述されています。

リスト6-14

```php
<?php

/* @var $factory \Illuminate\Database\Eloquent\Factory */

use App\Model;
use Faker\Generator as Faker;

$factory->define(Model::class, function (Faker $faker) {
    return [
        //
    ];
});
```

　Factoryクラスの**define**というメソッドを実行する文が書かれていますね。これは、ファクトリを設定するメソッドです。第1引数にモデルクラスを指定し、第2引数にはそれに設定するクロージャを指定します。
　このクロージャでは、「**Faker**」というクラスのインスタンスが渡されます。Fakerは、ダミーのデータを生成するクラスです。Fakerにあるメソッドを使ってダミーのデータを生成し、returnします。これにより、ダミーデータのモデルを生成できるようになります。

Factory を定義する

　では、Personインスタンスを生成するためのファクトリを用意しましょう。
/database/factories/PersonFactory.phpを次のように修正して下さい。

リスト6-15

```php
<?php
use App\Person;
use Faker\Generator as Faker;

$factory->define(Person::class, function (Faker $faker) {
    return [
        'name' => $faker->name,
        'mail' => $faker->email,
        'age' => $faker->numberBetween(1,100),
    ];
});
```

　これで、ランダムなデータを使ってPersonインスタンスを生成するファクトリが設定できました。

Faker のメソッドについて

defineのクロージャでは、Personインスタンスに設定する値を連想配列として用意し、それをreturnしています。各項目の値は、引数で渡されるFakerインスタンスからメソッドを呼び出して用意しています。このFakerに用意されているメソッドを活用するのが、ファクトリのポイントになります。

Fakerクラスには、値を生成するさまざまなメソッドが用意されています。膨大な数のメソッドが用意されているので、比較的よく使われるものに絞って簡単にまとめておきましょう。

メソッド名	機能
boolean()	真偽値の値をランダムに返します。
randomNumber()	整数値をランダムに返します。
randomFloat()	実数値(float)をランダムに返します。
numberBetween(最小値 , 最大値)	引数で指定された範囲内からランダムに整数を返します。
randomHtml(階層 , 最大エレメント数)	ランダムにHTMLコードを生成します。第1引数はタグの最大階層数で、第2引数は階層内に生成されるエレメントの最大数です。
shuffle(配列)	引数の配列をランダムに入れ替えて返します。
randomLetter()	ランダムな文字(アルファベット)を返します。
word()	ランダムな単語(英単語)を返します。
text(文字数)	引数に指定した最大文字数のテキストを生成して返します。
sentence()	センテンス(一文)をランダムに生成して返します。
paragraph()	一段落のテキストをランダムに生成して返します。
emoji	絵文字をランダムに返します。
name()	名前をランダムに返します。
firstName()	ファーストネームをランダムに返します。
firstNameMale()	男性のファーストネームをランダムに返します。
firstNameFemale()	女性のファーストネームをランダムに返します。
lastName()	ラストネームをランダムに返します。
country()	国名をランダムに返します。
state()	ステート(州)をランダムに返します。
city()	街の名前をランダムに返します。
address()	住所をランダムに返します。
postcode()	郵便番号をランダムに返します。
latitude()	緯度の値(実数値)をランダムに返します。

longitude()	軽度の値(実数値)をランダムに返します。
phoneNumber()	電話番号をランダムに返します。
date()	日付(年月日)のテキストをランダムに返します。
time()	時刻(時分秒)のテキストをランダムに返します。
dateTime()	日時のテキストをランダムに返します。
email()	メールアドレスのテキストをランダムに返します。
userName()	ユーザー名のテキストをランダムに返します。
password()	パスワードのテキストをランダムに返します。
domainName()	インターネットのドメインのテキストをランダムに返します。
url()	URLのテキストをランダムに返します。
hexcolor()	色を表す16進数の値をランダムに返します。
rgbcolor()	RGBの各値をランダムに返します。
colorName()	色名をランダムに返します。
locale()	ロケールを表す値(jaなど)をランダムに返します。

ファクトリを使ってテストする

では、作成したファクトリを利用してテストを行うサンプルを挙げておきます。
ExampleTest@testBasicTestメソッドを次のように修正して下さい。

リスト6-16

```php
public function testBasicTest()
{

    for($i = 0;$i < 100;$i++)
    {

        factory(Person::class)->create();

    }
    $count = Person::get()->count();
    $person = Person::find(rand(1, $count));
    $data = $person->toArray();
    print_r($data);


    $this->assertDatabaseHas('people', $data);


    $person->delete();
    $this->assertDatabaseMissing('people', $data);

}
```

■図6-5：ランダムに生成したレコードからランダムに1つを選び、それを使ってテストを行う。

　コマンドプロンプトまたはターミナルからphpunitコマンドを実行すると、100個のPersonインスタンスを生成して保存し、そこからダンダムに1つを選んでテストを行います。ここでは、forを使い、次の文を繰り返し実行しています。

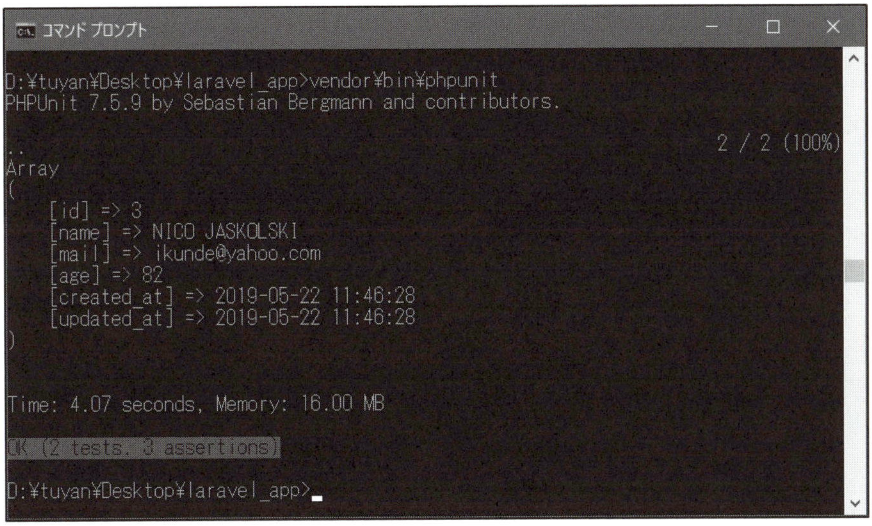

```
factory(Person::class)->create();
```

　factory関数は、引数に指定したモデルクラスのインスタンスを生成します。このとき、ファクトリとして登録された機能を使ってモデルの値が設定されます。先に作成したファクトリを使って、ランダムな値が設定されたPersonインスタンスが、これで作成されるわけです。そして、createを呼び出してモデルを保存すれば、ダミーデータがデータベーステーブルに保存されます。

ステートを設定する

　ファクトリは、ランダムな値を使ってモデルを生成します。ただし、なんでもランダムに作ればそれでいい、というわけにもいきません。モデルの中には、設定する値に何らかの条件や制約が必要となるものも存在するでしょう。こうした場合、設定する値を制御する仕組みが欲しくなります。

　ファクトリには「**ステート**」と呼ばれる機能があります。これは、$factoryの「**state**」メソッドを使って設定します。stateの使い方は次のようになります。

■単純な形
```
$factory->state( モデルクラス , 名前 , 連想配列 );
```

Chapter **6** ユニットテスト

■複雑な形

```
$factory->state( モデルクラス , 名前 , function($faker)
{
    return 連想配列 ;
});
```

　ステートは、モデルに設定される値を連想配列として返します。第3引数に直接、配列を用意してもいいし、クロージャを用意してその中で配列を作成し、returnしてもいいでしょう。クロージャを使う場合、引数にFakerが渡されるので、これを使って新たなダミーデータを取得し、利用することもできます。

　returnする連想配列は、モデルに用意されるすべての値を揃える必要はありません。値を再設定したい項目だけ用意すればいいのです。そうすることで、ステートを呼び出したとき、指定の項目だけ値が更新されるようになります。

　こうして作成したステートは、モデルから「**state**」メソッドを呼び出して利用します。

■ステートの実行

```
《モデル》->state( 名前 )
```

　モデルクラスのインスタンスからstateメソッドを呼び出すことで、ステートを実行します。戻り値は、値を改変したモデルのインスタンスが渡されるので、そのままcreateなりを呼び出して保存すればいいでしょう。

　stateの引数には、実行するステートの名前を指定します。ステートは、1つのモデルに複数用意することが可能です。名前を使って、どのステートを呼び出すかを決めます。またメソッドチェーンで複数のステートを呼び出すことも可能です。

ステートを利用する

　では、実際にステートを作成してみましょう。ステートは、ファクトリのスクリプトファイルに記述します。

　/database/factories/PersonFactory.phpを開き、次のスクリプトを追記して下さい。

リスト6-17

```
$factory->state(Person::class, 'upper', function($faker)
{
    return [
        'name' => strtoupper($faker->name()),
    ];
});
$factory->state(Person::class, 'lower', function($faker)
{
    return [
        'name' => strtolower($faker->name()),
    ];
});
```

前章で、Personモデルクラスのnameにアクセサとミューテータを用意し、名前はすべて大文字にして保存するようにしてありましたね。そこで、nameをすべて大文字にするステートと、すべて小文字にするステートを用意しました。これらを使ってモデルのnameを操作しながらテストを行おう、というわけです。

ステートを使ってテストする

では、実際にステートを利用したテストを行ってみましょう。
ExampleTest@testBasicTestメソッドを次のように修正します。

リスト6-18

```php
public function testBasicTest()
{
    $list = [];
    for($i = 0;$i < 10;$i++)
    {
        $p1 = factory(Person::class)->create();
        $p2 = factory(Person::class)->states('upper')->create();
        $p3 = factory(Person::class)->states('lower')->create();
        $p4 = factory(Person::class)->states('upper')
                ->states('lower')->create();
        $list = array_merge($list, [$p1->id, $p2->id,
                $p3->id, $p4->id]);
    }

    for($i = 0;$i < 10;$i++)
    {
        shuffle($list);
        $item = array_shift($list);
        $person = Person::find($item);
        $data = $person->toArray();
        print_r($data);

        $this->assertDatabaseHas('people', $data);

        $person->delete();
        $this->assertDatabaseMissing('people', $data);
    }
}
```

図6-6：ランダムに取り出した10個のPersonを出力し、テストを行う。

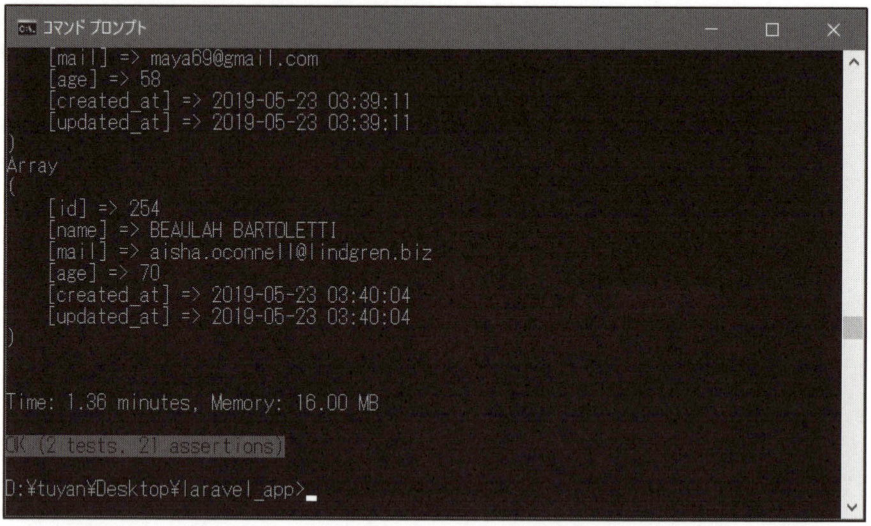

```
[mail] => maya69@gmail.com
[age] => 58
[created_at] => 2019-05-23 03:39:11
[updated_at] => 2019-05-23 03:39:11
)
Array
(
[id] => 254
[name] => BEAULAH BARTOLETTI
[mail] => aisha.oconnell@lindgren.biz
[age] => 70
[created_at] => 2019-05-23 03:40:04
[updated_at] => 2019-05-23 03:40:04
)


Time: 1.36 minutes, Memory: 16.00 MB

OK (2 tests, 21 assertions)

D:\tuyan\Desktop\laravel_app>
```

　ここでは全部で40個のPersonを作成し、そこから10個を取り出して削除しながらテストを行っています。取り出したPersonはすべて内容を出力しています。nameの値がすべて大文字になっているのを確認しましょう。

　ここではforの繰り返しごとに、次の4つのPersonを作成して保存しています。

■通常のPerson

```
$p1 = factory(Person::class)->create();
```

■state('upper')でnameを大文字に変換したPerson

```
$p2 = factory(Person::class)->states('upper')->create();
```

■state('lower')でnameを小文字に変換したPerson

```
$p3 = factory(Person::class)->states('lower')->create();
```

■state('upper')とstate('lower')を連続で呼び出す

```
$p4 = factory(Person::class)->states('upper')->states('lower')
    ->create();
```

■作成したPersonのidを$listに追加する

```
$list = array_merge($list, [$p1->id, $p2->id, $p3->id, $p4->id]);
```

　$listは、作成したPersonのidが保管されている配列です。Personを取り出して削除する処理を繰り返していくので、idの配列を用意し、そこからidを取り出しながら処理をしていきます。

　こうして4つのPerson作成を10回繰り返し、計40個を保存したら、2つ目のforで、Personをランダムに取り出してテストを行います。

■ランダムに1つ取り出す

```
shuffle($list);
$item = array_shift($list);
$person = Person::find($item);
```

shuffleで$listをランダムにかき混ぜています。そして**array_shift**で最初の値を取り出し、**Person::find**でそのidのPersonインスタンスを取得します。

■Personの内容を出力

```
$data = $person->toArray();
print_r($data);
```

toArrayでPersonの内容を配列で取り出し、print_rして出力します。これで、取り出したPersonの内容がどんなものかわかります。

■$dataが存在するかテスト

```
$this->assertDatabaseHas('people', $data);
```

assertDatabaseHasを使い、$dataのデータがpeopleテーブルに存在するかテストします。先ほどPerson::findで取り出したものですから、存在するはずですね。存在していればテストは通過です。

■Personを削除しテスト

```
$person->delete();
$this->assertDatabaseMissing('people', $data);
```

deleteでPersonを削除し、assertDatabaseMissingで$dataがテーブルに存在しないことをテストします。deleteで削除されていれば、このテストは通過します。

コールバックの設定

ファクトリでモデルを作成したり保存したりするとき、その操作の「**後処理**」のようなものを行いたいこともあります。このような処理のために、ファクトリには**コールバック**を設定するメソッドが用意されています。

■モデル作成後の処理

```
$factory->afterMaking( モデルクラス , クロージャ );
```

■モデル保存後の処理

```
$factory->afterCreating( モデルクラス , クロージャ );
```

■モデル作成後のステート実行後の処理

```
$factory->afterMakingState( モデルクラス , クロージャ );
```

■モデル保存後のステート実行後の処理処理

```
$factory->afterCreatingState( モデルクラス , クロージャ );
```

■クロージャ関数の定義

```
function ( モデルインスタンス , $faker)
{
       ……コールバック処理……
}
```

コールバックは、**モデル作成時**と**ステート実行時**にそれぞれ用意されています。いずれも**making**後と**creating**後に呼び出されるようになっています。

引数は第1引数にモデルクラスを指定し、第2引数にクロージャを用意します。このクロージャが、コールバックとして実行される処理になります。

クロージャでは、モデルのインスタンスとFakerインスタンスが引数として渡されます。これらを使って、必要な後処理を記述します。基本的なメソッドの書き方はどれも同じですから、4つあってもすぐに使いこなせるようになるでしょう。

コールバックを用意する

では、実際に簡単なコールバック処理を用意し、動作を確かめてみます。ExampleTest@testBasicTestはそのままで構いません。

/database/factories/PersonFactory.phpに次の文を追記して下さい。

リスト6-19

```
$factory->afterMaking(Person::class,
        function ($person, $faker)
    {
        $person->name .= ' [making]';
        $person->save();
    });


$factory->afterCreating(Person::class,
        function ($person, $faker)
    {
        $person->name .= ' [creating]';
        $person->save();
    });


$factory->afterMakingState(Person::class, 'upper',
        function ($person, $faker)
    {
        $person->name .= ' [making state]';
        $person->save();
    });
```

6-3 ファクトリの利用

```php
$factory->afterCreatingState(Person::class, 'lower',
        function ($person, $faker)
    {
        $person->name .= ' [creating state]';
        $person->save();
    });
```

図6-7：nameの後に[MAKING]や[CREATING STATE]が追加されているのが見える。

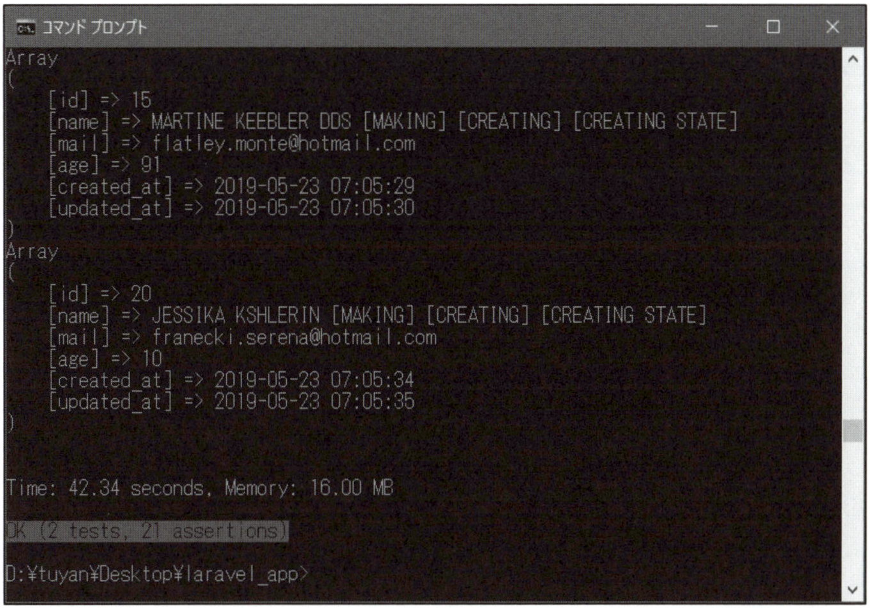

```
コマンド プロンプト                                         ─    □    ×
Array
(
    [id] => 15
    [name] => MARTINE KEEBLER DDS [MAKING] [CREATING] [CREATING STATE]
    [mail] => flatley.monte@hotmail.com
    [age] => 91
    [created_at] => 2019-05-23 07:05:29
    [updated_at] => 2019-05-23 07:05:30
)
Array
(
    [id] => 20
    [name] => JESSIKA KSHLERIN [MAKING] [CREATING] [CREATING STATE]
    [mail] => franecki.serena@hotmail.com
    [age] => 10
    [created_at] => 2019-05-23 07:05:34
    [updated_at] => 2019-05-23 07:05:35
)

Time: 42.34 seconds, Memory: 16.00 MB

OK (2 tests, 2 assertions)

D:\tuyan\Desktop\laravel_app>
```

　ここでは、4つのコールバックメソッド全てに簡単な処理を用意してあります。それぞれのコールバックの種類で、nameの名前の末尾に**[making]**といったテキストを付け足すようにしてあります。こうしたテキストが付いていれば、それらはコールバックによって処理されたことがわかります。

　テストを実行すると、例えばこんな感じに、Personを取得した内容が表示されることがわかるでしょう。

```
Array
(
    [id] => 20
    [name] => JESSIKA KSHLERIN [MAKING] [CREATING]
        [CREATING STATE]
    [mail] => franecki.serena@hotmail.com
    [age] => 10
    [created_at] => 2019-05-23 07:05:34
    [updated_at] => 2019-05-23 07:05:35
)
```

291

Chapter 6 ユニットテスト

ここでは、[MAKING] [CREATING] [CREATING STATE] という3つのテキストがnameに追加されていますね。それぞれ**afterMaking**、**afterCreating**、**afterCreatingState**が実行されていることがわかります。そして、いずれもテキストはすべて大文字に変わっています。

6-4 モックの活用

ジョブをテストする

Laravelのアプリケーションでは、MVCの基本プログラム以外にも、さまざまなプログラムが組み込まれています。それらのテストを行うために、Laravelには「**モック**」と呼ばれる機能が組み込まれています。

モックは、実際に用意されている機能を、**擬似的に**利用できるようにする仕組みです。Laravelには、**Mockey**と呼ばれるモックプログラムが組み込まれており、それを利用するメソッド類がTestCaseクラスに揃っています。これらを活用することで、さまざまなプログラムを、本来の機能が実際に実行されることなくテストできるようになります。

まずは「**ジョブ**」からテストしてみましょう。ジョブは、あらかじめ用意されている処理をキューに追加し、非同期に実行するのに用いられます。本書でも既にその説明をしています（**4-1 キューとジョブ**）。

ジョブは、ディスパッチすることでキューに登録され、実行されます。これをテストするために、Illuminate\Support\Facades名前空間に「**Bus**」というクラスが用意されています。このBusには、次のようなメソッドが用意されています。

■フェイク機能を作動させる

```
Bus::fake();
```

これにより、ジョブを扱うための機能がフェイクに置き換えられます。以後、ジョブのディスパッチはこのフェイク機能上で実行され、実際のキューなどには影響を与えなくなります。

■ジョブがディスパッチされている

```
Bus::assertDispatched( ジョブクラス );
```

ジョブがディスパッチされていることをテストします。引数にはクラスの指定が用意されます。これにより、指定のジョブクラスがディスパッチされていればテストは通過します。されていなければ失敗します。

292

■ジョブがディスパッチされていない

```
Bus::assertNotDispatched( ジョブクラス );
```

　引数には、ジョブクラスの指定が渡されます。指定されたジョブクラスがディスパッチされていなければ、テストを通過します。もしディスパッチされていれば失敗します。

MyJob をテストする

　では、実際にテストしてみましょう。ここでは、先に作成したMyJobクラス（**リスト4-32**）を使ってテストをします。MyJobは、**リスト4-32**でコンストラクタの引数を変更していますので、注意して下さい。id番号を渡すようにしたものを使います。
　では、ExampleTest@testBasicTestを次のように修正しましょう。

リスト6-20

```
// use App\Person; 追加
// use Illuminate\Support\Facades\Bus; 追加
// use App\Jobs\MyJob; 追加

public function testBasicTest()
{
    $id = 1;
    $data = [
        'id' => $id,
        'name' => 'DUMMY',
        'mail' => 'dummy@mail',
        'age' => 0,
    ];
    $person = new Person();
    $person->fill($data)->save();
    $this->assertDatabaseHas('people',$data);

    Bus::fake();
    Bus::assertNotDispatched(MyJob::class);
    MyJob::dispatch($id);
    Bus::assertDispatched(MyJob::class);
}
```

　ここでは、**use RefreshDatabase;**でデータベースをリフレッシュしている前提で、作成しています。Person用のデータを用意し、Personインスタンスを作成して保存します。それからジョブのテストに入ります。

```
Bus::fake();
```

　まず、フェイク機能を設定します。これは、ジョブを扱う前に実行しておきます。

```
Bus::assertNotDispatched(MyJob::class);
```

assertNotDispatchedメソッドで、MyJobがディスパッチされていないことを確認します。まだジョブは何も実行していませんから、これはテスト通過します。

```
MyJob::dispatch($id);
```

ここで、MyJobをディスパッチします。idには、先ほど作成したPersonのidを指定しておきます。MyJobは、ジョブ内でPersonインスタンスを利用するので、存在しないidを指定すると実行に失敗します。このため、事前にPersonを1つ登録しておいたというわけです。

```
Bus::assertDispatched(MyJob::class);
```

assertDispatchedで、MyJobがディスパッチされていることを確認します。問題なくディスパッチできていれば、これもテスト通過するはずですね。

このように、ジョブのテストでは、あらかじめ**Bus::fake**でフェイク機能を設定しておき、それから必要に応じてジョブをディスパッチし、assertDispatchedやassertNotDispatchedでディスパッチの状態をチェックする、という形で行っていきます。

クロージャでディスパッチ状況をチェックする

assertDispatchedは、指定のジョブクラスがディスパッチしているかをチェックします。が、単に「**ディスパッチされているかどうか**」だけでなく、ディスパッチされたジョブの状態がどのようになっているか、などまで含めてチェックしたいでしょう。
assertDispatchedは、実は引数にクロージャを含めることができます。この場合、次のような形になります。

```
Bus::assertDispatched( ジョブクラス , function($job)
{
    ……実行する処理……
    return 戻り値 ;
});
```

クロージャには引数が1つ用意されており、これにディスパッチされているジョブクラスのインスタンスが渡されます。ここから必要なプロパティやメソッドを呼び出して具体的な処理を行います。
このクロージャは戻り値があり、trueを返せばテスト通過、falseを返せばテストに失敗したとみなされます。

クロージャでテストを行う

では、クロージャ利用の例を挙げておきましょう。先ほどのExampleTest@testBasicTestメソッドを次のように書き換えます。

リスト6-21

```php
public function testBasicTest()
{
    $id = 1;
    $data = [……略……];
    $person = new Person();
    $person->fill($data)->save();
    $this->assertDatabaseHas('people',$data);

    Bus::fake();
    MyJob::dispatch($id);

    Bus::assertDispatched(MyJob::class,
        function($job) use ($id)
    {
        $p = Person::find($id)->first();
        return $job->getPersonId() == $p->id;
    });
}
```

　ここではPersonを保存してBus::fakeを実行した後、MyJobをディスパッチしてからassertDispatchedを呼び出しています。ここでは第2引数に次のようなクロージャを用意してあります。

```php
function($job) use ($id)
{
    $p = Person::find($id)->first();
    return $job->getPersonId() == $p->id;
});
```

　まずPerson::findで$idのPersonを取得しています。そして引数で渡されたジョブ（MyJob）からgetPersonIdでPersonインスタンスのidを取得し、Person::findで得たインスタンスのidと等しいかどうかをチェックしています。等しければtrueをreturnすることになり、テストを通過するのです。
　このようにクロージャを利用すれば、ジョブの中のメソッドなどを呼び出して、より詳しい状況を調べることができるのです。

イベントをテストする

　ジョブと非常に似た役割を果たすものに「**イベント**」があります。イベントも、ジョブと同じようなやり方でテストすることができます。
　イベントは、Illuminate\Support\Facades名前空間の「**Event**」クラスを利用します。このクラスにも、Busと同様に「**fake**」メソッドが用意されており、これを呼び出して、実際のイベントシステムを動かすことなくテストすることができます。

■フェイク機能を実行する

```
Event::fake();
```

■イベントが発行されていることを確認する

```
Event::assertDispatched( イベントクラス );
```

■イベントが発行されていないことを確認する

```
Event::assertNotDispatched( イベントクラス );
```

見ればわかるように、クラスが異なるだけで、用意されているメソッド名も引数も、Busの場合と同じです。また、ここではassertDispatchedについてはイベントクラスを引数にする形でまとめてありますが、Busのメソッドと同様、第2引数にクロージャを用意することもできます。

PersonEvent をテストする

では、実際に試してみましょう。先に**4-2**「**イベントの利用**」で、「**PersonEvent**」というイベントを作成しました（**リスト4-15**）。これを利用して、イベントのテストを行ってみましょう。

ExampleTest@testBasicTestメソッドを次のように修正して下さい。

リスト6-22

```
// use Illuminate\Support\Facades\Event; 追加
// use App\Events\PersonEvent; 追加

public function testBasicTest()
{
    factory(Person::class)->create();
    $person = factory(Person::class)->create();

    Event::fake();
    Event::assertNotDispatched(PersonEvent::class);
    event(new PersonEvent($person));
    Event::assertDispatched(PersonEvent::class);
    Event::assertDispatched(PersonEvent::class,
        function($event) use ($person)
    {
        return $event->person === $person;
    });
}
```

基本的な流れは同じですが、全く同じではつまらないので、今回はファクトリを使ってPersonインスタンスを作成・保存し、それを使ってテストを行うようにしました。テストでは、まずイベントのフェイク機能を作動します。

```
Event::fake();
```

続いて、Eventクラスでテストを行います。assertNotDispatchedで、PersonEventイベントが発行されていないことを確認します。

```
Event::assertNotDispatched(PersonEvent::class);
```

まだ何もイベントを使っていないので、これはそのまま通過するはずです。続いて、PersonEventを発行します。

```
event(new PersonEvent($person));
```

event関数で、普通にイベントを発行するのと同じやり方で実行しています。発行したら、イベントの発行をテストします。

```
Event::assertDispatched(PersonEvent::class);
```

assertDispatchedで、PersonEventが発行されていることを確認します。もう1つ、クロージャを使ったやり方も試しておきます。

```
Event::assertDispatched(PersonEvent::class,
    function($event) use ($person)
{
    return $event->person === $person;
});
```

クロージャでは、発行されたイベントが引数に渡されます。ここではPersonEventのassertDispatchedを実行していますので、この$eventにはPersonEventインスタンスが渡されます。そのpersonプロパティと、ファクトリで生成したPersonインスタンスが等しいかどうかをチェックしています。同じであればテストを通過します。

コントローラーでイベントを発行させる

event関数で、普通にイベントを発行するのと同じやり方で実行しています。ということは、例えばほかにPersonEventを利用する処理などがあったとして、それらを呼び出すこともそのままできるわけです。

例えば、コントローラーにあるアクションメソッド内でイベントを発行させるような処理があったとき、そのアクションへのルートにアクセスをすることで、イベントの発行をテストできるのでしょうか？　試してみましょう。

ここでは、HelloController@indexを修正して利用します。次のように内容を変更して下さい。

リスト6-23
```php
public function index($id = null)
{
    if ($id != null)
    {
        event(PersonEvent::class);
        $result = Person::find($id);
    } else {
        $result = Person::get();
    }
    $msg = 'show people record.';
    $data = [
        'input' => '',
        'msg' => $msg,
        'data' => $result,
    ];
    return view('hello.index', $data);
}
```

ここではidパラメータを受け取り、それを使ってPersonEventを発行するようにしてあります。

/routes/web.php内に次のような形でルート情報を用意しておけばいいでしょう。

リスト6-24
```php
Route::get('/hello/{id}', 'HelloController@index');
```

これで、「**/hello/番号**」という形でアクセスすると、そのidのPersonが表示されるようになりました。実際に**php artisan serve**で実行し、アクセスして動作を確かめておきましょう。

図6-8：「/hello/番号」とアクセスすれば、そのidのPersonが表示される。

「/hello/ 番号」にアクセスしてテストする

では、テストを作成しましょう。ExampleTest@testBasicTestメソッドを次のように修正して下さい。

リスト6-25

```php
public function testBasicTest()
{
    factory(Person::class)->create();
    $person = factory(Person::class)->create();

    Event::fake();
    $this->get('/hello/' . $person->id)->assertOk();
    Event::assertDispatched(PersonEvent::class);
}
```

修正したら、テストを実行して動作を確認します。問題なくテストを通過したら、**$this->get**メソッドを呼び出している部分を次のように書き換えてみて下さい。

```php
$this->get('/hello')->assertOk();
```

これでテストを実行すると、失敗します。/helloにアクセスしてもPersonEventが発行されないためです。

図6-9：/hello/番号 にアクセスするとテスト通過するが、/helloにアクセスするとテストに失敗する。

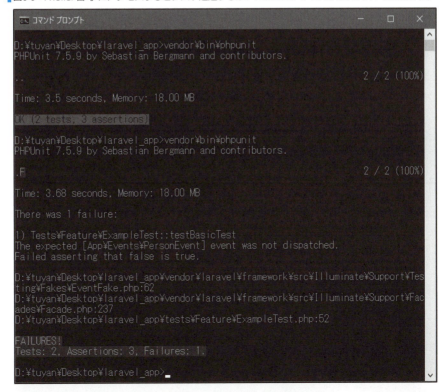

ここでは、まずファクトリを使ってPersonインスタンスを作成した後、フェイク機能を起動しています。

```
Event::fake();
```

そして、$this->getを使って、作成したPersonのidの値を使い、「**/hello/番号**」にアクセスを行います。**assertOk**で正常にアクセスできたかも確認しておきます。

```
$this->get('/hello/' . $person->id)->assertOk();
```

そして、EventのassertDispatchedで、PersonEventイベントが発行されたかをチェックします。

```
Event::assertDispatched(PersonEvent::class);
```

このtestBasicTestメソッド内では、イベントの発行は一切行っていません。$this->getで「**/hello/番号**」というようにid番号をパラメータとして付けてアクセスをすると、HelloController@index側でPersonEventが発行されるようになっているのです。

これにより、HelloController@indexにアクセスすると、正常にPersonEventが発行されていることが確認できた、というわけです。

キューをテストする

ジョブやイベントは、キューに送られ、そこで管理されます。ジョブのディスパッチやイベントの発行についてはテストしましたが、これらを管理する「**キュー**」そのものについてテストすることも必要でしょう。

キューも、やはりフェイク機能が用意されています。Illuminate\Support\Facades名前空間の「**Queue**」クラスを使うことで、実際のキューには影響を与えることなくテストを行えます。

Queueクラスには、次のようなメソッドが用意されています。

■フェイク機能の起動
```
Queue::fake();
```

■指定のジョブが追加されていることを確認
```
Queue::assertPushed( ジョブクラス );
```

■指定のジョブが追加されていないことを確認
```
Queue::assertNothingPushed( ジョブクラス );
```

基本的な使い方は、これまでのBusやEventとだいたい同じです。fakeでフェイク機能を起動し、assertPushedやassertNothingPushedを使って、キューにジョブが追加されているかどうかをチェックしていきます。

assertPushedは、引数を指定して次のような書き方もできます。

■追加されている個数を確認

```
Queue::assertPushed( ジョブクラス , 整数 );
```

■クロージャで具体的な処理を用意

```
Queue::assertPushed( ジョブクラス , クロージャ );
```

クロージャを使う場合、クロージャの引数にジョブが渡されます。これを使ってジョブの具体的な内容などを確認できます。

MyJob と PersonEvent でキューをテストする

では、実際にキューを利用してみましょう。ExampleTest@testBasicTestメソッドを次のように書き換えて下さい。

リスト6-26

```php
// use Illuminate\Support\Facades\Queue; 追加
// use App\Listeners\PersonEventListener; 追加
// use Illuminate\Events\CallQueuedListener; 追加

public function testBasicTest()
{
    factory(Person::class)->create();
    $person = factory(Person::class)->create();

    Queue::fake();
    Queue::assertNothingPushed();

    MyJob::dispatch($person->id);
    Queue::assertPushed(MyJob::class);

    event(PersonEvent::class);
    $this->get('/hello/' . $person->id)->assertOk();
    Queue::assertPushed(CallQueuedListener::class, 2);
    Queue::assertPushed(CallQueuedListener::class,
            function($job)
    {
        return $job->class == PersonEventListener::class;
    });
}
```

ここでは、MyJobとPersonEventを使ってキューへの登録をテストしています。なお、いうまでもありませんが、今回のテストではジョブとイベントをキューで管理するようにしておく必要があるので注意して下さい（ここまで作成したサンプルでは、いずれもキューを利用する形になっているはずです）。

キューのテストの流れを整理する

　では、ここで行っている処理を簡単にまとめておきましょう。まずファクトリを使い、Personを1つ保存しておきます。これはMyJobで利用します。

```
Queue::fake();
```

　キューのテストを開始します。まず、キューに何も追加されていないのを確認しておきます。

```
Queue::assertNothingPushed();
```

　これが通過すれば、キューは空の状態であることがわかります。もちろん、このキューは、フェイクで用意されているキューです。
　続いて、MyJobをキューに追加してテストします。

```
MyJob::dispatch($person->id);
Queue::assertPushed(MyJob::class);
```

　MyJobをディスパッチすると、それがキューに追加されます。その後で**assertPushed**を使い、MyJobが追加されていることを確認します。ディスパッチによりMyJobがキューに追加されていれば、このテストは通過します。

イベントリスナーを調べる

　続いて、PersonEventを発行してテストします。ここでは、PersonEventを2回、発行しています。

```
event(PersonEvent::class);
$this->get('/hello/' . $person->id)->assertOk();
```

　まず、event関数を使って直接PersonEventを発行し、それから「**/hello/番号**」にアクセスしてHelloController@indexを呼び出し、その中でPersonEventを発行させています。
　それから、キューにイベントが追加されていることをテストします。

```
Queue::assertPushed(CallQueuedListener::class, 2);
```

　assertPushedを使い、テストをしています。ここでは、「**CallQueuedListener**」というクラスを指定していますね。これは、イベントリスナーをジョブとして扱うのに用意されているクラスです。
　assertPushedは、キューに追加されているジョブを確認します。が、イベントを発行したとき、キューに登録されるのはイベントリスナーであって、ジョブではありません。このため、assertPushedで直接イベントリスナーが追加されているか調べることはできません。
　そこで、CallQueuedListenerクラスが用意されています。これをassertPushedの引数に指定すると、キューの中からイベントリスナーを探して確認します。

6-4 モックの活用

リスナーの種類を確認する

ただし、CallQueuedListenerを引数に指定しただけでは、それがどのイベントリスナーかはわかりません。CallQueuedListenerは、すべてのイベントリスナーをまとめて扱います。どのイベントリスナーなのか確認するためには、クロージャを利用する必要があります。

```
Queue::assertPushed(CallQueuedListener::class,
        function($job)
{
    return $job->class == PersonEventListener::class;
});
```

引数の**$job**には、キューに追加されているジョブが渡されます。ここでは、CallQueuedListenerインスタンスになります。この中のclassプロパティで、クラスの指定を得ることができます。この値が、**PersonEventListener::class**と同じであれば、この$jobに登録されているイベントリスナーはPersonEventListenerだ、と判断できます。

このように、$job->classがどのクラスかを調べることによって、イベントリスナーごとのチェックを行うことができるようになります。

特定のキューを調べるには？

Laravelでは、ジョブをキューに追加する際、特定の名前のキューを指定することができます。こうした「**名前付きのキュー**」をテストする場合は、assertPushedよりも「**assertPushedOn**」メソッドを使うほうが良いでしょう。

```
Queue::assertPushedOn( 名前 , クラス );
```

このassertPushedOnは、第1引数にキューの名前を、第2引数にジョブクラスの指定をそれぞれ用意します。これにより、指定したクラスのジョブが指定の名前のキューに追加されていることをテストします。

簡単な利用例を挙げておきましょう。ExampleTest@testBasicTestメソッドを修正します。

リスト6-27

```
public function testBasicTest()
{
    factory(Person::class)->create();
    $person = factory(Person::class)->create();

    Queue::fake();
    Queue::assertNothingPushed();

    MyJob::dispatch($person->id)->onQueue('myjob');
    Queue::assertPushed(MyJob::class);
```

303

```
        Queue::assertPushedOn('myjob', MyJob::class);
}
```

ここでは、MyJobをディスパッチする際、**onQueue**でmyjobというキューに追加をしています。そして、**assertPushedOn('myjob', MyJob::class);**として、myjobキューにMyJobが追加されているかを確認しています。

assertPushedOnの前に、**assertPushed**でも確認をしていますが、こちらも問題なくテスト通過します。特定の名前を指定してキューに追加したジョブも、assertPushedで確認できることがわかります。assertPushedでキューへの追加を確認し、assertPushedOnで更に「**どのキューに追加したか**」をも確認できる、というわけです。

サービスをテストする

サービスのテストは、簡単ですが難しい、といえます。

単純に、サービスのクラスをインスタンス化してメソッドを呼び出し、動作を確認するだけなら、これはとても簡単です。

が、サービスはコントローラーなどにDIで組み込まれて利用されます。こうしたサービスがきちんと機能しているかを確かめるには、サービスを利用するページにアクセスし、サービスによって提供されている値などをコンテンツから確認をする、という手順になるでしょう。

実際に試してみましょう。**第2章**で、「**PowerMyService**」というサービスを作成していました（**リスト2-22**）。これをHelloControllerで利用し、その利用状況をテストしてみます。

まずは、HelloController@indexメソッドを次のように修正して下さい。

リスト6-28

```
// use App\MyClasses\PowerMyService; 追加

public function index(PowerMyService $service)
{
    $service->setId(1);
    $msg = $service->say();
    $result = Person::get();
    $data = [
        'input' => '',
        'msg' => $msg,
        'data' => $result,
    ];
    return view('hello.index', $data);
}
```

コントローラーでサービスを利用するには、DIを利用してインスタンスを渡すようにしていました。

ここでは、indexメソッドでPowerMyServiceインスタンスを渡し、それを利用しています。setIdでidを1に変更し、sayメソッドで呼び出した値を$msgに代入して画面に表示するようにしています。「**あなたが好きなのは、1番のリンゴですね！**」というのがそれで、アクセスすると必ずこのメッセージがPowerMyServiceから取り出され、表示されます。

図6-10：/helloにアクセスしたときの表示。PowerMyServiceでのメッセージが表示される。

HelloController@index をテストする

では、このHelloController@indexでPowerMyServiceによる表示がきちんとされていることをテストしましょう。

ExampleTest@testBasicTestメソッドを次のように変更します。

リスト6-29
```php
public function testBasicTest()
{
    $response = $this->get('/hello');
    $content = $response->getContent();
    echo $content;
    $response->assertSeeText(
            'あなたが好きなのは、1番のリンゴですね！',
            $content);
}
```

ここでは、**$this->get('/hello');**でアクセスをし、**assertSeeText**でコンテンツの中にPowerMyServiceから得られたメッセージが含まれていることを確認しています。メッセージがコンテンツに含まれていれば、アクセス時にきちんとサービスが機能していることがわかります。

Chapter 6 ユニットテスト

クラスをモックする

　サービスが組み込まれ、実行されている過程を検証したい場合、必ずしも実際のサービスクラスが必要となるわけではありません。テスト用にフェイククラスを用意し、それを使って「**サービスが組み込まれ、メソッドが呼び出されている**」ということを確認する手法もあります。

　これには、Laravelに組み込まれているモックプログラム「**Mockey**」を利用します。Mockeyは、特定のクラスのフェイクとなるもの（モック）を作成し、そのインスタンスを組み込んで本来のクラスに置き換える機能を持っています。

■モックを作成する

```
$mock = Mockery::mock(PowerMyService::class);
```

■モックをクラスに設定する

```
$this->instance(PowerMyService::class, $mock);
```

　Mockery::mockにより、引数に指定したクラスのモックが作成されます。そして**instance**メソッドにより、第1引数に指定したクラスのインスタンスとしてモックが使われるように設定されます。
　これにより、指定したクラスをモックに置き換えて挙動を確かめることができるようになります。

PowerMyServiceをモックする

　では、実際にMockeyを使って、PowerMyServiceの挙動を確かめてみましょう。先ほどのHelloController@indexをそのまま使い、組み込まれるPowerMyServiceをモックに入れ替えて、動作の確認を行います。
　ExampleTest@testBasicTestメソッドを次のように修正して下さい。

リスト6-30

```
// use Mockery; 追加
// use App\MyClasses\PowerMyService; 追加

public function testBasicTest()
{
    $msg = '*** OK ***';
    $mock = Mockery::mock(PowerMyService::class);
    $mock->shouldReceive('setId')
        ->withArgs([1])
        ->once()
        ->andReturn(null);

    $mock->shouldReceive('say')
```

306

```
        ->once()
        ->andReturn($msg);

    $this->instance(PowerMyService::class, $mock);

    $response = $this->get('/hello');
    $content = $response->getContent();
    $response->assertSeeText($msg, $content);
}
```

ここでは**Mockery::mock**でモックを作成した後、「**setId**」「**say**」の2つのメソッドを再設定しています。この2つのメソッドは、HelloController@indexで使われているものです。テストで実行するコントローラーのアクション内で、実際に呼び出されているメソッドをモックで再設定しておくのです。

そして、**instance**でPowerMyServiceにモックを設定します。後は、getで/helloにアクセスし、コンテンツを取得してassertSeeTextでチェックする、というお決まりの作業を行うだけです。

shouldReceive によるメソッド再設定

モックでクラスを置き換える場合、テスト対象で実際に使われているメソッドを置き換えてやる必要があります。

それを行っているのが、**$mock->shouldReceive**で始まる一連のメソッドチェーンです。

■setId(1)を再設定する

```
$mock->shouldReceive('setId')
    ->withArgs([1])
    ->once()
    ->andReturn(null);
```

■say()を再設定する

```
$mock->shouldReceive('say')
    ->once()
    ->andReturn($msg);
```

shouldReceive	メソッド名を指定する。
withArgs	引数が必要な場合はこれで設定する。引数は、値を配列にまとめたものとなる。
once	一度だけメソッドを呼び出す。
andReturn	戻り値が必要な場合はこれで設定する。引数に戻り値を用意する。

ここでは、setIdとsayを設定していました。1つひとつのメソッドの役割がわかれば、呼び出し方もだいたい理解できるでしょう。基本は、「**shouldReceiveでメソッド名を設**

Chapter 6 ユニットテスト

定し、**once**し、**andReturn**で戻り値を設定する」という流れです。メソッドに引数がある場合は、必要に応じて**withArgs**を追加します。

　ここで構築するメソッドの設定は、テスト時に呼び出されるメソッドと同じ形である必要があります。例えば、ここではsetId(1)を再設定しています。これは、HelloController@indexでsetId(1)が呼び出されているからです。従って、setId(2)ではいけません。必ずsetId(1)を再設定する必要があるのです。この「**呼び出されるのと同じ形のものを再設定する**」という点を忘れないで下さい。

Chapter **7**

Artisan CLIの開発

Laravelでは、Artisanのコマンドが多用されます。
Artisanコマンドは、スクリプト内から呼び出すこともでき
ますし、自分でコマンドを作成して使うこともできます。こ
うしたArtisanコマンドの活用法について説明しましょう。

PHPフレームワーク Laravel実践開発

7-1 Artisanコマンドの利用

Artisanコマンドについて

　Laravelの開発を行うとき、必ずお世話になるのが「**Artisan**」です。各種ファイルの生成から開発用サーバーの起動まで、多くの作業でArtisanは使われています。Artisanの機能と使い方を一通り理解することは、Laravel開発を行う上で非常に重要でしょう。

　Artisanには、おそらく皆さんが想像している以上の機能が詰まっています。どのような機能が用意されているのか、ざっと確かめてみましょう。コマンドプロンプトまたはターミナルから次を実行して下さい。

```
php artisan list
```

　これで、Artisanに用意されているコマンドの一覧リストが得られます。相当な数のコマンドが揃っていることがわかるでしょう。

図7-1：artisan listで全コマンドのリストが得られる。

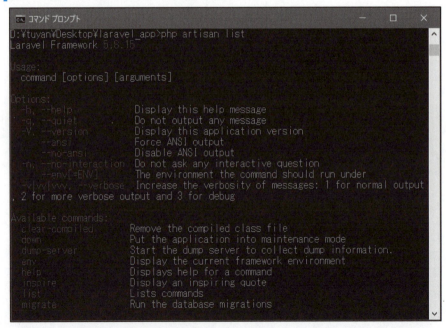

Artisanの基本コマンド

　Artisanには多くのコマンドがありますが、その大半は「○○:××」というようにコマンド名の後に具体的な命令を記述する形で実行されます。が、中にはシンプルに「**artisan ○○**」とコマンド名だけを書いて実行できるものもあります。

こうした、もっとも基本的な操作を行うコマンドには、次のようなものが用意されています。

help	ヘルプコマンド。「help ○○」と調べたいコマンド名を付けて実行する。
list	コマンドリストの出力。
serve	試験用サーバーでアプリケーションを起動する。
migrate	マイグレーションの実行。
preset	フロントエンドフレームワーク用のプリセット設定。
clear-compiled	コンパイルした生成物の消去。

このほかにもいくつかありますが、これらの、もっとも基本的なコマンドの使い方はしっかりと理解しておくべきでしょう。

各機能ごとのコマンド

Artisanのほとんどのコマンドは、機能ごとに整理されており、「○○:××」といった具合に、特定機能のコマンドに用意されている命令を続けて記述して実行をします。用意されているコマンド類について次に整理しておきます。

app

```
app:name
```

アプリケーションに名前を付けます。「**app:name 名前**」と実行することで、指定の名前にアプリケーションが設定されます。そのアプリケーションのプログラムは、設定した名前の名前空間に配置されるようになります。例えば「**app:name Hello**」とすれば、アプリケーションのクラス類はApp名前空間からHello名前空間に変更されます。

auth

```
auth:clear-resets
```

Authをリセットします。試用期間を過ぎたパスワードを消去し、トークンをリセットします。

cache

cache:clear	キャッシュをクリアします。
cache:forget	「cache:forget キー」と実行することで、特定のキーの値をキャッシュから消去します。
cache:table	キャッシュデータテーブルからマイグレーションを生成します。

config

config:cache	設定情報のキャッシュを生成します。
config:clear	設定キャッシュをクリアします。

■db

```
db:seed
```

データベースシードをデータベーステーブルに書き込みます。

■event

event:cache	イベントとリスナーをキャッシュします。
event:clear	イベント関連のキャッシュをクリアします。
event:generate	イベントの登録情報をもとに、まだ作成されていないイベントを生成します。
event:list	イベントとリスナーのリストを出力します。

■key

```
key:generate
```

アプリケーションキーを生成します。このキーはアプリケーションの暗号化などに用いられます。

■make

makeは、各種のクラスを生成するコマンドです。「**make:○○**」とすることで、指定のクラスやファイルなどを生成できます。makeで用意されているのは、次のようになります。

```
auth channel command controller event exception factory job
listener mail middleware migration model notification observer
policy provider request resource rule seeder test
```

■migrate

migrate:fresh	すべてのテーブルを取り除き、再度マイグレーションを実行します。
migrate:install	マイグレーションリポジトリを作成します。
migrate:refresh	マイグレーションをリセットして再実行します。
migrate:reset	すべてのマイグレーションをロールバックします。
migrate:rollback	最後のマイグレーションをロールバックします。
migrate:status	マイグレーションのステータスを出力します。

■notifications

```
notifications:table
```

ノーティフィケーションのテーブルを生成します。

7-1 Artisan コマンドの利用

■optimize

`optimize:clear`

キャッシュされたブートストラップファイルをクリアします。

■package

`package:discover`

キャッシュされたパッケージのマニフェスト情報を再構築します。

■queue

queue:failed	実行に失敗したキューのジョブをリスト出力します。
queue:failed-table	実行に失敗したジョブを記録するテーブルを生成します。
queue:flush	すべての失敗したジョブをフラッシュします。
queue:forget	すべての失敗したジョブをキューから消去します。
queue:listen	キューへの登録をリッスンします。
queue:restart	ワーカをリスタートします。
queue:retry	失敗したジョブをリトライします。
queue:table	キューの記録用テーブルを生成します。
queue:work	ワーカを起動します。

■route

route:cache	ルート情報のキャッシュを作成します。
route:clear	ルートのキャッシュをクリアします。
route:list	現在、登録されているルート情報をリスト表示します。

■schedule

`schedule:run`

スケジュールを実行します。

■scout

scout:flush	Scoutの全モデルのインデックスをフラッシュします。
scout:import	「scout:import ○○」とモデル名を指定し、Scoutにインデックスをインポートします。

■session

`session:table`

セッション情報を管理するためのテーブルを生成します。

313

Chapter 7　Artisan CLI の開発

■ storage

```
storage:link
```

/storage/app/public/のシンボリックリンクを/public/storage/に作成します。

■ tntsearch

```
tntsearch:import
```

「**tntsearch:import ○○**」とモデル名を指定し、TNTSearchにインデックスをインポートします。

■ vendor

```
vendor:publish
```

パッケージ名を指定して実行し、ベンダーパッケージのアセット（設定ファイルなど）を公開して使えるようにします。

■ view

view:cache	すべてのBladeテンプレートをコンパイルしてキャッシュします。
view:clear	コンパイルされたBladeテンプレートをクリアします。

dump-serverの利用

Artisanコマンドの中には、Laravel開発に非常に役立つ機能を提供するものもあります。その1つが「**dump-server**」です。

dump-serverは、ダンプ（メモリの内容を出力する機能）を受け取り、出力を行うための専用サーバープログラムです。これを利用することにより、プログラム内に記述されたダンプの出力が、すべてこのサーバーに送られるようになります。プログラムの状態などを把握するのにダンプは非常に強力な道具となるでしょう。

dump-serverを利用するには、Laravelのプログラム内に、必要に応じてダンプ処理を記述する必要があります。では、実例を挙げておきましょう。

HelloController@indexメソッドを次のように修正して下さい。

リスト7-1

```
public function index($id = -1)
{
    if ($id> 0)
    {
        $msg = 'id = ' . $id;
        $result = [Person::find($id)];
    }
    else
```

```
{
    $msg = 'all people data.';
    $result = Person::get();
}
$data = [
    'msg' => $msg,
    'data' => $result,
];
// dump($data); //●
return view('hello.index', $data);
}
```

　ここでは、$idパラメータを受け取り、その値を使って特定のidのPersonを取り出して、テンプレート側に渡すようにしています。$idパラメータがなければ全Personを取得します。

dump 関数について

　テンプレートに渡すデータ（$data）の準備ができたところで、次のような文を用意してあります（現時点では、●の行でコメントアウトしてあります）。

```
dump($data);
```

　この**dump**関数が、引数の値をダンプ出力します。dump-serverの利用時に限らず、普通に利用することができます（dump-serverを使わない場合の出力などは後述します）。

テンプレートの用意

　indexで利用するビューテンプレート（index.blade.php）は、次のような形にしておけばいいでしょう。

リスト7-2

```
<body style="padding:10px;">
    <h1>Hello/Index</h1>
    <p>{{$msg}}</p>
    <ul>
    @foreach($data as $item)
    <li>{{$item->all_data}}</li>
    @endforeach
    </ul>
</body>
```

　$msgと$dataの内容をそれぞれ表示するだけのシンプルなものです。修正したら、/routes/web.phpに次のような形でルート情報を用意しておきます。

リスト7-3
```
Route::get('/hello/{id?}', 'HelloController@index');
```

図7-2：/hello/1とアクセスすれば、id=1のPersonが表示される。

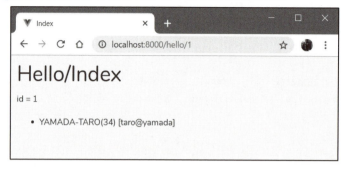

修正したら**artisan serve**で実行し、「**/hello/1**」というように最後にid番号を付けてアクセスをしてみて下さい。指定のidのPersnが検索され、内容が表示されます。こうした処理自体はこれまで何度も作ってきたものですね。

dump-serverを起動する

では、dump-serverを使いましょう。artisan serveで起動した試験サーバーはそのままに、別途コマンドプロンプトまたはターミナルを開いて次のコマンドを実行します。

```
php artisan dump-server
```

図7-3：dump-serverを起動する。

これで、dump-serverが起動します。起動すると、サーバーはダンプ情報の待機状態となります。以後、dump関数が実行されると、その出力内容がサーバーに送られ、このサーバー側で結果を出力するようになります。

dump を実行する

ダンプサーバーが起動したら、先ほど作成したHelloController@indexでコメントアウトしていた「**dump($data);**」の文の「**//**」を削除し、実行される文に戻して下さい。そして、

7-1　Artisan コマンドの利用

再度「**/hello/1**」とアクセスをしてみましょう。ダンプサーバーに$dataの内容が出力されるのがわかります。だいたい次のような内容が表示されているはずです（一部省略）。

リスト7-4

```
GET http://localhost:8000/hello/1
-------------------------------


 ----------- -------------------------------------------
  date          Tue, 04 Jun 2019 04:04:22 +0000
  controller   "HelloController"
  source        HelloController.php on line 61
  file          app\Http\Controllers\HelloController.php
 ----------- -------------------------------------------


array:2 [
  "msg" => "id = 1"
  "data" => array:1 [
    0 => App\Person {#550
      #guarded: array:1 [
        0 => "id"
      ]
      ……略……
      #attributes: array:6 [
        "id" => "1"
        "name" => "YAMADA-TARO"
        "mail" => "taro@yamada"
        "age" => "34"
        "created_at" => null
        "updated_at" => null
      ]
      ……略……
    }
  ]
]
```

　array:2の**[ ]**内に**"msg"**と**"data"**が用意されているのがわかります。

　"data"にはApp\Personが設定されており、その中の#attributesにはPersonの値が連想配列でまとめられています。ダンプ出力を追えば、オブジェクトの内部がどうなっているかまでしっかりと把握できます。

　ダンプサーバーを起動することで、dupm関数によるダンプ出力をすべてサーバーでまとめて表示するようになります。プログラムのデバッグには最適な機能といえるでしょう。

317

図7-4：/hello/1とアクセスすると、ダンプサーバー側に$dataのダンプが出力される。

ダンプサーバーを終了すると？

では、dump-serverの実行を、Ctrlキー＋「**C**」キーで中断して下さい。

その状態のまま（artisan serveの試験サーバーは起動した状態）、「**/hello/1**」にアクセスをしてみて下さい。すると、dumpの出力内容がそのままWebブラウザの上部に表示されます。

ただし、よく見ると、dataの値は「**array**」とあるだけで、具体的な配列の内容までは出力されません。arrayの右側に見える▼マークをクリックすると、arrayの内容が展開表示されます。このように、複雑な値は、たたまれた状態で表示されます。

dump自体は、このようにWebブラウザ上でダンプ出力を行えるので、「**dump-serverによるサーバーが必須**」というわけではありません。ただし、Webブラウザ内にダンプ出力が表示されると、実際の表示位置もずれていき、本来の表示とは必ずしも等しいものではなくなってきます。また別のページにアクセスすれば、前のダンプ内容はブラウザから消えてしまいます。

やはり、ダンプの内容は、すべて別サーバーにまとめて出力されたほうが、詳しく内容を確認できて便利でしょう。

図7-5：ダンプサーバーを終了すると、dumpはWebブラウザ内に表示される。

Tinkerの利用

　　　　Artisanのコマンドでもう1つ覚えておくべきは「**Tinker**」でしょう。Tinkerは、Artisanに用意されている「**REPL**」プログラムです。
　　　　REPLとは**Read-Eval-Print Loop**の略で、インタープリタ言語などで「**命令の入力→実行→結果出力**」を繰り返して行うシステムを指します。Tinkerは、その場でPHPやLaravelの文を実行して結果を表示することができます。
　　　　Tinkerの利用は、非常に簡単です。コマンドプロンプトまたはターミナルから次のコマンドを実行するだけです。

```
php artisan tinker
```

これにより、TinkerのREPLモードが起動し、「**>>>**」と入力待ち状態となります。このまま文を入力してEnterまたはReturnすれば、それがその場で実行されます。例として、次のように実行してみましょう。

```
Person::find(1)
```

すると、その下に次のような内容が出力されるでしょう（表示される値などについては環境により一部異なります）。

```
[!] Aliasing 'Person' to 'App\Person' for this Tinker session.
=> App\Person {#2994
     id: "1",
     name: "YAMADA-TARO",
     mail: "taro@yamada",
```

```
        age: "34",
        created_at: null,
        updated_at: null,
      }
```

これは、id = 1のPersonインスタンスを検索し、その内容を出力しています。**Person::find(1)**の戻り値であるPersonインスタンスの内容が、そのまま出力されていたのです。

図7-6：Person::find(1)でid = 1のPersonの内容が出力される。

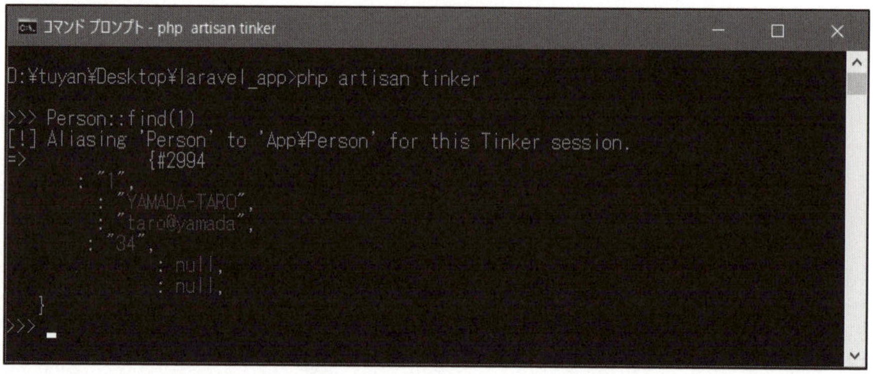

データベースを操作できる

ここではfindでデータを取得しましたが、もちろんデータベースのレコード作成や更新、削除などもTinkerから行うことができます。例として、新しいPersonインスタンスを作成し、保存してみます。

まず、次のように実行して下さい。

```
$data = ['name'=>'TEST', 'mail'=>'test@test','age'=>123]
```

これで、変数$dataに配列が保管されます。Tinkerでは、作成された変数はTinker終了時まで保持されます。以後、この$dataを使った文が書けるようになります。

```
use Illuminate\Support\Facades\DB
```

DBクラスを使うため、use文を実行します。このようなPHPの基本的な文もそのまま実行可能です。

```
DB::table('people')->insert($data)
```

最後に、DBクラスを利用して$dataの値をpeopleテーブルに追加します。これで新しいレコードがテーブルに追加されました。

図7-7：$dataの内容をpeopleテーブルにレコードとして保存する。

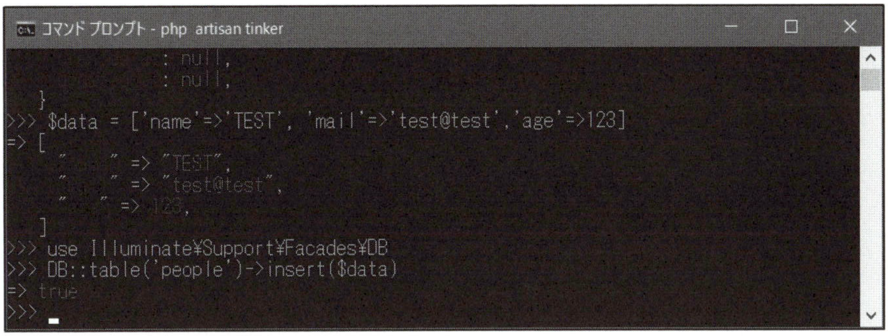

保存レコードをチェックする

　では、本当にレコードが追加されたのか確認してみましょう。Tinkerから、次のように
にコマンドを実行して下さい。

```
Person::where('name','TEST')->first()
```

　whereを使い、nameの値が**'TEST'**のレコードを検索し、最初のものを取り出してい
ます。これを実行すると、次のような出力がされるでしょう。

```
[!] Aliasing 'Person' to 'App\Person' for this Tinker session.
=> App\Person {#2995
     id: "11",
     name: "TEST",
     mail: "test@test",
     age: "123",
     created_at: null,
     updated_at: null,
   }
```

　Personインスタンスが検索され、その内容が出力されます。確かに、先ほど$dataに
まとめた値を保持するPersonが取り出されていることが、わかります。ということはつ
まり、peopleテーブルにちゃんとレコードが保存されていた、というわけです。

図7-8：実行すると、保存したpeopleテーブルのレコードを検索し、Personインスタンスとして表示する。

Tinker は PHP をその場で実行する

このように、Tinkerは、その場でPHPの文を実行することができます。ここでは変数の代入やuse文、インスタンス作成などを行いましたが、基本的に「**PHPの文として問題なく実行できるもの**」であればすべてTinkerで実行可能です。例えば、クラスや関数の定義なども、必要に応じて複数行に分けて記述していくことができ、問題なく実行できます。

Laravelに用意されているクラスなどは、**use**で必要に応じて読み込むことで、問題なく動作します。

Tinkerの設定ファイルの作成

Tinkerは、Laravelアプリケーションにデフォルトで用意されているものをすべて、利用できるようにします。そればかりでなく、Artisanコマンドも実行できます。利用可能なのは、次の通りです。

```
clear-compiled、down、env、inspire、migrate、optimize、up
```

それ以外のコマンドを使えるようにしたい場合は、Tinkerの設定を書き換える必要があります。
コマンドプロンプトまたはターミナルから次を実行して下さい。

```
php artisan vendor:publish --provider="Laravel\Tinker\
    TinkerServiceProvider"
```

図7-9：Tinkerの設定ファイルを生成する。

これは、Tinkerの設定ファイルを生成するコマンドです。これにより、「**config**」フォルダ内に、**tinker.php**というファイルが生成されます。このファイルには、次のようなスクリプトが記述されています。

リスト7-5
```
return [
    'commands' => [
        // App\Console\Commands\ExampleCommand::class,
    ],

    'dont_alias' => [],
];
```

ここには、**'commands'**と**'dont_alias'**の2つの値が用意されています。それぞれ、次のような役割を果たしています。

'commands'	Artisanコマンドを追加します。後述しますが、Artisanでは独自のコマンドを作成して追加することができます。Tinker内でこうしたコマンドを利用したい場合は、この'commands'配列にコマンドのクラスを追加します。
'dont_alias'	エイリアスの生成を行わないクラスを指定します。Tinkerでは、例えば「Person:find(1)」と実行すると、PersonをApp\Personのことと解釈し、App\PersonのエイリアスPersonを自動生成して使います。こうしたエイリアス作成を行わせたくない場合には、ここにクラスを追加します。

この設定ファイルが必要となるのは、おそらく自分でArtisan用コマンドを作成したときでしょう。自作のコマンドをTinker内で使えるようにするためには、設定ファイルの**'commands'**にクラスを登録する必要があります。いずれコマンド作成をするときのために、Tinker設定ファイルの作成と使い方ぐらいは覚えておくと良いでしょう。

Chapter 7 Artisan CLI の開発

7-2 スクリプト内からArtisanを使う

Artisanクラスの利用

Artisanコマンドは、コマンドプロンプトやターミナルからのみ利用するものではありません。これらは、実はLaravelのスクリプト内から呼び出すこともできるのです。

これには、**Illuminate\Support\Facades**名前空間の「**Artisan**」クラスを使います。このクラスにある「**call**」メソッドを使うことで、Artisanコマンドを実行することができます。

```
Artisan::call( コマンド , 連想配列 );
```

第1引数に、実行するコマンドをテキストで指定します。第2引数には、コマンドに付ける引数やオプションなどの情報を連想配列にまとめて指定します。

■ キャッシュをクリアする

簡単な利用例を挙げておきましょう。HelloControllerクラスに、次のメソッドを追記して下さい。

リスト7-6

```
// use Illuminate\Support\Facades\Artisan; 追加

public function clear()
{
    Artisan::call('cache:clear');
    Artisan::call('event:clear');
    return redirect()->route('hello');
}
```

これを利用するためのルート情報を、/routes/web.phpに追加します。次のように記述すればいいでしょう。

リスト7-7

```
Route::get('/hello/clear', 'HelloController@clear');
Route::get('/hello', 'HelloController@index')->name('hello');
```

「**/hello/clear**」にアクセスすると、キャシュとイベント用のキャッシュをクリアして**/hello**にリダイレクトします。必要に応じて「**/hello/clear**」にアクセスすれば、コントローラーのアクション内で**Artisan::call**によってコマンドを実行し、キャッシュをクリアできるわけです。開発中にキャッシュを簡単にクリアする方法をこんな形で用意できます。

324

7-2 スクリプト内から Artisan を使う

ここでは、**Artisan::call('cache:clear');**というように第1引数だけを指定してcallを呼び出しています。特に引数やオプションがなければ、このようにコマンド名だけで実行させることができます。

実行結果を受け取るには？

Artisanコマンドの中には、各種の情報を出力するものもあります。こうしたものを実行し、結果を受け取って利用することもできます。

ただし、

```
$result = Artisan::call(〇〇);
```

このような形で結果を受け取ることは**できません**。

callの戻り値は問題なく実行できたかを示すint値（通常はゼロが返される）であり、実際に実行したArtisanコマンドの実行結果が渡されるわけではないのです。

では、どうやって結果を得るのか？

これには、**Output**クラス（正確には、これにバッファ機能を追加した**BufferedOutput**）を利用します。これは**Symfony\Component\Console\Output**名前空間に用意されていて、コンソール出力を管理するクラスです。このクラスのインスタンスを用意し、**Artisan::call**の際に、そのインスタンスを第3引数に指定します。これにより、実行したコマンドの出力結果がOutputインスタンスに送られるようになります。後は、Outputから出力結果を取り出して利用するだけです。

route:list の結果を表示する

では、実際にコマンドの出力結果を利用してみましょう。HelloController@indexを次のような形に修正して下さい。

リスト7-8

```php
// use Illuminate\Support\Facades\Artisan; 追加
// use Symfony\Component\Console\Output\BufferedOutput; 追加

public function index($id = -1)
{
    $output = new BufferedOutput;
    Artisan::call('route:list', [], $output);
    $msg = $output->fetch();

    $data = [
        'msg' => $msg,
    ];
    return view('hello.index', $data);
}
```

325

これで完成です。なお、今回はPersonを取得してテンプレートに渡したりしていないので、index.blade.php側は、その辺りを削除しておきます。

リスト7-9

```
<body style="padding:10px;">
    <h1>Hello/Index</h1>
    <pre>{{$msg}}</pre>
</body>
```

図7-10：ルート情報が表示される。

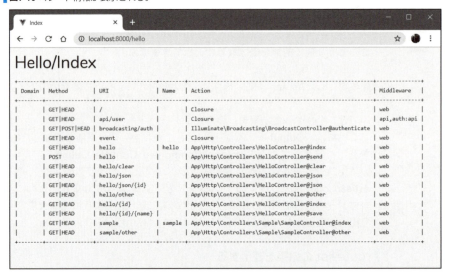

/helloにアクセスすると、登録されているルート情報が表示されます。ここでは、まずBufferedOutputクラスのインスタンスを用意しています。

```
$output = new BufferedOutput;
```

これが、出力を管理するクラスです。インスタンス作成は引数などはなく、ただnewするだけです。そしてこれを使ってArtisan::callを実行します。

```
Artisan::call('route:list', [], $output);
```

出力クラスのインスタンスは第3引数に指定します。この場合、第2引数のパラメータ情報は必要なくとも、値を用意します。空の配列を指定すればいいでしょう。

これで、**'route:list'** コマンドが実行されました。結果は**$output**に出力されているはずですので、その内容を取り出します。

```
$msg = $output->fetch();
```

fetchは、出力インスタンスに溜められている出力結果を取り出すメソッドです。これで出力結果が得られたら、後はそれを必要に応じて利用すればいいのです。

オプションを設定する

コマンドの中には、細かなオプション設定を付けて実行するものもあります。こうした場合、オプション設定は第2引数に連想配列として用意します。では、具体的にどのような形でオプションは利用できるのでしょうか。試してみましょう。

先ほどのHelloController@indexを再度修正しましょう。次のように書き換えて下さい。

リスト7-10
```php
public function index($id = -1)
{
    $opt = [
        '--method'=>'get',
        '--path'=>'hello',
        '--sort'=>'uri',
        '--compact'=>null,
    ];
    $output = new BufferedOutput;
    Artisan::call('route:list', $opt, $output);
    $msg = $output->fetch();

    $data = [
        'msg' => $msg,
     ];
    return view('hello.index', $data);
}
```

図7-11：/hello下のルート情報からGETだけをコンパクトにして出力する。

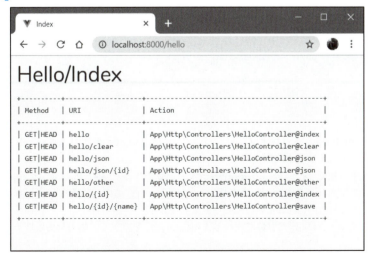

/helloにアクセスすると、ルート情報が出力されます。が、先ほどとはだいぶ表示内容が変わっています。今回は、次のようなオプションを設定してあります。

--method=get	GETメソッドに限定。
--path=hello	/helloパス下のみを取得。
--sort=uri	uriを基準に並べ替える。
--compact	コンパクト出力(Method、URI、Actionのみを出力)。

これらの設定をオプションとして付けた場合のコマンドは、次のような形になります。

```
php artisan route:list --method=get --path=hello --sort=uri
    --compact
```

図7-12：4つのオプションを指定してroute:listを実行した。

オプションを連想配列にまとめる

では、これらのオプションの書き方を念頭に置いて、今回のスクリプトを見てみましょう。すると、次のようにオプション情報を連想配列にまとめていることがわかります。

```
$opt = [
    '--method'=>'get',
    '--path'=>'hello',
    '--sort'=>'uri',
    '--compact'=>null,
];
```

--methodといったオプションは、そのまま**'--method'**というキーとして指定します。設定する値は基本的にすべてテキストです。

注目してほしいのは、**--compact**オプションです。これは、ただ--compactと付けるだけで、コンパクト出力になります。つまり、特定の値を持たないオプションなのです。こうしたものは、**null**を値に設定しておきます。

後は、これを第2引数に指定してArtisan::callを実行し、結果を受け取るだけです。

```
$output = new BufferedOutput;
Artisan::call('route:list', $opt, $output);
$msg = $output->fetch();
```

　Artisan::callの使い方は、オプション類がない場合と全く同じです。BufferedOutputを用意しておき、これを使って出力結果を取り出します。連想配列にどういう値を用意するかさえしっかりわかっていれば、細かなオプションの設定も決して難しくはありません。

7-3 Artisanコマンド開発

Artisanコマンドを作成する

　Artisanのコマンドは非常に多く用意されていますが、それだけでなく、Laravelの利用者が、自分で簡単にコマンドを作成し、追加できるようになっています。ここではArtisanコマンドの開発について説明をします。

　Artisanコマンドの開発は、Artisanを使ってコマンド用スクリプトファイルを作成し、それをもとに作っていきます。まずはスクリプトファイルを用意しましょう。コマンドプロンプトまたはターミナルから、次のように実行して下さい。

```
php artisan make:command MyCommand
```

　Artisanコマンドのスクリプトファイルは、このように「**make:command**」というArtisanコマンドを使って作ります。これで、**/app/console/**内に「**MyCommand.php**」というファイルが作成されます。Artisanコマンドのスクリプトは、このように/app/console/内に配置します。

MyCommand.phpの内容を確認する

　では、作成されたMyCommand.phpを見てみましょう。このファイルにはデフォルトで基本的なスクリプトが記述済みになっています。おそらく次のような内容が書かれているはずです(コメント関係は省略)。

リスト7-11
```php
<?php
namespace App\Console\Commands;
use Illuminate\Console\Command;

class MyCommand extends Command
```

```
{
    protected $signature = 'command:name';
    protected $description = 'Command description';

    public function __construct()
    {
        parent::__construct();
    }

    public function handle()
    {
        //
    }
}
```

Artisanコマンドは、**Illuminate\Console**名前空間の「**Command**」というクラスを継承して作成します。このクラスには、次のようなフィールドとメソッドがあります。

▌$signature フィールド

コマンドのシグネチャを指定します。**シグネチャ**とは、例えば先ほど実行した**php artisan make:command MyCommand**というコマンド文の「**make:command**」の部分のことです。Artisanコマンドは、シグネチャを指定することで、「**artisan シグネチャ**」という形でそのコマンドを呼び出すようになっています。

シグネチャは、単純に「〇〇」とコマンド名を書くだけでいいのですが、一般的には「〇〇:××」というようにそのコマンドが含まれるジャンルとコマンドの具体的な名前をコロンでつなげた形で記述します。そのほうが、多数のコマンドを作成しても整理しやすく、使う側も理解しやすいでしょう。

▌$description フィールド

これはコマンドの説明テキストです。例えば**artisan help**でヘルプを出力したときなどに表示されます。

▌__construct メソッド

コンストラクタです。デフォルトでは、**parent::__construct();**で、スーパークラスのコンストラクタを呼び出しているだけです。何らかの初期化処理が必要なときは、ここに追記することになります。

▌handle メソッド

これが、コマンドとして実行する処理を記述する場所です。この処理をどのように用意するかが、コマンド開発のポイントとなります。

シグネチャと説明を用意

コマンドの開発の第一歩は、シグネチャと説明テキストを用意することです。ここでは次のように記述をしておきます。

リスト7-12
```
protected $signature = 'my:cmd';
protected $description = 'This is my first command!';
```

記述してファイルを保存したら、もう「**my:cmd**」は使えるようになっています（といっても、まだ何も処理は用意していませんが）。コマンドプロンプトまたはターミナルから実行してみて下さい。

```
php artisan help my:cmd
```

図7-13：my:cmdのヘルプを表示する。

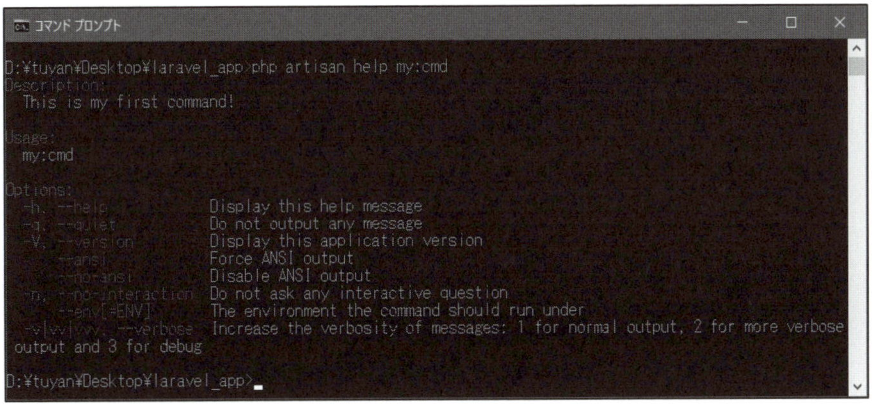

これで、my:cmdのヘルプが表示されます。「**Description:**」に、**$description**で設定したテキストが表示されるのがわかるでしょう。

artisan helpは、指定したコマンドが存在しないと、エラーメッセージを表示します。help my:cmdで普通にヘルプが出力されたということは、すでにmy:cmdをArtisanが認識している、ということなのです。

図7-14：でたらめなコマンド名をhelpで指定すると「Command "○○" is not defined.」と表示される。

コマンドの出力を作成するhandleメソッド

コマンドで実行する処理は、**handle**メソッドに記述します。単純にメッセージをコンソールに出力するだけなら、echoなどで値を出力するだけで作成できます。では、ごく単純なコマンドを作成してみましょう。**MyCommand@handle**メソッドを次のように書き換えて下さい。

リスト7-13
```
// use Illuminate\Foundation\Inspiring; 追加

public function handle()
{
    echo "\n*今日の格言*\n\n";
    echo Inspiring::quote();
    echo "\n\n";
}
```

図7-15：artisan my:cmdを実行すると、今日の格言が表示される。

記述したら、コマンドプロンプトまたはターミナルから「**php artisan my:cmd**」を実行して下さい。「*今日の格言*」というテキストが表示され、その下にランダムに著名人の格言が表示されます（ただし、すべて英語ですが）。

ここでは、Laravelに用意されている**Inspiring**というクラスを使っています。これは、**Inspiring::quote()**と実行することで、格言のテキストを返します。それをechoでコンソールに出力しているのです。

ただechoで値を書き出しているだけですが、簡単な処理を行い結果を出力する、というようなコマンドであれば、比較的簡単に作成できることがわかるでしょう。

引数を利用する

コマンドを実行するとき、必要な値を併せて送ることもあります。このために用意されているのが「**引数**」と「**オプション**」です。引数は、コマンドの後に必要な値を記述し、オプションは「**--xx=xx**」という形式で値を指定します。これらの使い方がわかると、必要な情報をコマンドに渡すことでより柔軟に処理を行えるようになります。

まずは、引数の利用から考えていきましょう。引数を利用するには、大きく2つのポイントがあります。1つは「**シグネチャ**」、もう1つはhandleで「**引数の値を取得する**」方法です。

シグネチャ

引数を利用するためには、まずシグネチャに引数の情報を記述する必要があります。例えば、3つの引数を用意し、それぞれa、b、cと名前を付けたとすると、

```
"my:cmd {a} {b} {c}"
```

このようにシグネチャを指定します。引数は、**{ }**で名前を付けて指定します。なお、省略可能な場合は「**?**」を付け、**{a?}**といった形で指定をします。

値の取得

handleで引数の値を取得するには「**argument**」というメソッドを利用します。これは次のように呼び出します。

```
$ 変数 = $this->argument( 名前 );
```

これで、引数に指定した名前の値を取り出すことができます。「**?**」を付けた引数で値が省略されている場合は、nullになります。

id を指定して Person を取得する例

では、実際の利用例を挙げておきましょう。引数にid番号を渡すことで、そのidのPersonの内容を表示する、というコマンドを作成してみます。**MyCommand.php**を次のように修正して下さい。

リスト7-14
```php
<?php
namespace App\Console\Commands;
use Illuminate\Console\Command;
use App\Person;

class MyCommand extends Command
{
    protected $signature = 'my:cmd {person?}';
    protected $description = 'This is my first command!';

    public function __construct()
    {
        parent::__construct();
    }
```

```
    public function handle()
    {
        $p = $this->argument('person');
        if ($p != null)
        {
            $person = Person::find($p);
            if ($person != null)
            {
                echo "\nPerson id = " . $p . ":\n";
                echo $person->all_data . "\n";
                return;
            }
        }
        echo "can't get Person...";
    }
}
```

図7-16：my:cmd 1とすると、id = 1のPersonを表示する。

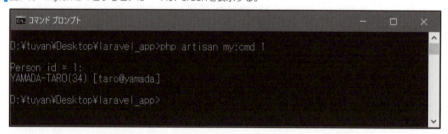

　修正したら、「**my:cmd 1**」というようにid番号を付けて実行してみましょう。そのidのPersonの値が出力されます。数字を付けなかったり、Personが見つからなかったりしたら、メッセージが表示されます。
　ここでは、シグネチャに**'my:cmd {person?}'**と値を指定しています。これにより、personという引数が用意されます。handleメソッドを見ると、このようにしてperson引数の値を取り出しています。

```
$p = $this->argument('person');
```

　ただし、今回は**{person?}**と省略可な引数にしているので、まず**if ($p != null)**で引数が用意されているかをチェックしてからargumentを取り出すようにしています。まぁ、実際にはチェックせず**Person::find($p);**を実行してもエラーは発生しないのですが（findの引数にはnullを指定してもエラーにならないため）、引数を利用する基本の作法として**$p != null**をチェックするようにしておきました。

7-3 Artisan コマンド開発

可変長引数の利用

引数は、必要なだけ用意できます。では、「**いくつあるかわからないけど、必要なだけ引数を付ける**」ということはできるのでしょうか？　いわゆる、**可変長引数**です。

これは、もちろん可能です。可変長引数を使う場合、シグネチャには**{ 名前* }**というようにワイルドカード(*)を付けておきます。これにより、この引数には不特定数の値が渡されるようになります。

ワイルドカードを付けた引数をargumentで取り出した値は、配列の形になります。後は、そこから必要に応じて値を取り出していけばいいのです。

引数の数字を合計する

可変長引数の簡単な利用例を挙げておきましょう。まず、MyCommandクラスのシグネチャ($signature)を次のように修正します。

リスト7-15

```
protected $signature = 'my:cmd {num?*}';
```

これで可変長引数numが用意できました。なお、{num*}ではなく、**{num?*}**とすることで、引数の省略にも対応しています。

続いて、MyCommand@handleメソッドを次のように修正して下さい。

リスト7-16

```
public function handle()
{
    $arr = $this->arguments();
    $re = 0;
    foreach ($arr['num'] as $item)
    {
        $re += (int)$item;
    }
    echo "total: " . $re;
}
```

図7-17：「php artisan my:cmd 10 20 30 40 50」と実行すると、「total: 150」と結果が表示される。

ここでは、my:cmdの後に記述した引数すべてを合計して表示します。例えば、

335

Chapter 7　Artisan CLI の開発

```
php artisan my:cmd 10 20 30 40 50
```

このように実行すると、「**total: 150**」と結果が表示されます。引数の数はいくつでも問題ありません。また、省略した場合は「**total: 0**」と表示されます。

arguments メソッドの利用

ここでは、**argument('num')**とするのではなく、別のやり方を試しています。handleの冒頭で全パラメータをまとめて取り出しています。

```
$arr = $this->arguments();
```

argumentsは、Artisanの全パラメータを連想配列として取り出します。これは、「**php artisan ○○ ……**」とコマンドを実行したとき、「**php artisan**」より後の部分を全てまとめて取り出します。

例えば、「**php artisan my:cmd 10 20 30**」と実行した場合、argumentsで得られる値は、次のような形になっています。

```
Array
(
    [command] => my:cmd
    [num] => Array
        (
            [0] => 10
            [1] => 20
            [2] => 30
        )
)
```
（print_rした場合の出力）

ここからnumの値を取り出し、更に値を1つずつ取り出して処理していけばいいわけです。ここでは次のような形でforeachを用意していました。

```
foreach ($arr['num'] as $item)
```

これで、num引数から順に値を$itemに取り出して、繰り返し処理をしていくことができます。後は取り出した値を使うだけですね！

なお、ここではargumentsで全パラメータを取り出した後、改めて['num']の値を取り出していますが、これまでのように**argument('num')**で取り出しても、もちろん構いません。

336

7-3 Artisan コマンド開発

オプションの利用

引数とは別に「**オプション**」と呼ばれる値もコマンドでは使われます。オプションは「**--xxx=yyy**」といった形で記述される値です。これは、次のような形でシグネチャに指定をします。

```
"my:cmd {-- 名前 = 初期値 }
```

例えば、「**abc**」というオプションを用意し、初期値に「**null**」を指定したければ、{--abc=null}と記述します。

冒頭の「**--**」は、必ず記述して下さい。これがないとオプションとして認識されません。また、初期値が不要（必須オプション）の場合は、**{abc=}**というように、値を付けずに記述をします。

▌ id か name で Person を検索するサンプル

では、これもサンプルを挙げておきましょう。idとnameのオプションを用意し、どちらでもPersonを検索できるようにしてみます。

まず、シグネチャを修正します。MyCommandクラスのフィールドを次のようにして下さい。

リスト7-17

```
protected $signature = 'my:cmd {--id=?} {--name=?}';
```

ここでは「**--id**」と「**--name**」という2つのオプションを用意しておきました。初期値はそれぞれ「**?**」にしてあります。では、これらのオプションを使った処理を作成しましょう。MyCommand@handleメソッドを次のように書き換えます。

リスト7-18

```
public function handle()
{
    $id = $this->option('id');
    $name = $this->option('name');
    if ($id != '?')
    {
        $p = Person::find($id);
    }
    else
    {
        if ($name != '?')
        {
            $p = Person::where('name', $name)->first();
        }
        else
```

337

```
        {
            $p = null;
        }
    }
    if ($p != null)
    {
        echo "Person id = " . $p->id . ":\n" . $p->all_data;
    }
    else{
        echo 'no Person find...';
    }
}
```

図7-18：「--id」と「--name」のどちらのオプションを使ってもPersonを取得できる。

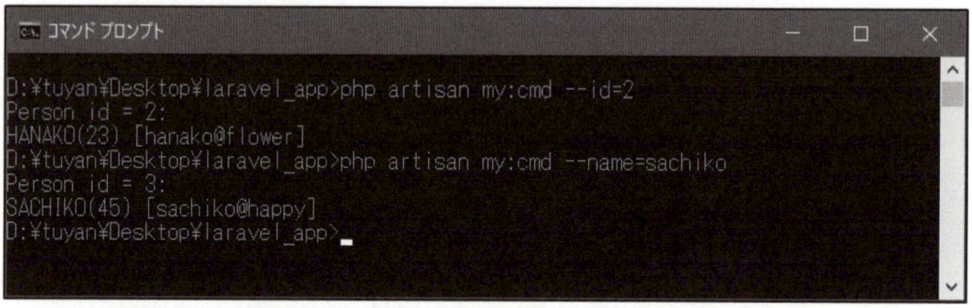

```
コマンド プロンプト                                                    ─    □    ×

D:\tuyan\Desktop\laravel_app>php artisan my:cmd --id=2
Person id = 2:
HANAKO(23) [hanako@flower]
D:\tuyan\Desktop\laravel_app>php artisan my:cmd --name=sachiko
Person id = 3:
SACHIKO(45) [sachiko@happy]
D:\tuyan\Desktop\laravel_app>
```

　--idと**--name**のいずれかのオプションを使うようにしています。「**--id=2**」とすれば、id が2のPersonを検索できます。

　また「**--name=sachiko**」とすると、nameの値がsachikoのPersonを検索して表示します。

　両方のオプションを書いた場合は、**--id**が優先されます。Personが得られなかった場合は、メッセージが表示されます。

　ここでは、メソッドの冒頭で次のようにオプションの値を取り出しています。

```
$id = $this->option('id');
$name = $this->option('name');
```

　オプションの利用で覚えるべきは、たったこれだけです。後は、値が「**?**」ならば省略されたものとして処理をし、それ以外は入力された値を利用して処理をする、というだけです。オプションの利用も、引数とは利用するメソッドが違うだけで、使い方は大体同じなのです。

インタラクティブな操作

　コマンドは基本的に、「**実行したら自動的にすべての処理をしてくれる**」ものですが、中には「**ユーザーから必要な情報を入力してもらう**」ものもあります。実行時に、必要に応じてユーザーに質問し、答えを入力してもらいながら動作するコマンドもArtisanでは作成できます。

ユーザーから入力をしてもらうには、「**ask**」というメソッドを使います。

```
$ 変数 = $this->ask( メッセージ );
```

引数には、入力時に出力されるメッセージをテキストとして用意します。これで、ユーザーに何かを入力してもらうことができます。入力ができれば、インタラクティブにやり取りをしながら動くコマンドも作ることができますね。

ミニゲームを作る

では、簡単な例として、「**石取りゲーム**」のコマンドを作ってみましょう。まず、MyCommandのシグネチャを次のように修正しておきます。

リスト7-19

```
protected $signature = 'my:cmd {--stones=15}{--max=3}';
```

続いて、MyCommand@handleメソッドを次のように書き換えます。これでプログラムは完成です。

リスト7-20

```php
public function handle()
{
    $stones = $this->option('stones');
    $max = $this->option('max');
    echo "*** start ***\n";
    while($stones > 0)
    {
        echo ("stones: $stones\n");
        $ask = $this->ask("you:");
        $you = (int)$ask;
        $you = $you > 0 && $you <= $max ? $you : 1;
        $stones -= $you;
        echo ("stones: $stones\n");
        if ($stones <= 0)
        {
            echo "you lose...\n";
            break;
        }
        $me = ($stones - 1) % (1 + $max);
        $me = $me == 0 ? 1 : $me;
        $stones -= $me;
        echo "me: $me\n";
        if ($stones <= 0)
        {
```

Chapter 7 Artisan CLI の開発

```
            echo "you win!!\n";
            break;
        }
    }
    echo "--- end ---\n";
}
```

図7-19：石取りゲーム。コンピュータと交互に石を取っていき、最後の1個を取ったほうが負け。

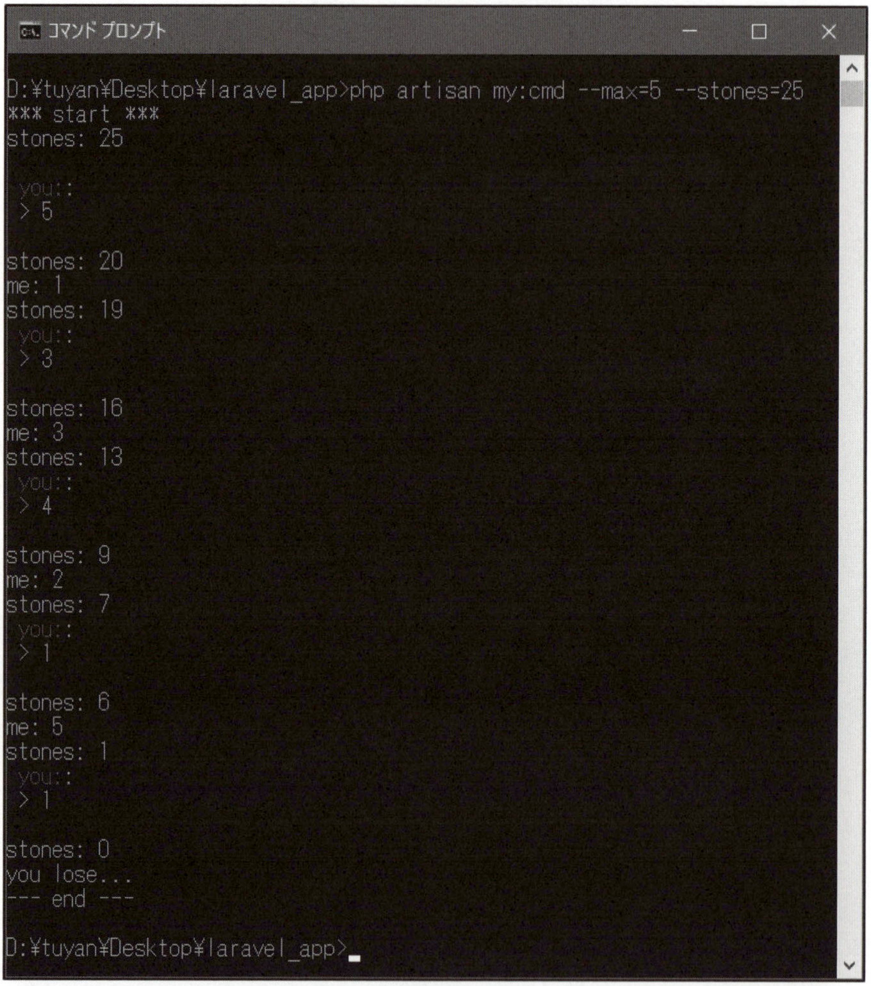

```
D:\tuyan\Desktop\laravel_app>php artisan my:cmd --max=5 --stones=25
*** start ***
stones: 25

 you::
 > 5

stones: 20
me: 1
stones: 19
 you::
 > 3

stones: 16
me: 3
stones: 13
 you::
 > 4

stones: 9
me: 2
stones: 7
 you::
 > 1

stones: 6
me: 5
stones: 1
 you::
 > 1

stones: 0
you lose...
--- end ---

D:\tuyan\Desktop\laravel_app>
```

　これは、コンピュータとプレーヤーで交互に石を取っていき、最後の1個を取ってほうが負け、というゲームです。コマンドを実行すると、現在の石の数が表示されます。プレーヤーは1〜3の間で、取る石の数を入力します。プレーヤーが石を取ると、続いてコンピュータも石を取ります。交互に取っていき、最後の1個を取ってほうが負けになります。

ここでは、**--stones**と**--max**というオプションを用意し、最初の石の数と取れる石の最大数をそれぞれ設定できるようにしてあります。whileの繰り返しを使い、**$ask = $this->ask("you:");**でプレーヤーの取る石の数を入力してもらいながらゲームを進めています。入力ができると、こうしたインタラクティブに操作するコマンドも作ることができるようになります。

複数項目の選択

コマンドの中には、いくつかの選択肢から選ぶような入力を行うものもあります。こうした選択項目を使った入力は、「**choice**」というメソッドで行えます。

```
$ 変数 = $this->choice( メッセージ , 配列 , インデックス );
```

第1引数には、表示するメッセージをテキストで指定します。第2引数に用意する配列が、選択項目として使われます。第3引数には、デフォルトで選択されるインデックス番号を用意します。

使い方はとても簡単ですから、実際に試してみれば、すぐに扱えるようになるでしょう。では簡単な例を挙げておきます。まず、MyCommandクラスのシグネチャを元に戻しておきます。

リスト7-21

```
protected $signature = 'my:cmd';
```

そして、MyCommand@handleメソッドを次のように書き換えます。

リスト7-22

```php
public function handle()
{
    $choice = ['id', 'name', 'age'];
    echo "find Person!\n";
    $field = $this->choice("select field:", $choice, 1);
    $value = $this->ask('input value:');

    $p = Person::where($field, $value)->first();

    if ($p != null)
    {
        echo 'id = ' . $p->id . "\n";
        echo $p->all_data;
    }
    else
    {
        echo "can't find Person.";
```

Chapter **7** Artisan CLI の開発

```
        }
    }
```

図7-20：フィールドを選び、値を入力すると、それをもとにPersonを検索して表示する。

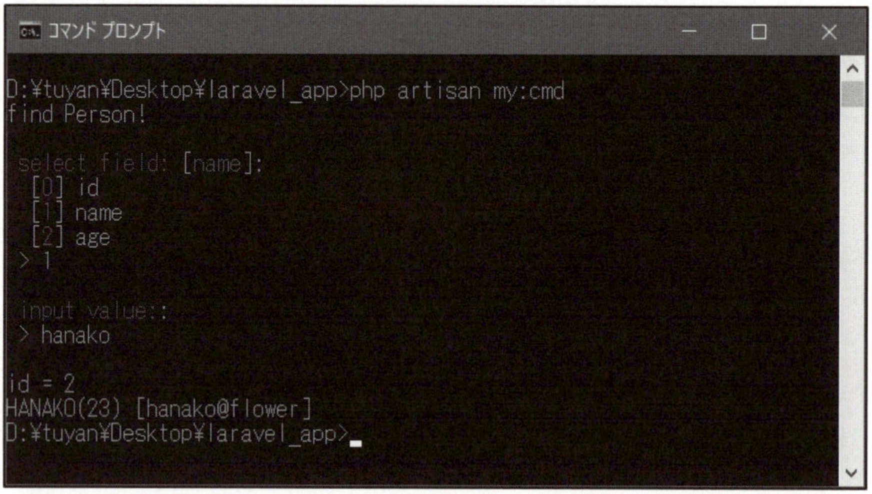

```
D:¥tuyan¥Desktop¥laravel_app>php artisan my:cmd
find Person!
select field: [name]:
 [0] id
 [1] name
 [2] age
> 1

input value::
> hanako

id = 2
HANAKO(23) [hanako@flower]
D:¥tuyan¥Desktop¥laravel_app>
```

　実行すると、「**id**」「**name**」「**age**」と選択項目が表示されます。ここで番号を入力し、続いて値を入力すると、入力した情報をもとにPersonを検索して表示します。ここでは、選択項目の配列を用意し、それを使ってchoiceを呼び出しています。

```
$choice = ['id', 'name', 'age'];
$field = $this->choice("select field:", $choice, 1);
```

　番号を入力すると、選んだ項目が値として得られます。入力した番号ではなく、配列の値が**$field**に得られるのです。後はこの値と、askで入力した値を使って検索をするだけです。

```
$p = Person::where($field, $value)->first();
```

　choiceによる入力**$field**と、askによる入力**$value**を引数に指定してwhereし、検索をしています。フィールド名の入力などはaskでは正確に入力できない場合があるので、choiceを使ったほうが安全です。

出力の形式について

　入力関係は基本的な使い方がわかりました。ここで、出力についてもう一度考えてみることにしましょう。
　今まで、出力はすべてechoを使っていましたが、これだとすべて同じような表示になってしまいます。Artisanでは、必要に応じて出力テキストの色が変更されることもあります。こうした出力形式は、どうやって変えているのでしょうか？

これは、Commandクラスに用意されている出力用のメソッドを利用しているのです。Commandクラスには、次のような出力のためのメソッドがあります。

通常の出力	$this->line(値);
インフォメーション（グリーンのテキスト）	$this->info(値);
クエスチョン（水色の背景）	$this->question(値);
エラー（赤い背景）	$this->error(値);

これらのメソッドを使って値を出力させることで、出力に変化を付けることができます。では利用例を挙げましょう。先ほどのサンプル（**リスト7-22**）を、これらのメソッドを使って出力にメリハリを付けてみます。

リスト7-23

```php
public function handle()
{
    $choice = ['id', 'name', 'age'];
    $this->question ("find Person!");
    $field = $this->choice("select field:", $choice, 1);
    $value = $this->ask('input value:');

    $p = Person::where($field, $value)->first();

    if ($p != null)
    {
        $this->info('id = ' . $p->id);
        $this->line($p->all_data) ;
    }
    else
    {
        $this->error( "can't find Person.");
    }
}
```

図7-21：my:cmdを実行する。出力されるメッセージが変化して見やすくなっている。

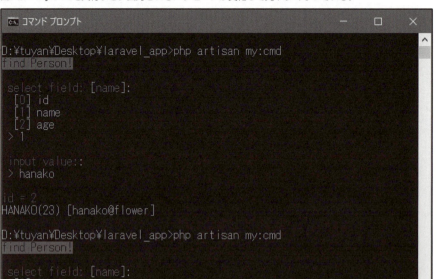

　修正したら、実際に試してみて下さい。最初の「**find Person!**」というメッセージは、水色の背景に黒いテキストで表示されます。またPersonが見つからなかったときは赤い背景に白い文字で「**can't find Person.**」と表示されます。重要なメッセージのスタイルが変わることで、かなり見やすくなることがわかるでしょう。

　ただし、これらのメソッドによる出力は、メソッド名からわかるように、特定の用途で利用することを前提に作られています。ですから、単に「**目立たせたいから**」といっただけで**error**を多用したりするのは、あまり勧められません。それぞれのメソッドの役割に合わせて利用することを考えましょう。

テーブル出力について

　値の出力には、もう1つ覚えておきたいメソッドがあります。それは「**テーブル出力**」です。「**table**」というメソッドとして用意されています。

```
$this->table( ヘッダー , データ );
```

tableメソッドは2つの引数を持ちます。第1引数には、ヘッダーの項目名を配列にまとめて指定します。そして第2引数には、テーブルとして表示する2次元配列データを用意します。これで、指定のデータをテーブルの形にまとめて出力します。

では、これも利用例を挙げましょう。MyCommand@handleメソッドを次のように書き換えて下さい。

リスト7-24

```php
public function handle()
{
    $min = (int)$this->ask('min age:');
    $max = (int)$this->ask('max age:');
    $headers = ['id', 'name', 'age', 'mail'];
    $result = Person::select($headers)
        ->where('age', '>=' , $min)
        ->where('age', '<=', $max)
        ->orderBy('age')->get();
    if ($result->count() == 0)
    {
        $this->error("can't find Person.");
        return;
    }
    $data = $result->toArray();
    $this->table($headers, $data);
}
```

図7-22：最小値と最大値を入力すると、ageの値がその範囲のPersonをテーブル表示する。

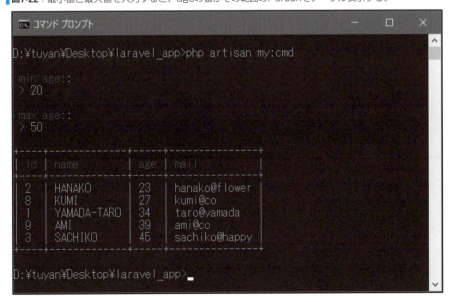

Chapter 7 Artisan CLI の開発

コマンドを実行すると、**min age**と**max age**を尋ねてきます。それぞれの数値を入力すると、その範囲内のPersonを検索し、**age**でソートしてテーブルにまとめて表示します。ここでは入力をした後、ヘッダー項目の配列を用意しています。

```
$headers = ['id', 'name', 'age', 'mail'];
```

そして、この配列をselectに指定してPersonを検索しています。

```
$result = Person::select($headers)……略……->get();
```

これで、**$headers**に指定した項目の値のみを取り出す形で、Personが検索されます。後は、ここから配列を取り出し、テーブルに出力するだけです。

```
$data = $result->toArray();
$this->table($headers, $data);
```

ヘッダー情報の$headersとデータの**$data**を引数に指定し、tableを呼び出せば、テーブルの形で出力されます。データを扱うコマンドを作成する際には必須の機能でしょう。

クロージャコマンドについて

コマンドの作成の基本はだいたいわかりました。最後に、Commandクラスを使わない、もう1つのコマンド作成についても触れておきましょう。それは「**クロージャコマンド**」です。

Laravelには、コンソールプログラムを管理する仕組みが用意されています。**/app/Console/**内にある「**Kernel.php**」を開くと、そこにコンソール関係の情報が記述されています。このKernelクラスの中に、次のような記述があります。

■コマンドを管理するフィールド
```
protected $commands = [
    //
];
```

■コマンドを登録するメソッド
```
protected function commands()
{
    $this->load(__DIR__.'/Commands');

    require base_path('routes/console.php');
}
```

346

$commandsにコマンドのクラスを直接記述することで、アプリケーション独自のコマンドを追加できます（ただし、make:commandで作成したものは自動登録されますので記述は不要です）。

commandsメソッドは、コマンドの登録を行います。ここでは、Kernelクラがあるフォルダ内の「**Commands**」フォルダをロードしています。make:commandで作成したコマンドは、この「**Commands**」フォルダ内に配置されているため、ここで読み込まれていたのです。

その後の**equire base_path('routes/console.php');**は、**/routes/console.php**を読み込みます。これがクロージャコマンドに関係してきます。

console.php について

/routes/console.phpは、**コンソールルート**と呼ばれるルート情報を記述します。これを開くと、そこに次の内容が記述されています。

リスト7-25

```
Artisan::command('inspire', function () {
    $this->comment(Inspiring::quote());
})->describe('Display an inspiring quote');
```

これが、クロージャコマンドのサンプルです。クロージャコマンドは、次のような形で記述をします。

```
Artisan::command( シグネチャ , クロージャ );
```

第1引数にコマンドのシグネチャをテキストで指定し、第2引数のクロージャに、実行する処理を記述します。**/routes/console.php**にこの文を記述しておくと、それが**/app/Console/Kernel.php**より読み込まれ、コマンドとして利用可能になるのです。

サンプルコマンドを登録する

では、実際に簡単なサンプルを書いてみましょう。/routes/console.phpに次のスクリプトを追記して下さい。

リスト7-26

```
Artisan::command('person {id}', function () {
    $id = $this->argument('id');
    $p = App\Person::find($id);
    $this->question('id = $id');
    $this->line($p->all_data);
});
```

図7-23：php artisan person 1と実行すると、id = 1のPersonが表示される。

これで「**person**」というコマンドが作成されました。

コマンドプロンプトまたはターミナルから「**php artisan person 1**」と実行してみて下さい。「**id = 1**」のPersonの内容が出力されます。追加したコマンドが認識され動いていることがわかるでしょう。

ここでは、第1引数のシグネチャで**'person {id}'**と値を用意し、クロージャ内で**$id = $this->argument('id');**として、引数の**id**を取得しています。Commandクラスとは違いますが、クロージャコマンドでもシグネチャを使って引数やオプションを使うことができます。機能的な違いはありません。

ただし、クロージャで処理を書くため、あまり複雑な処理になると、わかりにくくなるでしょう。ちょっとした処理をコマンドに登録するのに使うものと考えるべきです。ある程度処理が複雑になったらCommandクラスとして定義すべきでしょう。両者をうまく使い分けるようにして下さい。

あとがき

『PHPフレームワークLaravel入門』から2年。前著は、Laravelを学びたいという方々に広く受け入れていただき、多くの読者に恵まれました。

『Laravel入門』は、今もなお、新たな読者を日々獲得しています。筆者としては非常に嬉しい限りですが、同時に不安を感じるところもありました。

入門書の宿命というべきか、初心者でもわかるようにまとめるためには、ある程度内容を絞り込む必要があります。前書では、Laravelの基本については一通り説明したつもりですが、「**基本がわかればアプリ開発はできる**」というものではありません。本格的に開発を行おうとしたら、まだまだ知っておくべき知識がたくさん残されていたのは確かです。

『入門』で基礎部分を一通り理解した人に向けて、残された多くの重要な機能を説明する続編が必要ではないか。——前書から2年を経た本書で、ようやく残されていた宿題に手をつけることができた、という思いです。

2年が経過していることもあり、両者の間では、ベースとなっているLaravelのバージョンも異なります。前書(バージョン5.4)のときにはなかった多くの機能が、本書のベースとなっている5.8では追加されています。そうした細かなアップデートポイントまでは、本書では触れていません。前書から引き続き本書に進まれた方は、読み終わった後で、5.4以降のアップデート内容についても確認をしてみて下さい。それにより、両者の間を埋めることができるでしょう。

また、前書と本書を合わせ、Laravel全体の8割程度の機能については説明できたと思いますが、まだ未説明な部分も残されています。それらについては、別途学習して下さい。Laravel本家のWebサイトは、日本語でよくドキュメントがまとめられています。本書を一通り読み終わったら、本家サイトで取りこぼしている機能がないかを調べ、それぞれで学ばれるとよいでしょう。

■Laravelサイト ドキュメントページ
https://readouble.com/laravel/

さくいん

記号

$commands	347
$description	330
$guarded	161
$incrementing	143
$keyType	143
$middleware	107
$middlewareGroups	108
$middlewarePriority	108
$primaryKey	143
$request->input	51
$routeMiddleware	108
$rules	161
$signature	330
$timestamps	144
@csrf	59
.env	27
@extends	11
<filter>	265
@section	11
<template>	230
<testsuite>	265
<whitelist>	265
@yield	10

数字

404.blade.php	11
404エラー	8

A

Admin API Key	169
afterCreating	289
afterCreatingState	290
afterMaking	289
afterMakingState	289
Algolia	168
algoliasearch-client-php	169
andReturn	307
Angular	250

Angular CLI	250
app	72
Application ID	169
app.module.ts	258
AppServiceProvider	26
argument	333
array_filter	151
array_map	153
Artisan::call	324
Artisan::command	347
artisan db:seed	275
artisan dump-server	316
artisan event:generate	203
artisan list	310
artisan make:command	329
artisan make:controller	3
artisan make:factory	281
artisan make:job	182
artisan make:middleware	12, 101
artisan make:migration	273
artisan make:provider	93, 184
artisan make:seeder	274
artisan migrate:refresh	274
artisan preset	238
artisan queue:failed-table	189
artisan queue:table	189
artisan queue:work	190
artisan schedule:run	215
artisan scout:flush	171
artisan scout:import	170, 177
artisan serve	4
artisan storage:link	34
artisan tinker	319
artisan vendor:publish	9, 322
ask	339
assertDatabaseHas	276
assertDatabaseMissing	276
assertExactJson	271
assertOk	270

350

さくいん

assertSee 271
assertSeeInOrder 271
assertSeeText 271
assertStatus 268, 270
assertTrue 267
axios 234, 247

B

bind 76
bindMethod 185
Blueprint 274
boot 19, 94
BufferedOutput 326
Builder 113
Bus::assertDispatched 292
Bus::assertNotDispatched 293
Bus::fake 292

C

call 217
CallQueuedListener 302
choice 341
chunk 125
chunkById 123
Closure 102
Collection 146
command 216
Command 330
commands 347
Composer 2
config 20, 23
content 56
csrf_token 228

D

DB::raw 112
DB::select 112, 115
DB::table 113
delay 192
Dependency Injection 68
diff 148
dispatch 185, 198
Dispatchable 183, 186

dump-server 314

E

Eloquent 142
env 28
error 343
event 207
Event::assertDispatched 296
Event::assertNotDispatched 296
Event::fake 296
EventServiceProvider 202
except 150
exec 214

F

Facade 97
factory 285
Faker 282
fetch 326
filesystems.php 46
filter 147
find 120
flash 60

G

getFacadeAccessor 97
give 84

H

handle 183, 205
http_build_query 65

I

info 343
Inspiring::quote() 332
instance 306
InteractsWithQueue 183
invoke 218
isMethod 53

J

job 222

L

laravel-scout-tntsearch-driver 176
line 343
listen. 208

M

make. 72
makeWith 75
map. 153
merge. 103, 152
middleware 104
minimal.blade.php 9
mix 228
Mockery::mock. 306
Mockey 292
modelKeys. 150

N

needs 84
newCollection. 155
ng build 252
ng generate component 257
ng new 251
npm install 225
npm run dev 226, 239
npm run watch 231

O

Object-Relational Mapping. 142
old. 60
once 307
only. 58, 150
onQueue 195
orderBy 125
orWhere. 128
orWhereBetween 129
orWhereColumn. 133
orWhereIn. 130
orWhereNotBetween. 129
orWhereNotIn. 131
orWhereNotNull. 132
orWhereNull 132
Output 325

P

package.json 240
paginate. 133
Paginator. 138
PendingDispatch 186, 192
PHPUnit. 264
phpunit.xml. 264
pluck. 122
Progressive Web Apps 250

Q

query 63
question. 343
Queueable 183
Queue::assertNothingPushed. 300
Queue::assertPushed 300
Queue::assertPushedOn 303
QUEUE_CONNECTION=database 189
QUEUE_DRIVER=database 189
Queue::fake 300

R

React. 237
ReactDOM.render. 244
RedirectResponse. 6
RefreshDatabase. 279
register. 94
reject 146
Request 51
resolve 72
resolving 91
Response 56
route. 6
Route::delete 5
Route::get. 5
Route::middleware 15
Route::model. 19
Route::namespace 15
Route::options. 5
Route::patch 5
Route::post. 5
Route::put 5
RouteServiceProvider 19

Route::view 5

S

Schema::create 273
Scout. 168
scout.php. 170
search. 174
searchable 175
seed 280
SerializesModels. 183, 205
ServiceProvider 27
setContent 56
shedule. 213
shouldDiscoverEvents 210
ShouldQueue. 183, 211
shouldReceive. 307
simplePaginate 136
singleton 80
state 285
Storage. 29
Storage::allfiles 44
Storage::append 32
Storage::copy. 38
Storage::delete 38
Storage::directories 44
Storage::disk 34
Storage::download 40
Storage::exists. 39
Storage::files 44
Storage::get 30
Storage::lastModified. 36
Storage::move 38
Storage::prepend 32
Storage::put 30
Storage::putFile. 41
Storage::putFileAs 43
Storage::size 36
Storage::url 36
subscribe 208

T

table 344
TestResponse 270

Tinker. 319
TNTSearch. 175
toJson. 165
toSearchableArray(). 178

U

unique 152
unsearchable. 175
use Searchable; 172

V

Vue.js 224

W

Webpack 227
webpack.mix.js 253
when. 84
where 7, 115, 128
whereBetween 129
whereColumn 133
whereDate 132
whereDay. 132
whereIn 130
whereMonth 132
whereNotBetween 129
whereNotIn 131
whereNotNull 132
whereNull 132
whereRaw 118
whereTime 132
whereYear 132
withArgs 307

あ行

アクセサ 157
依存性注入 68
イベント 201
イベントディスカバリ 210
イベントリスナー 201
インデックス 170

か行

環境変数 27

さくいん

キュー 182
クエリパラメータ 63
クエリビルダ 113
グループミドルウェア 108
クロージャコマンド 346
グローバルミドルウェア 107
契約 86
結合 76
購読 208
コンソールルート 347

さ行

サービスコンテナ 68
サービルプロバイダ 93
ジョブ 182
シングルトン 79
スカフォールド 238
スケジューラ 212
ステート 285
粗な結合 86

た行

ディスク 33

な行

名前付きルート 6

は行

ビュールート 5
ファクトリ 281
ファサード 96
フラッシュデータ 60
プリセット 238
ペジネーション 133

ま行

密な結合 85
ミドルウェア 12, 101
ミューテータ 160
明示的結合 19
メソッドインジェクション 71
モック 292

や行

ユニットテスト 264

ら行

ルートグループ 12
ルート定義メソッド 5
ルートミドルウェア 108

わ行

ワーカ 190

著者紹介

掌田 津耶乃 （しょうだ　つやの）

　日本初のMac専門月刊誌「Mac＋」の頃から主にMac系雑誌に寄稿する。ハイパーカードの登場により「ビギナーのためのプログラミング」に開眼。以後、Mac、Windows、Web、Android、iPhoneとあらゆるプラットフォームのプログラミングビギナーに向けた書籍を執筆し続ける。

■最近の著作（すべて秀和システム）
『見てわかるUnity 2019 C#スクリプト超入門』
『Angular超入門』
『サーバーレス開発プラットフォーム Firebase入門』
『これからはじめる人のプログラミング言語の選び方』
『React.js & Next.js超入門』
『Vue.js & Nuxt.js超入門』
『Java/ScalaフレームワークPlay Framework入門』

●筆者運営のWebサイト
http://www.tuyano.com

●著書一覧
http://www.amazon.co.jp/-/e/B004L5AED8/

●ご意見・ご感想の送り先
syoda@tuyano.com

カバーデザイン 高橋 サトコ

PHPフレームワーク
Laravel実践開発

| 発行日 | 2019年 7月29日 | 第1版第1刷 |

著 者　掌田 津耶乃

発行者　斉藤 和邦
発行所　株式会社 秀和システム
　　　　〒104-0045
　　　　東京都中央区築地2丁目1−17　陽光築地ビル4階
　　　　Tel 03-6264-3105（販売）　Fax 03-6264-3094
印刷所　図書印刷株式会社

©2019 SYODA Tuyano　　　　　　　Printed in Japan
ISBN978-4-7980-5907-5 C3055

定価はカバーに表示してあります。
乱丁本・落丁本はお取りかえいたします。
本書に関するご質問については、ご質問の内容と住所、氏名、
電話番号を明記のうえ、当社編集部宛FAXまたは書面にてお
送りください。お電話によるご質問は受け付けておりませんの
であらかじめご了承ください。